二次電池材料の開発
Development of Rechargeable Battery Materials

監修：吉野　彰

シーエムシー出版

はじめに

　本書『二次電池材料この10年と今後』が出版される運びとなった。古い歴史を誇る二次電池技術にとって，リチウムイオン二次電池の商品化とその後の急速な展開というこの10年間は大きな変革の期間であったと言える。本書出版の目的とするところは材料技術という観点からこの10年間の二次電池技術の変遷を総括し，今後の方向性を見極めるという点にある。

　IT技術を支える「三種の神器」という言葉がよく言われている。頭脳であるLSIと，目であり顔であるLCD，そしてそれらを動かす心臓が二次電池である。それほど重要な基幹部品である二次電池であるが，歴史的にその技術進歩のスピードは決して早いものではなかった。

　その理由を示唆するような現象に私は最近気がついた。これは私の勝手な造語であるが「三種の鈍器」論である。社会生活上極めて重要な製品でありながらエジソンの発明，もしくはエジソンの時代に発明された製品がつい先だってまで使用されていたものが三つある。これが「三種の鈍器」論である。エジソンが活躍したのは1900年初頭であるので100年間も変わることなく使われてきた訳である。三種の鈍器とは「レコード」，「銀塩写真」，「二次電池」である。説明するまでもなく「レコード」がCDに，「銀塩写真」がデジカメに置き換わったのは，つい昨日のことである。原型がエジソンの発明であるニッケル・カドミウム二次電池がリチウムイオン二次電池に置き換わったのもつい最近であることはご存知の通りである。

　この三つの製品がなぜ100年間も変わらずに使われてきたのかという理由，また三つの製品がなぜ時期を同じくして置き換わったかという理由，これを深く考察することは技術論的にも市場論的にも非常に重要な示唆を与えてくれそうな気がする。

　「レコード」と「銀塩写真」には極めて共通的な面があるのにお気づきになると思う。列挙してみよう。

① 典型的なアナログ技術であること。
② 消費者の商品選定の尺度に極めて人間的な感性が絡んでいること。(音調，画調，色調とか技術だけでは割り切れない尺度)
③ 技術の本質に泥臭いノウハウが絡んでいること。
④ 材料，設計図，マニュアルさえあれば製品を作れるのものではないこと。

　100年間も変わらずに使われてきた理由は上記のような点にあるのだろう。また上記の点は「二次電池」にも見事に共通することもおわかりいただけると思う。

二次電池材料この10年と今後

　では100年間も続いてきたものが，なぜここにきて三つとも同時に変わってしまったのか。これは読者の皆さんがそれぞれの立場でお考えいただきたい。

　「レコード」からCDに，「銀塩写真」からデジカメへの変換は技術的には明らかにアナログ技術からデジタル技術への脱皮である。では「二次電池」の場合は？　リチウムイオン二次電池は決してデジタル技術とは言えない。とすれば「二次電池」はもう一皮脱皮する余地が残っていることになる。「デジタル二次電池」というのが将来の姿かもしれない。

　分子を相手にするのが化学であり，イオンを相手にするのが電気化学であり，電子を相手にするのがエレクトロニクスであるとすれば「デジタル二次電池」を実現するには電気化学の範疇から一歩抜け出す必要があるのかもしれない。

　こんな夢物語を頭の片隅に置きながら，各分野の第一線で活躍されている方々に執筆いただいた本書『二次電池材料この10年と今後』をお読みいただき，二次電池が将来あるべき姿を感じ取っていただければ幸いと思っている。

　最後になりましたが，ご多忙中にもかかわらず本書の執筆を快く引き受けて下さった著者の方々に感謝申し上げます。また，本書を企画し，丁寧にフォローくださった㈱シーエムシー出版の吉倉広志氏，大倉寛之氏に御礼申し上げます。

2003年4月

吉野　彰

普及版の刊行にあたって

本書は2003年に『二次電池材料この10年と今後』として刊行されました。普及版の刊行にあたり，内容は当時のままであり加筆・訂正などの手は加えておりませんので，ご了承ください。

2008年3月

シーエムシー出版　編集部

―― 執筆者一覧（執筆順） ――

吉野　　彰	旭化成㈱　エレクトロニクスカンパニー　電池材料事業開発室　室長	
	（現）旭化成㈱　吉野研究室　グループフェロー　室長	
山﨑　信幸	（現）日本化学工業㈱　有機事業本部　執行役員　本部長	
荒井　　創	（現）NTT環境エネルギー研究所　エネルギーシステムプロジェクト　主幹研究員　グループリーダ	
櫻井　庸司	NTTマイクロシステムインテグレーション研究所　スマートデバイス研究部　主幹研究員　グループリーダー	
	（現）豊橋技術科学大学　電気・電子工学系　教授	
岡田　昌樹	東ソー㈱　南陽研究所　主任研究員	
野口　英行	佐賀大学　理工学部　教授	
芳尾　真幸	（現）佐賀大学　先端研究教育施設　名誉教授	
山木　準一	（現）九州大学　先導物質化学研究所　教授	
岡田　重人	（現）九州大学　先導物質化学研究所　准教授	
直井　勝彦	（現）東京農工大学大学院　共生科学技術研究院　教授	
荻原　信宏	（現）東京農工大学大学院　共生科学技術研究院　応用化学部門　助教	
藤本　宏之	（現）大阪ガス㈱　材料事業化プロジェクト部　課長	
辰巳　国昭	（現）㈱産業技術総合研究所　ユビキタスエネルギー研究部門　蓄電デバイス研究グループ　グループ長	
武田　保雄	（現）三重大学大学院　工学研究科　分子素材工学専攻　教授	
吉武　秀哉	（現）宇部興産㈱　機能品・ファインカンパニー　機能材第一ビジネスユニット　ビジネスユニット長	

泉　　浩　人	ステラケミファ㈱　研究部　サブマネージャー
山　本　陽　久	日本ゼオン㈱　新事業開発部　部長
世　界　孝　二	ソニー㈱　コアテクノロジー＆ネットワークカンパニーエナジーカンパニー　開発部門　応用開発部　担当部長
	（現）ソニー㈱　エナジー事業部　企画管理部　担当部長
高　田　和　典	（現）㈱物質・材料研究機構　ナノスケール物質センター　主席研究員
近　藤　繁　雄	（現）三重大学　工学部　分子素材工学科　リサーチフェロー
渡　辺　　遵	（現）㈱物質・材料研究機構　監事
辻　岡　則　夫	旭化成㈱　機能膜事業部　新事業開発グループ　グループ長
	（現）京都大学　キャリアサポートセンター
妻　藤　陽　子	旭化成㈱　機能膜事業部　ハイポア技術開発部
西　山　利　彦	（現）NECトーキン㈱　研究開発本部　機能デバイス開発センター　センター長
金　子　志　奈　子	（現）NECトーキン㈱　研究開発本部　担当
佐　藤　正　春	日本電気㈱　機能材料研究所　主任研究員
	（現）㈱村田製作所　研究開発センター　主任研究員
昆　野　昭　則	静岡大学　工学部　物質工学科　助教授
藤　波　達　雄	静岡大学　工学部　物質工学科　教授
大　野　弘　幸	（現）東京農工大学大学院　共生科学技術研究院　教授
竹　下　秀　夫	（現）インフォメーションテクノロジー総合研究所　副社長

執筆者の所属は，注記以外は2003年当時のものを使用しております。

目次

総論編

第1章 リチウム系二次電池の技術と材料　　吉野　彰

1 はじめに……………………………3
2 リチウムイオン二次電池の技術と材料はこのようにして決まってきた
　　―リチウムイオン二次電池の開発経緯―…3
3 まとめ………………………………12

第2章 リチウム系二次電池の原理と基本材料構成　　吉野　彰

1 はじめに……………………………13
2 リチウムイオン二次電池の原理………13
3 リチウムイオン二次電池の基本材料構成とこの10年の技術開発の流れ……………15
4 この10年の要素技術別開発の流れ……19
5 おわりに……………………………22

リチウム系二次電池材料編

第3章 コバルト系正極材料　　山﨑信幸

1 はじめに……………………………25
2 コバルト酸リチウムの構造と特徴……26
3 コバルト酸リチウムの開発と工業生産の経緯…………………………………28
4 コバルト系正極　今後の方向性………31
5 おわりに……………………………32

第4章 ニッケル系正極材料　　荒井　創，櫻井庸司

1 無置換$LiNiO_2$……………………34
2 コバルト置換$LiNiO_2$………………39
3 コバルト以外の元素置換$LiNiO_2$……41
4 $LiNiO_2$系以外のニッケル系電極材料……43

I

目 次

第5章　マンガン系正極材料　　岡田昌樹，野口英行，芳尾真幸

1　はじめに …………………………47
2　スピネル化合物の酸素量論性と電池特性……49
3　スピネル化合物の構造 ……………52
4　スピネル化合物の組成と容量 ………53
5　5V級スピネル材料 ………………57
6　スピネル系正極材料の性能改良：高温安定性の向上 ………………58
7　スピネル化合物のレート特性 ………60
8　スピネル系化合物と実用電池への適用例……62
9　その他のマンガン系材料 ……………64

第6章　その他の無機系正極材料　　山木準一，岡田重人

1　はじめに …………………………68
2　ポリアニリン系正極活物質群 ………69

第7章　有機系正極材料　　直井勝彦，荻原信宏

1　はじめに …………………………79
2　有機系正極材料の歴史 ……………80
3　有機材料のエネルギー貯蔵原理 ……87
4　有機系材料と無機系材料の特性比較……89
5　導電性高分子材料 …………………90
6　有機硫黄系材料 ……………………92
7　新規有機硫黄超分子材料の展開 ……102
8　今後期待される材料・技術 ………104

第8章　炭素系負極材料　　藤本宏之

1　はじめに …………………………110
2　黒鉛系材料 ………………………111
3　低温焼成炭素材料 …………………116
4　難黒鉛系材料 ………………………117
5　おわりに …………………………120

第9章　合金系負極材料　　辰巳国昭

1　はじめに …………………………122
2　リチウム金属負極 …………………123
3　リチウム合金負極の特徴と種類 ……124
4　リチウム合金負極の今後の方向性について …………………………127
5　おわりに …………………………128

第10章　その他の非炭素系負極材料　　武田保雄

1　はじめに …………………………131
2　新しい負極探索の流れ-非晶質SnO負極……132
3　高容量窒化物負極-$Li_{2.6}Co_{0.4}N$ ……134
4　$Li_{2.6}Co_{0.4}N$と酸化物（SnOやSiO）の複合負極による初期不可逆容量の低減…138
5　CoOに代表される非挿入型酸化物負極…138

目次

第11章 イオン電池用電解液　吉武秀哉

1 イオン電池用電解液の変遷 …………142
2 機能性電解液 ………………………143
3 機能性電解液：第二世代 …………147
4 機能性電解液：第三世代 …………150

第12章 電解液溶質材料　泉 浩人

1 はじめに ……………………………152
2 電解液溶質材料 ……………………153
3 $LiPF_6$ ………………………………153
4 今後の方向性 ………………………160

第13章 バインダー材料　山本陽久

1 はじめに ……………………………161
2 ゴム系バインダーの性能 …………161
3 ゴム系負極バインダー：BM-400B …162
4 ゴム系正極バインダー：BM-500B …167
5 おわりに ……………………………172

第14章 ポリマー電解質　世界孝二

1 緒言 …………………………………173
2 ポリマー電解質（高分子固体電解質）…174
3 リチウムイオンポリマー二次電池 …178

第15章 無機固体電解質　高田和典，近藤繁雄，渡辺 道

1 はじめに ……………………………183
2 リチウムイオン電池の実用化がもたらした変化 ………………………183
3 最近のリチウムイオン伝導性無機固体電解質に関する研究 …………………185
4 今後の可能性－結びに代えて－ …189

第16章 セパレータ材料　辻岡則夫，妻藤陽子

1 はじめに ……………………………194
2 電池技術変遷とセパレータ …………194
3 セパレータ製造技術 ………………196
4 セパレータ特性 ……………………199
5 特許出願からみたセパレータの開発の流れ …202
6 おわりに ……………………………204

目　次

新しい蓄電素子とその材料編

第17章　プロトン電池とその材料　　　西山利彦, 金子志奈子

1　はじめに ……………………………207
2　電気二重層コンデンサーと電池 ………207
3　プロトン交換型導電性高分子 …………210
4　電池材料の探索 ……………………211
5　電極活物質の安定性 …………………212
6　インドール系3量体と電子伝導性 ……214
7　キノキサリン系ポリマーと電子伝導性 ……215
8　電池特性パワー ……………………217
9　電池特性低温 ………………………217
10　電池特性・サイクル ………………218
11　用途 …………………………………219
12　おわりに ……………………………219

第18章　ラジカル電池とその材料　　　佐藤正春

1　はじめに ……………………………221
2　ラジカル材料と有機ラジカル電池 ……221
3　有機ラジカル電池の試作とその性質 ……222
4　まとめと今後の課題 …………………228

第19章　光二次電池とその材料　　　昆野昭則, 藤波達雄

1　はじめに ……………………………230
2　光二次電池の構造と反応機構 …………230
3　有機薄膜型光二次電池 ………………231
4　おわりに ……………………………237

第20章　イオン性液体　　　大野弘幸

1　はじめに ……………………………241
2　イオン性液体とは ……………………241
3　合成法 ………………………………242
4　電解質溶液としての展開 ……………243
5　高分子ゲル型電解質 …………………246
6　イオン性液体の高分子化 ……………247
7　将来展望 ……………………………251

海外の状況編

第21章　海外でのLi系二次電池材料の動向　　　竹下秀夫

1　Liイオン二次電池の世界市場の概要 …255
2　Liイオン二次電池の主要構成材料の世界市場 …260

総論編

講 義 編

第1章　リチウム系二次電池の技術と材料

吉野　彰*

1　はじめに

　リチウムイオン二次電池が商品化され，早10年を過ぎようとしている。この間に二次電池材料に関して多大な研究開発がなされてきた。その一部は実用化されたものもあるし，また現在も研究開発が続けられ，これから世に出ようとする技術もある。一方リチウムイオン二次電池とは全く毛色の異なる新蓄電素子・材料の研究開発も活発になってきている。
　本書は上記の背景の中で材料という観点から，リチウムイオン二次電池を中心とした種々の二次電池材料のこの10年間の研究開発の流れとその成果，更に今後の方向性について各分野の第一線でご活躍中の方々にご執筆いただいた。
　［総論編］第1章ではリチウムイオン二次電池の開発経緯を振り返りながら，商品化までに技術と材料が如何にして決まってきたかの過程について述べ，［総論編］第2章ではリチウムイオン二次電池の原理と各要素技術の商品化以降，この10年間の進歩の概要について述べた。
　また［リチウム系二次電池材料編，新しい蓄電素子とその材料編，海外の状況編］第3章から第21章で各分野の第一線でご活躍中の方々に要素技術毎のこの10年間の研究開発の流れとその成果，市場動向，さらに今後の方向について詳しく解説いただいた。

2　リチウムイオン二次電池の技術と材料はこのようにして決まってきた
　　　―リチウムイオン二次電池の開発経緯―

　リチウムイオン二次電池はどのような経緯で生まれてきたのであろうか。尚，開発経緯の詳細については総説にまとめてあるので参照いただきたい[1]。
　一般に電池は表1に示す通り4つに分類される。まず，使い捨ての一次電池と充電により再使用される二次電池に分類される。また電池に用いる電解液が水系か非水系かによっても分類される。非水系電池は水系電池に比べ起電力が高く，高エネルギー・高容量という大きな特徴を有し，この非水系の一次電池については金属リチウムを負極に用いた金属Li一次電池が古くから商品化

---

　　*　Akira Yoshino　旭化成㈱　エレクトロニクスカンパニー　電池材料事業開発室　室長

二次電池材料この10年と今後

表1　電池の分類とリチウムイオン二次電池の位置付け

	水系電解液電池	非水系電解液電池 (高電圧・高容量)
一次電池（再使用不可）	マンガン乾電池 アルカリ乾電池	金属リチウム 一次電池
二次電池（充電再使用）	鉛電池 ニッカド電池 ニッケル水素電池	リチウムイオン 二次電池

され，現在でもカメラのストロボ用電源等の用途に用いられてきている。

　一方，二次電池の用途分野においては，鉛電池，ニッカド電池，ニッケル水素電池等の水系二次電池が用いられてきたが，水系電解液の宿命である水の電気分解電圧（約1.2Ｖ）以上の起電力を得ることはできないという点から高容量化に限界があった。これを克服するために金属Li一次電池の二次電池化の試みが古くからなされてきたが，その開発は軒並み失敗に終わった。その最大の原因は金属Li負極にあった。金属Liの反応性に基づく安全性の問題と充電・放電の繰り返しにより金属Li負極の劣化が大きな問題として克服できず，商品化できなかった。筆者らは負極として金属Liの代わりに炭素材料を用い，リチウムイオン含有遷移金属酸化物を正極として組み合わせるという新しい発想の新型二次電池システムを1985年に提案し[2]，長年の夢であった非水系二次電池の実用化を実現したのである。これが現在のリチウムイオン二次電池である。

　1980年前後には現在のリチウムイオン二次電池が生まれるきっかけとなる二つの出来事があった。

　一つは白川らによりポリアセチレンに代表される電気伝導性ポリマーの発見と二次電池電極材料としての可能性が見出されたことである[3]。もう一つはGoodenoughらによりLiCoO$_2$に代表される4Ｖ級のリチウムイオン含有遷移金属酸化物という従来の正極とは全く異なる新しい正極群が見出されたことである[4]。この二つの出来事がリチウムイオン二次電池を生み出したのである。そこに至るまでの開発経緯を振り返りながら，現在のリチウムイオン二次電池の技術と材料が決まってきた過程について述べてみたい。

2.1　なぜ負極に炭素材料が選定されたのか

　1981年，筆者らは上記白川らの発表したポリアセチレンという材料に興味を持ち研究に着手した。ポリアセチレンは電気伝導性を有する等ユニークな特性があることから多くの関心を集めていたが，電気化学的に酸化還元できるということもその特性の一つであった。Liイオン等のカチオンがドーパントになる場合（n－ドーピング）とアニオンがドーパントになる場合（p－ドーピング）の電気化学反応式は下式の通りである。ここでPAはポリアセチレンを，X$^-$はアニオンを意味する。

第1章　リチウム系二次電池の技術と材料

表2　ポリアセチレンの電気化学的ドーピング挙動

電解液系	ドーピングイオン	放電容量 (PA重量あたり)	充電に伴う膨張
LiClO$_4$/PC	ClO$_4^-$	～120mAh/g	大
LiClO$_4$/THF	Li$^+$	～120mAh/g	大
(C$_4$H$_9$)$_4$NClO$_4$/PC	(C$_4$H$_9$)$_4$N$^+$	～120mAh/g	大
LiClO$_4$/PC	Li$^+$	～600mAh/g	なし

```
              n－ドーピング反応        p－ドーピング反応
放電状態       PA + Li⁺ + e⁻           PA + X⁻
                 ↑↓                      ↑↓
充電状態       PA⁻Li⁺                  PA⁻X⁻ + e⁻
```

　特にn－ドーピングされたPA$^-$Li$^+$は金属Liとほぼ同じ位の卑な電位を有しており，金属Li負極に代わる非水系二次電池の新しい負極としての可能性を期待し研究を進める中で面白い現象を見出した。それは特定の条件下で，このポリアセチレンが全く膨張することなく多量のLiイオンを吸蔵・脱離できるという現象であった。表2に種々の電解液におけるポリアセチレンのn－ドーピングとp－ドーピングの結果を示す。当時知られていたポリアセチレンの放電容量はCHユニットあたり約6%，重量換算すると約120mAh/gというのが通常であり，しかも充電時に大きな膨張が伴うものであった。

　しかしながら表2のLiClO$_4$/PCを電解液に用いたn－ドーピングの場合に限り放電容量が大きく，しかも充放電に伴う膨張収縮が一切ないという異常な挙動を見出したのである[5]。このような現象を示すのは以下の条件が満たされた時に限られていた。

① 　ドーピングイオンとしてLi$^+$を用いること
② 　電解液溶媒にPC等の環状炭酸エステルを用いること
③ 　初充電を金属Li基準0Vに近い電位まで充分行うこと
④ 　充放電で膨張収縮が起こらない電解液を用いること

　600mAh/gという大きな放電容量を有したこの材料を実用化に結びつけようと更に開発を進めたが，ポリアセチレンの化学的不安定性と真密度の低さという問題点が徐々に明らかとなり，実用化が難しい状況になってきた。一方，ほぼ同時期にポリアセチレンと同じπ電子を有する炭素材料の検討も進めていたが，当時入手可能な市販の炭素材料では思わしい特性が得られなかった。ところが，たまたま社内の別の部署で気相成長法炭素繊維（VGCF）の開発を進めていた。このサンプルを入手し評価したところ優れた負極特性が判明した。このVGCFは製造時の熱履歴温度が1000℃と低いにもかかわらず結晶性が高く，典型的な易黒鉛性ソフトカーボンであった。これを契機に負極に炭素材料を用いるという方向に転換した。これが現在のリチウムイオン二次電池

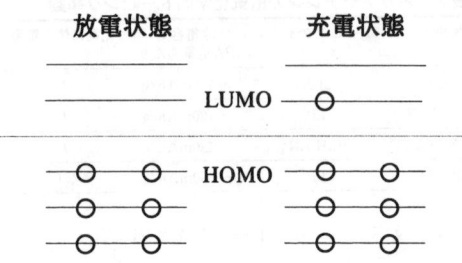

図1　負極充放電反応の分子軌道法的模式図

の負極に炭素材料を用いるという技術の原点である。ポリアセチレンであれ，炭素材料であれ負極の充放電反応で実際に起こっている現象は，図1に示すようにπ電子軌道のLUMO（最低非結合分子軌道）に電子を電気化学的に出し入れしているだけである。

　従って，原理的にはπ電子を有する化合物であれば何でも良いことになるが，実際には特定のπ軌道を有する物資でなければ負極としては使えない。この考え方はその後の負極用炭素材料のデザインに大いに役立ち，負極用の新しい炭素材料が次々に開発されてきたことは周知の通りである。

　以上が負極に炭素材料が選定された理由である。

2.2　負極表面のSEIはなぜ必要だったのか

　筆者らが前述のポリアセチレンの研究を行っていた時にもう一つ奇妙な現象が見られた。それは初充電での挙動であった。$LiClO_4$/PCを電解液に用いてn－ドーピングを行うと最初の充電での電流効率が50%前後と低く，2回目以降のサイクルでは100%近い電流効率に上がるという現象があり，不思議なことに何度実験を繰り返しても初充電に限り常に50%前後であった。これは初回の充電電気量の約半分が別の反応に用いられていることを意味し，これと放電容量が高くなることが何か関係しているのではないかと解析を試みた。

　今でこそ解析技術が進歩しているが，20年前は不安定な物質の表面を解析することは非常に困難であった。しかし，幸いなことにポリアセチレンは微細な繊維が絡み合った多孔性構造をしており，古典的な透過型赤外スペクトルであっても結果的にポリアセチレン表層部分のみの吸収スペクトルがきれいに測定することができた。初充電後のポリアセチレンの電解液を洗い流した後に，透過型赤外スペクトルを測定するという最も簡単な方法で興味深い事実が判明した。

　図2はポリアセチレンを初充電した後の赤外吸収スペクトルである。図2（a）は初充電後に

第1章 リチウム系二次電池の技術と材料

電解系を洗い流した後,乾燥雰囲気のまま測定したスペクトルであり,①と⑦はポリアセチレンの吸収である。図2(b)はポリアセチレンの吸収を差スペクトルで除いたものであり,②~⑥のポリアセチレン以外の物質に基づく吸収が見られる。1640cm^{-1}付近の吸収からこの物質はR-O$^-$Li$^+$またはR-O-CO$_2$$^-Li^+$の官能基を有していると推察される。次にこのサンプルを高湿雰囲気に曝した後のスペクトルが図2(c)である。湿気に曝すことにより瞬間的にスペクトルが変化

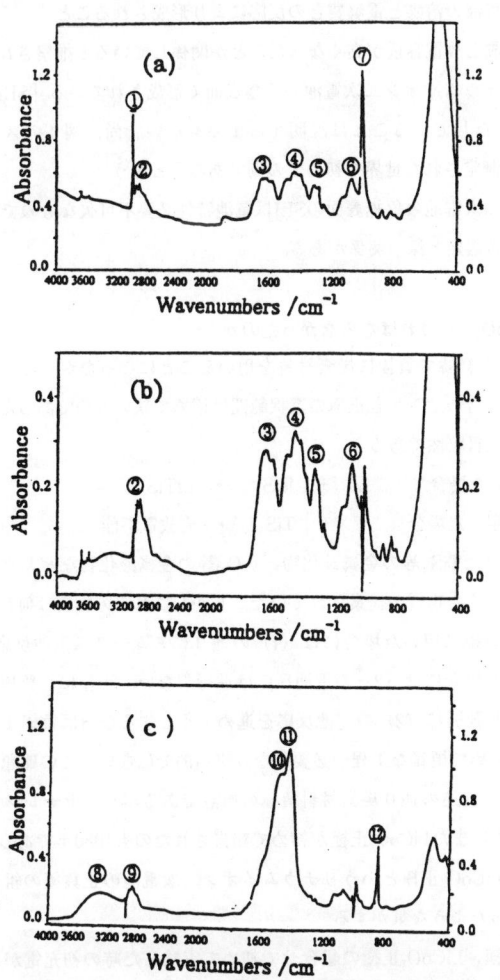

図2 ポリアセチレン表面の保護膜(SEI)の赤外吸収スペクトル
(吉野 日化誌 2000, No.8 527より)

している。この図2（c）に相当する物質は標品実験から炭酸リチウムとプロピレングリコールであることがわかった。これらの事実から以下のことが明らかとなった。

① 初充電時にポリアセチレンの表面に被覆層が形成されていること
② この被覆層を形成する物質はLi＋を含有する有機物であること
③ この物質は水と瞬時に反応し炭酸リチウムとプロピレングリコールに分解してしまうこと
④ この被覆層は電解液の溶媒と電解質との反応により形成されること
⑤ この被覆層の形成と放電容量が高くなったことが関係していると推察されること

この物質が現在のリチウムイオン二次電池の負極表面で形成されている「SEI」と同じものであり、重要な役割を果たしていることは説明するまでもない。尚、図4のスペクトルはこの「SEI」が活性な状態で測定された世界で初めての例であろうと思う[5]。

以上のように非水系二次電池の負極表面のSEIは電池特性必要不可欠なものであり、2.4電解液の項で述べる電解液の選定と深い関係がある。

2.3 なぜ正極は$LiCoO_2$でなければならなかったのか

2.1項で述べたような経緯で負極に炭素材料を用いることになったが、この炭素材料を負極として用いるために組み合わせるべき正極の選択範囲は極めて狭いものであった。その理由は下式をご覧いただければ一目瞭然であろう。

負極に金属Liを用いた場合　　　$Li + TiS_2 \rightarrow LiTiS_2$　　　　　　　(1)

負極に炭素材料を用いた場合　　$C + TiS_2 \rightarrow$ 充放電不能　　　　(2)

当時、上式で例に挙げたTiS_2等の金属硫化物、V_6O_{13}等の金属酸化物など非水系二次電池用の正極材料として極めて多くの物質が提案されていた。しかしこれらの物質は何れもLiイオンを有しておらず、金属Liを負極に用いた場合には（1）の通りにスムースに電池反応が進行するが、炭素材料を負極に用いた場合には（2）の電池反応は進行しない。正極にも負極にもLi種が存在しないからである。もし強引に（2）の電池反応を進めようとするならば負極または正極に予めLi種を挿入するという極めて煩雑な工程が必要となり実用的ではない。この難題を一挙に解決したのが$LiCoO_2$であった。前述の通り炭素材料負極の原点であるポリアセチレン負極が報告されたのが1980年であった[3]。また$LiCoO_2$正極が初めて報告されたのも1980年であった[4]。この偶然を考えると炭素負極／$LiCoO_2$正極というリチウムイオン二次電池の正負極の組合せは歴史的に生まれるべき運命にあったような気がする。

筆者らがこの炭素負極／$LiCoO_2$正極の組合せで初めて実験した時の初充電が余りにもスムースに進行したことを今でも鮮烈に覚えている。1985年のことであった[2]。

正極が$LiCoO_2$でなければならなかった理由を簡単に言うと上記の通りであるが、電気化学の

第 1 章　リチウム系二次電池の技術と材料

原理的な観点から見るともっと深い意味がある。以下のリチウムイオン二次電池に関する幾つかの点は全て同じ電気化学的原理からくる事象であって，炭素負極／$LiCoO_2$正極の組合せの意味合いが凝縮されている。

① リチウムイオン二次電池はなぜ充電時に 4 V 級の起電力を有するのか
② リチウムイオン二次電池の未充電時（充電履歴が全くない）の起電力はなぜ 0 V なのか
③ $LiCoO_2$はLiイオンを含有しているのになぜ大気中で安定なのか
④ リチウムイオン二次電池の正極と負極はなぜ放電状態で組み立てるのか
⑤ Liイオンを含有しない従来の正極の起電力はなぜ 4 V 級にならないのか

　上記事象は「充電状態で非常に貴な電位（酸化力の高い），もしくは非常に卑な電位（還元力の高い）を有する物質の放電状態は大気中で極めて安定である。」という単純な電気化学的原理で全て説明される。放電状態とは負極で言えばLiの挿入されていない炭素材料，正極で言えばLiの入った状態の$LiCoO_2$である。両者とも大気中で極めて安定なのは当然なのである。
　正極が$LiCoO_2$でなければならなかった理由の背景には上記の原理的な観点からの深い意味があった。

2.4　電解液はなぜ限定されているのか

　ご存知の通り現在のリチウムイオン二次電池に用いられている電解液系は$LiPF_6$系と$LiBF_4$系の 2 系統ある。しかも$LiPF_6$の場合に用いられる溶媒はプロピレンカーボネート，エチレンカーボネート等の環状炭酸エステルとジメチルカーボネート，ジエチルカーボネート等の鎖状炭酸エステルの混合溶媒という非常に限定された組合せである。また$LiBF_4$の場合も用いられる溶媒はプロピレンカーボネート，エチレンカーボネート等の環状炭酸エステルとγ-ブチロラクトン等の環状エステルの混合溶媒という非常に限定された組合せしか用いられていない。本来電解液の選定基準の基本は，①耐酸化性，②耐還元性，③イオン伝導性，④熱安定性の 4 つである。この 4 条件さえ満たせばリチウムイオン二次電池の電解液に用いられるはずであり，もっと幅広い範囲から選択可能なはずであった。
　実際の電解液の選定経緯は①耐酸化性，②耐還元性，③イオン伝導性，④熱安定性の 4 条件を満たすものの中から選択された電解液を試行錯誤の結果決めてきたというのが事実である。特に原理的な観点から選定されてきたものではない。
　このように理論的に説明できない要因で電解液の特性の良し悪しが左右されるのは 2.2「負極表面のSEIはなぜ必要だったのか」の項で述べたSEIに原因があったと思われる。電解液が変われば当然形成されるSEIも異なる。形成されたSEIがイオン伝導性，安定性等の必要特性を有しているかどうかが電解液選定の第 5 の条件だった。これは試行錯誤で評価判断するしかなく，

この試行錯誤の結果生き残ってきたのが上記LiPF$_6$系とLiBF$_4$系の2系統の電解液であった。

2.5 電極構造はどういう理由で決まったのか

リチウムイオン二次電池が従来の電池と異なる点の一つとして金属箔の表面に活物質を塗布するという特異な電極構造が挙げられる。この電極構造はどういう理由で決まってきたのであろうか。

筆者らが炭素負極／LiCoO$_2$正極というリチウムイオン二次電池の正負極組合せを見出すのと並行して取り組んだ重点開発課題は電極構造をどうするかであった。電極構造を決めるには①電極の厚み，②集電体の形状，③集電体の材質を決める必要があった。

元々このリチウムイオン二次電池の開発は駆動用電源をターゲットにしていたので時間率で0.5C～1Cが標準放電レートで設計する必要があった。一方，非水系電池で取り出せる電流密度は水系電池より小さく，1～2mA/cm^{2}である。この二つのパラメータで電極厚みを設計すると正極，負極の電極厚みは150～200μという数字となり，実験事実もその通りとなった。この150～200μという電極厚みは従来の電池の常識からすると極めて薄く例のないものであった。

この薄さを実現するには集電体の形状を従来技術から抜本的に変えなければならなかった。それが金属箔を集電体とするという奇抜な発想であった。同時に問題となっていたのが集電体の材質であった。何しろ起電力が4V以上という世の中で初めての電池であり，まず正極集電体の材質が問題となった。電気化学の原理からして4V以上の起電力に耐える正極部材は金，白金等の貴金属しか有り得なかったが，試行錯誤の結果辿り着いた材質が意外にもアルミであった。一方負極集電体の材質選定は負極の卑な電位でリチウムと合金を作らず，電気伝導性が良いという観点から銅を選定した。幸いにもアルミ，銅ともに箔にすることは容易な材料であった。

現在では常識になっているリチウムイオン二次電池の電極構造であるが，ここに至るまでには意外性がいくつか重なっており，その中でも電気化学の原理に反しアルミ箔が正極集電体に使えたという点がもっとも幸いであった。アルミ箔を正極集電体に用いるという技術は重要な技術となっており[6]，もしアルミ箔が正極集電体に使えなかったらリチウムイオン二次電池は世の中に出てこられなかったと言っても過言ではない。

現在の電極構造が決まった理由は上記の通りである。

2.6 バインダーはなぜ特殊なポリマーに限定されるのか

最後に電極バインダーについてその選定経緯を述べてみたい。

2.5項で述べた電極をつくる最適な方法は正負極活物質をバインダー溶液に分散させたスラリーを金属箔集電体に塗布し乾燥するという方法であった。当初はこのバインダーの選定につい

第1章 リチウム系二次電池の技術と材料

ては安易に考え,どんなポリマーを用いても良い電極ができるだろうと思っていた。しかし実際に実験を開始してみると大半のポリマーがダメで性能が出なかった。その中で例外的にポリフッ化ビニリデンとポリアクリロニトリルをバインダーに用いた場合に限り良好な電極が得られたのである。当時バインダーの役割は以下の通りに考えていた。

① 活物質粒子同士を結着し,粒子間の電気的接触と機械的強度を維持する
② 活物質粒子と集電体とを結着し,粒子と集電体との電気的接触と機械的強度を維持する
③ 電極のイオン伝導性を妨げない
④ 電極層に電解液が浸透できるような空隙を保つ

当時,既に現在のゲル型高分子固体電解質の考え方が提案されており[7],それによればポリフッ化ビニリデンとポリアクリロニトリルに電解液を膨潤させたものが最適例として挙げられていた。この情報からポリフッ化ビニリデンとポリアクリロニトリルがバインダーとして良かった理由はこれらのポリマーが高分子固体電解質として働き,上記の③電極のイオン伝導性を妨げないという役割が特に優れていたためであると解釈した。

しかしこの解釈は全く間違っていた。電解液を含浸した電極を調べてみると膨潤した痕跡は全くなく,バインダーがイオン導電性を有している理由がなくなった。

原点に戻って電極のバインダー分布を調べてみると意外な事実が判明した。特性の悪いバインダーは表層（集電体と反対側）に大半のポリマーが偏在していた。所謂Binder Migrationという現象で,乾燥時に溶剤に溶けていたバインダーが溶剤の乾燥とともに表層に集まっていたのである。それに対してポリフッ化ビニリデンとポリアクリロニトリルをバインダーに用いた電極では集電体側と表層側も均一に分布していた。

バインダーとして最も重要な第5の役割があったのだ。
⑤ Binder Migrationを起こさず電極内に均一に分布すること

ポリフッ化ビニリデンとポリアクリロニトリルがBinder Migrationを起こさなかった理由は直ぐに判明した。溶液ではなかったのである。ポリフッ化ビニリデンやポリアクリロニトリルのような分極性の強い側鎖を有し,結晶性の高いポリマーは一般溶剤には全く不溶,N-メチルピロリドン,ジメチルホルムアミドのような特殊な溶剤に限り例外的に溶ける。しかしこの溶液は厳密な意味での高分子溶液ではなくポリマーがミクロに分散された状態（Latent Solution）になっている。従ってBinder Migrationを起こさなかったのである。

バインダーはなぜ特殊なポリマーに限定されるのか,という問いに対する答えは上記の通りである。

もう一点重要な点は溶液系ではなく分散系のバインダーさえ用いれば,何もポリフッ化ビニリデンとポリアクリロニトリルのような特殊なポリマーにこだわる必要はないということである。

11

現にラテックスのような水分散系を用いればスチレン／ブタジエンという極めて汎用的なポリマーでも良好な電極を得ることができる。

3 まとめ

以上，本章ではリチウムイオン二次電池が商品化されるまでに，その技術と材料がどのような過程で決まってきたかについて述べてきた。

次章の「第2章 リチウムイオン二次電池の原理と基本材料構成」では，各要素技術について商品化以降技術材料がどのように変遷してきたかについてその概要を述べたい。

文　献

1) 吉野彰ほか，日本化学会誌，No.8，523-534(2000).
2) 旭化成，特許第01989293号，1985年出願
   旭化成，特許第02668678号，1986年出願
3) P. J. Nigrey et.al., J.Electrochem. Soc., **128**, 1651(1981).
4) J. B. Goodenough et.al., Mater. Res. Bull., **15**, 783(1980).
5) 旭化成，特許第01823650号，1983年出願
6) 旭化成，特許第02128922号，1984年出願
7) 日本電気，特許第01360485号，1981年出願

第2章　リチウム系二次電池の原理と基本材料構成

吉野　彰[*]

1　はじめに

　第1章で述べたように二次電池の小型・軽量化を実現するためにリチウム系二次電池の開発が古くから行われてきた。当初は金属リチウムを負極とする二次電池系の開発が主であったが，負極金属リチウムの有する種々の問題のために商品化に至らなかった。負極に炭素材料を用いることでこの問題点を解決するとともに，正極にリチウムイオン含有金属酸化物である$LiCoO_2$と組み合わせることで「リチウムイオン二次電池（LIB）」という非水系二次電池が初めて商品化された。

　ちょうど商品化後10年経たこのリチウムイオン二次電池を構成する材料の技術開発の流れを各分野の第一線で活躍されている方々に解説いただくのが本書監修の主旨である。

　第2章ではこのリチウムイオン二次電池の原理と，基本構成材料に関するこの10年の技術開発の流れにつきその概要を述べたい。

2　リチウムイオン二次電池の原理

　リチウムイオン二次電池の定義としては「リチウムイオンを吸蔵・脱離し得る炭素質材料を負極活物質として用い，リチウムイオンを吸蔵・脱離し得るリチウムイオン含有金属酸化物を正極活物質として用いたトポ化学反応原理に基づく非水系二次電池」というのが一般的である。広義には，負極として炭素質材料以外のものを用いる場合も含めることがある。

　トポ化学反応とは化学的な反応を伴わず，ホスト分子等にゲスト分子，ゲストイオン等が出入りする現象である。リチウムイオン二次電池の負極活物質として用いるため，種々の構造の炭素材料が開発されている。また，正極活物質としての「リチウムイオン含有金属酸化物」としては，大半の製品では$LiCoO_2$が用いられている。その電池反応式と作動原理は図1と図2に示す通りであり，充電により$LiCoO_2$に含有されているリチウムイオンが脱離し，負極の炭素質材料に吸蔵される。逆に放電では負極に吸蔵されていたリチウムイオンが脱離し，正極に再び戻っていく。

---

[*] Akira Yoshino　旭化成㈱ エレクトロニクスカンパニー　電池材料事業開発室　室長

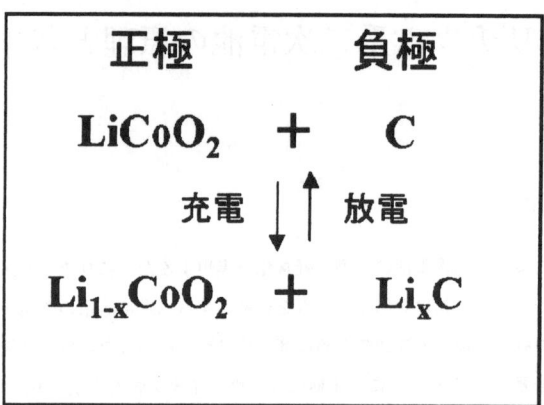

図1　LIBの電池反応式

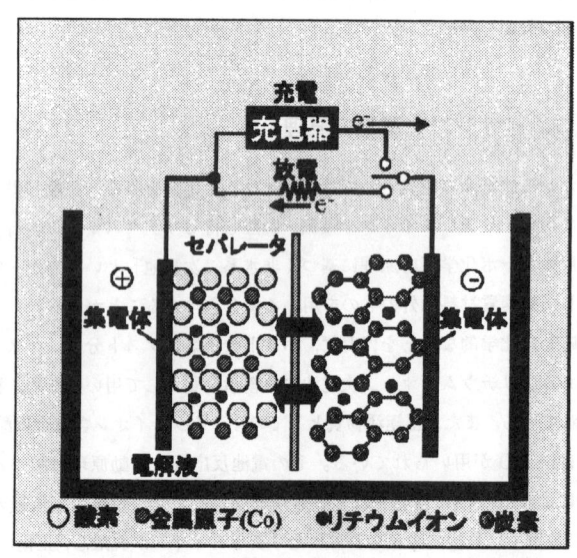

図2　LIBの作動原理図

第2章 リチウム系二次電池の原理と基本材料構成

この反応の繰り返しにより充放電が行われる。
またリチウムイオン二次電池の作動原理図と基本電池構成は図2に示す通りである。図に示されている正負極材料と電解液，セパレータ更にバインダー等が基本構成材料となっている。

3　リチウムイオン二次電池の基本材料構成とこの10年の技術開発の流れ

まず図3を見ていただきたい。図3はリチウムイオン二次電池に関する特許状況（公開特許，登録特許）をまとめたものである。2002年現在で，公開特許出願累積件数は何と20,000件近い。如何にリチウムイオン二次電池に関する研究開発が盛んであったかを物語る。また登録特許累積件数は3,000件を超しており個々の技術の権利マップが出来つつある。

その経緯を見てみると，1980年以降1900年までは現在のリチウムイオン二次電池に関連すると思われる特許の出願は散発的でその件数は極めて少なかった。むしろリチウムイオン二次電池の基礎技術開発が水面下で着々と行われていたことが伺われる。

1900年以降，特に1992年以降急激に件数が増加している。これは明らかにリチウムイオン二次電池の商品化の時期と一致しており，商品化に伴いそれまでの材料中心の開発からApplication，即ち応用技術開発が活発になっていった結果である。

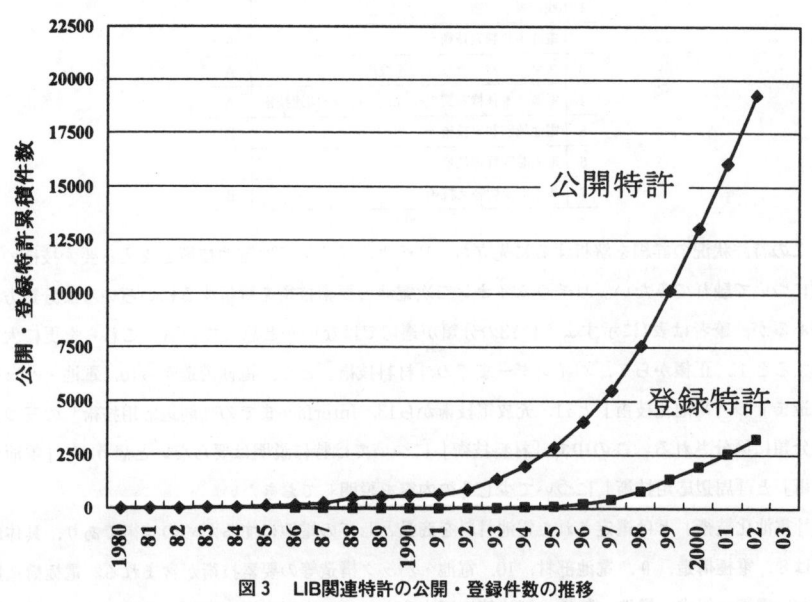

図3　LIB関連特許の公開・登録件数の推移

二次電池材料この10年と今後

表1　リチウムイオン二次電池の要素技術分類

	要素技術分類	要素技術内容	大分類
1	正極	正極材料の組成，特性，製法に関するもの	材料技術
2	負極	負極材料の組成，特性，製法に関するもの	
3	正負組合せ	正負極の組合せに特徴を有するもの	
4	電解液	電解液の組成，特性，製法に関するもの	
5	セパレータ	セパレータの組成，特性，製法に関するもの	
6	固体電解質	固体電解質（ポリマーゲル含む）に関するもの	
7	バインダー	バインダーの組成，特性，製法に関するもの	
8	電極構造	電極の組成，構造，特性，製法に関するもの	電池化技術
9	電池部材	電池部材の組成，構造，製法に関するもの	
10	電池・パック構造	電池・パックの構造，製法に関するもの	
11	充放電技術	充放電技術，制御，使用方法に関するもの	周辺応用技術
12	安全装置	安全性を向上させる技術に関するもの	
13	Interface	電源と本体機器との境界領域に関するもの	

表2　Interface技術の実例

A：電池技術領域に近いInterface技術
B：本体機器技術領域に近いInterface技術

	Interface技術の実例	区分
1	残量表示技術	A
2	電池劣化判定技術	A
3	スマートバッテリー関連技術	A
4	電源　本体機器間のcommunication関連技術	A
5	電池種別判定技術	B
6	電源温度管理技術	B
7	多重電源切替え技術	B

　この特許状況の詳細を解析するに先立ち，リチウムイオン二次電池技術を支える要素技術の分類について触れてみたい。リチウムイオン二次電池の要素技術を解析するにいろいろな分類方法があるが，筆者は表1に示すように13の分類が適切ではないかと思っている。これらを更に大分類すると1．正極から7．バインダーまでの「材料技術」と8．電極構造から10．電池・パック構造までの「電池化技術」と11．充放電技術から13．Interfaceまでの「周辺応用技術」の三つの大分類に区分される。この中で「材料技術」については特に説明は要らないと思うが，「電池化技術」と「周辺応用技術」について少しその内容を説明しておきたい。

　「電池化技術」とは選定された電池材料を商品としての電池にするための技術であり，具体的には8．電極構造，9．電池部材，10．電池・パック構造等の要素技術が含まれる。電極構造技術とは電極の組成，構造，特性，製法等に関するもので，実例を挙げれば，導電フィラー等の電

第2章　リチウム系二次電池の原理と基本材料構成

極組成や，空隙率，厚み，表面状態等の電極構造や，比表面積，導電率等の電極の特性に関するものがある。電池部材とは電池を組み立てるに必要な副部材に関するもので，電池ケース，リードタブ，絶縁フィルム，封口体等が挙げられる。電池・パック構造とは電池またはパックの構造に関するもので，電池やパックの形状，配置，配線等の技術が挙げられる。

「周辺応用技術」とは電池を電源として実際に用いる際に必要な技術であり，充放電制御技術や過充電・過放電保護回路，PTC，電流遮断素子等の安全装置に関連する技術が挙げられる。電池関連技術を分類する上で悩ましいのが13. Interfaceである。これは一言で言えば電源と本体機器との境界領域に関するものであるが，どこまでが電池関連技術でどこからが本体機器関連技術なのか判断に迷うケースが多い。ここでは幾つかの実例を表2に示しておくので参考にしていただきたい。表2に示すようにこのInterface技術には電池領域に近い技術（A）と本体機器領域に近い技術（B）もあるが，目的に応じて線を引くことが必要である。

以上述べたようなリチウムイオン二次電池の要素技術分類を参考にパテントマップ作成，技術動向マップ作成等に活用いただければ幸いである。

上記の要素技術分類に基づいて前述の特許出願状況を解析し，リチウムイオン二次電池のこの10年の技術開発動向を振り返ってみたい。

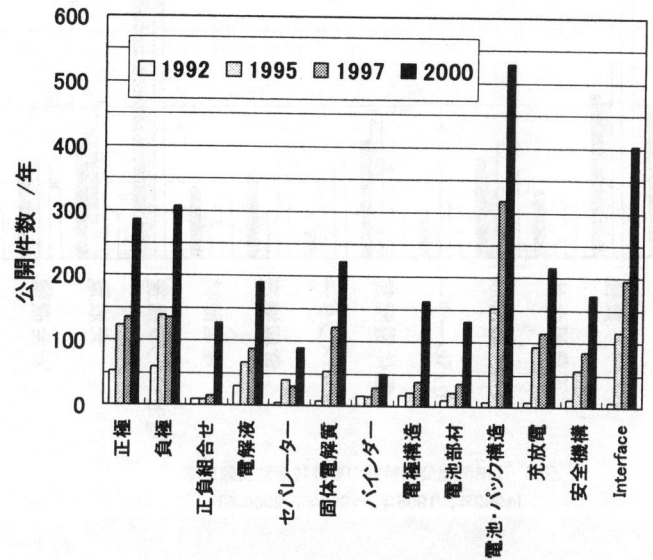

図4　LIB関連公開特許の要素技術別内訳
（1992年，1995年，1997年，2000年）

図4は1992年，1995年，1997年，2000年の4年間についてLIB関連公開特許件数を上記要素技術別に分類したものである。また図5は各年の要素技術別の公開特許を比率（％）で示したものである。

リチウムイオン二次電池が商品化された1992年頃の公開特許は正極，負極，電解液といった基本構成材料に関連するものが大半であり，この正極，負極，電解液の3材料に関するものだけで60％を超している。一方，1995年以降は電池・パック技術等の電池化技術と充放電，安全機構，Interface等の周辺技術に関する公開件数が急激に増えてきている。これはセルラー，ノートパソコン等のメーカーからのリチウムイオン二次電池の使用方法に関する出願が急激に増えてきた結果であり，更に現在ではこれに加えて電気自動車に関連して自動車メーカーからの出願が急激に増えてきている。

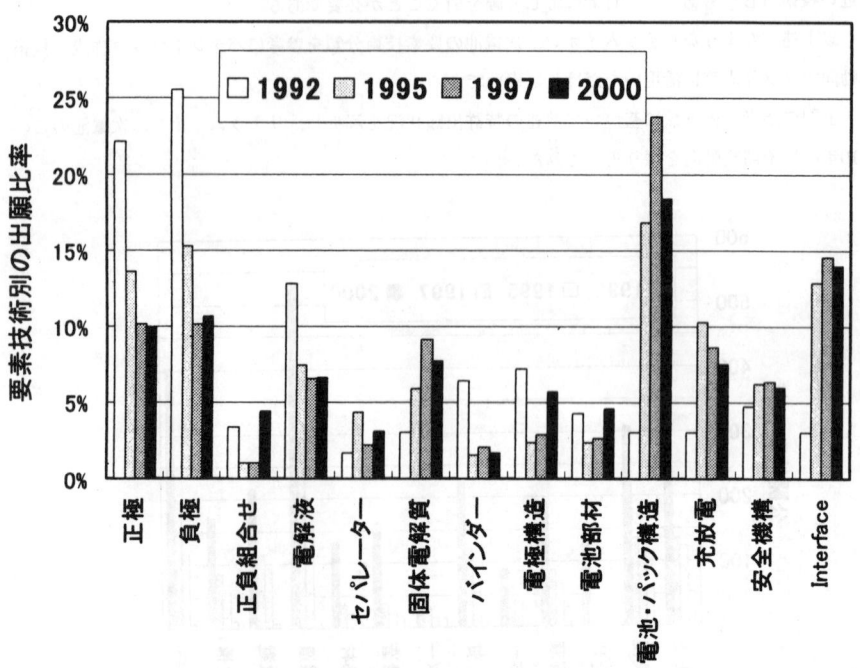

図5　LIB関連公開特許の要素技術別出願比率
（1992年，1995年，1997年，2000年）

第2章 リチウム系二次電池の原理と基本材料構成

4 この10年の要素技術別開発の流れ

ここでは要素技術の中の材料技術についてこの10年間の流れをもう少し考察しながら，各分野の第一線で活躍されている著者の方々にまとめていただいた本書第3章以降の内容を簡単に紹介させていただきたい。

4.1 正極材料

正極材料に関する特許は，材料技術の中でも負極材料と並び中心的なものであり件数も多い。正極材料に関しての技術開発の流れは大きく次の4つに分類される。

① $LiCoO_2$に関するもの
② $LiNiO_2$に関するもの
③ $LiMn_2O_4$に関するもの
④ 上記以外の新しい正極材料に関するものであり，無機系正極材料と有機系正極材料とがある。

ご存知の通り小型民生用のリチウムイオン二次電池は商品化以来$LiCoO_2$が正極材料の主流として用いられており，小型民生用のごく一部で$LiMn_2O_4$が用いられている。一方，$LiNiO_2$は$LiCoO_2$より高容量が期待できることから研究開発が盛んに行われ，特許出願も多いが実用には供されてこなかった。しかしここにきて自動車用途向けに$LiNiO_2$系が用いられるようになってきたのは注目に値する。これら3材料のこの10年間の研究開発の流れとその成果については，「第3章 コバルト系正極材料」，「第4章 ニッケル系正極材料」，「第5章 マンガン系正極材料」の各章でまとめていただいた。

その他の無機系正極材料としてはモリブデン系，バナジウム系，チタン系等の材料開発がなされてきたが，最近になって$LiCoPO_4$，$LiFePO_4$等のOlivine系に属する新しい正極材料群が脚光を浴びている。これらの無機系正極材料のこの10年間の研究開発の流れとその成果については，「第6章 その他の無機系正極材料」で詳しくまとめられている。

その他の有機系正極材料としては，古くはポリアニリン，ポリピロール等の導電性高分子を正極材料として提案されてきたが，現在注目を集めているのは有機硫黄系正極材料である。この有機硫黄系正極材料は容量が非常に大きく期待されている。この有機系正極材料のこの10年間の研究開発の流れとその成果については，「第7章 有機系正極材料」で詳しくまとめられている。

4.2 負極材料

負極材料に関する特許は材料技術の中でも正極材料と並び中心的なものであり件数も多い。負

極材料に関しての技術開発の流れは大きく次の3つに分類される。
① 炭素系負極材料
② 合金系負極材料
③ その他の非炭素系負極材料

炭素系負極材料に関しての技術開発の流れとしては黒鉛系材料，難黒鉛系材料，低温焼成炭素材料等に関するものがあり，主として容量向上のための研究開発が盛んに行われてきた。この中で現在主流として用いられている負極材料は黒鉛系材料である。この炭素系負極材料のこの10年間の研究開発の流れとその成果については，「第8章 炭素系負極材料」で詳しくまとめられている。

一方，古くから研究の行われてきた合金系負極材料については上記炭素系負極材料の容量が限界に近づいてきたこともあり，この合金系負極の見直しが行われてきている。従来問題点であったサイクル性当の問題を複合化等の新しい技術の導入で解決しようとの動きが注目される。これについては「第9章 合金系負極材料」で詳しくまとめられている。

また上記炭素系負極材料，合金系負極材料以外の新しい負極材料が幾つか提案されており，中でも酸化ケイ素，酸化スズ等の金属酸化物系負極材料，$Li_{3-x}Co_xN$等の窒化物系負極材料等が注目を集めている。また最近ではCoO等の非挿入型の負極材料も見出されてきており，その反応機構は未知の点も多いが新しい負極材料として今後の研究の進展に期待がかかる。これらその他の非炭素系負極材料のこの10年間の研究開発の流れとその成果については，「第10章 その他の非炭素系負極材料」で詳しくまとめられている。

4.3 正負組合せ

正負組合せという要素技術は上記の特定の正極材料と特定の負極材料を組合せることにより初めて特徴が見出される技術である。正極または負極の単独での特性の良否は必ずしも組み合わせた時の特性の良否と一致しないことがリチウムイオン二次電池の特徴でもあり，難しい点でもある。従って正負組合せという要素技術は重要である。またリチウムイオン二次電池以外の新しい蓄電素子の正負極組合せについては「第17章 プロトン電池とその材料」，「第18章 ラジカル電池とその材料」，「第19章 光二次電池とその材料」の各章で詳しくまとめられている。

4.4 電解液

図4，図5からわかる通り電解液に関する公開特許件数は意外と多い。その内容を分類すると以下の通りである。
① 電解質溶剤に関するもの（添加剤等を含む）

第2章 リチウム系二次電池の原理と基本材料構成

② 電解液溶質に関するもの

現在のリチウムイオン二次電池の電解液組成は環状炭酸エステルと鎖状炭酸エステルの混合溶剤に溶質であるLiPF$_6$を溶解したものが基本となっている。溶剤に関しては溶剤の選定，組成，混合比，更には機能性電解液と称される添加剤技術の開発が挙げられる。また溶質に関してはLiPF$_6$の改良更にはLiPF$_6$に代わる新しい電解質の開発が行われている。また電解液溶剤と電解液溶質を一つの物質が兼ねるイオン液体が注目を集め開発が盛んである。

電解液技術は特に正負極材料の界面に直接かかわるものであり，リチウムイオン二次電池の要素技術として非常に重要なものである。これらの電解液技術のこの10年間の研究開発の流れとその成果については，「第11章 イオン電池用電解液」，「第12章 電解液溶質材料」，「第20章 イオン性液体」の各章で詳しくまとめられている。

4.5 セパレータ

現在リチウムイオン二次電池に用いられているセパレータはポリオレフィン製の微多孔膜（Micro Porous Membrane）である。このセパレータに関する技術開発の流れは以下の通りである。

① 機械的特性の改善に関するもの（薄膜化を含む）
② イオン透過性の改善に関するもの
③ 熱特性の改善に関するもの（耐熱性向上，シャットダウン特性の向上等）
④ 新素材に関するもの

この中で耐熱性の向上のために芳香族ポリアミド，ポリイミド等の新素材がポリオレフィン系材料に代わるものとして提案されているが特性面，価格面で実用化には至っていない。このセパレータ技術のこの10年間の研究開発の流れとその成果については，「第16章 セパレータ材料」で詳しくまとめられている。

4.6 固体電解質

現在液状電解液を用いたものがリチウムイオン二次電池の主流であるが，一部では高分子ゲル固体電解質を用いたリチウムイオン二次電池も商品化されている。要素技術として固体電解質を見た場合の分類は以下の通りである。

① ポリマー電解質（高分子ゲル型固体電解質を含む）
② 無機固体電解質

図4，図5に見られるようにポリマー電解質の研究開発はリチウムイオン二次電池の商品化以前から行われてきている。当初は金属リチウム負極を使いこなす技術の一つという観点からの研

究開発が主流であったが，イオン伝導性の優れた高分子ゲル固体電解質が見出されたこととリチウムイオン二次電池の登場が結びついて現在の商品につながっている。

一方，無機固体電解質についても古くから研究開発がなされてきたが，常温でのイオン伝導性の低いことが課題になっていた。最近になり常温でも高いイオン伝導性を有する無機固体電解質が見出されてきており注目される。

これら固体電解質のこの10年間の研究開発の流れとその成果については，「第14章 ポリマー電解質」,「第15章 無機固体電解質」の各章で詳しくまとめられている。

4.7 バインダー

バインダーについては地道ながら着実な研究開発が続けられてきている。リチウムイオン二次電池の中でバインダー技術は電解液と同様，電極界面にかかわる技術であり特性に大きく影響する重要な要素技術である。このバインダー技術の流れを分類すると以下の通りである。

① 有機溶液型バインダー系
② 分散型バインダー系

第1章でも述べたように，これまでは有機溶液型のポリフッ化ビニリデンがバインダーの主流であったが，これに代わる新しい分散系のバインダーが開発され製品に浸透しつつある。

このバインダー技術のこの10年間の研究開発の流れとその成果については，「第13章 バインダー材料」で詳しくまとめられている。

以上，材料という観点からリチウムイオン二次電池の主な構成材料につきこの10年の技術の流れを概説してきた。ここでは触れなかったが集電体，電池ケース材，各種絶縁材等これ以外の多くの材料によりリチウムイオン二次電池が構成されていることを最後に付け加えておきたい。

5 おわりに

本格的なリチウム系二次電池として初めて世の中に出てきたリチウムイオン二次電池はこの10年間に著しい技術進歩を続けてきた。第3章以下で各構成材料について具体的な技術の進歩の中身について各先生方にまとめていただいているのでご覧いただきたい。

また市場的にも携帯電話，ノートパソコン等の普及に歩調を合わせるようにこの10年で驚異的に拡大してきた。また同時にリチウムイオン二次電池のグローバル化も進みつつあり，海外メーカーの生産も始まっている。第21章では海外の動きを材料という観点から現在の状況をまとめていただいている。

本書の企画がリチウムイオン二次電池のこれからの発展に少しでも貢献できれば幸いである。

リチウム系二次電池材料編

第3章 コバルト系正極材料

山﨑信幸[*]

1 はじめに

1.1 コバルト酸リチウム この10年の大きな流れ

1980年に水島らによりコバルト酸リチウム（$LiCoO_2$）がリチウムイオン二次電池（後に命名）の正極活物質として有用であるとの報告[1]がなされて以来、リチウム系複合酸化物に関する研究が活発に進められ、これまでにコバルト酸リチウム系、ニッケル酸リチウム系、マンガン酸リチウム系などの化合物について多くの提案がなされている。これらの化合物の中では、特にコバルト酸リチウムは合成が比較的容易で取り扱いやすいことや、作動電圧が高く、優れたサイクル寿命を示す等電池諸特性が良好な点が認められ、早くから正極活物質として検討されてきた。しかし、当初、原料のコバルトは稀少金属で大変高価なことを理由に、直ぐにでもより安価な原料を素材とするニッケル酸リチウム系やマンガン酸リチウム系の正極材料に移行することが予想されていた。ところが技術開発が思うようにいかず、総合的な材料特性としては一進一退を繰り返す状況であった。一方、コバルト酸リチウムにおいては実用化された以降もコバルトのメタル価格が大幅に乱高下し、その度に脱コバルト新規材料開発へのアクセルとブレーキが繰り返されてきた歴史であった。さらに、量産に際しては法的規制の問題もあった。即ち、コバルト酸リチウムは「化学物質の審査及び製造等の規制に関する法律（化審法）」における新規化学物質に該当するものと考えられた。従ってその取扱量が規制されるわけである。この問題も現在では指定化学物質（二酸化コバルトリチウム No.1-1219）の位置付けで解決されている。

1991年にリチウムイオン二次電池がソニー株式会社から発売されて以来、現在に至るまで今だにコバルト酸リチウムが正極材料の主流の位置付けにある。本章ではコバルト酸リチウムについてこの10年余りの時代背景と開発の流れを追い、また、今後の方向性を探る。

1.2 コバルト価格の変動

リチウムイオン二次電池用途のコバルト酸リチウムは、工業的には主に酸化コバルトと炭酸リチウムを原料として作られている。このうち特にコバルト原料はコバルト酸リチウムの価格の7

---

[*] Nobuyuki Yamazaki 日本化学工業(株) 電材研究部 部長

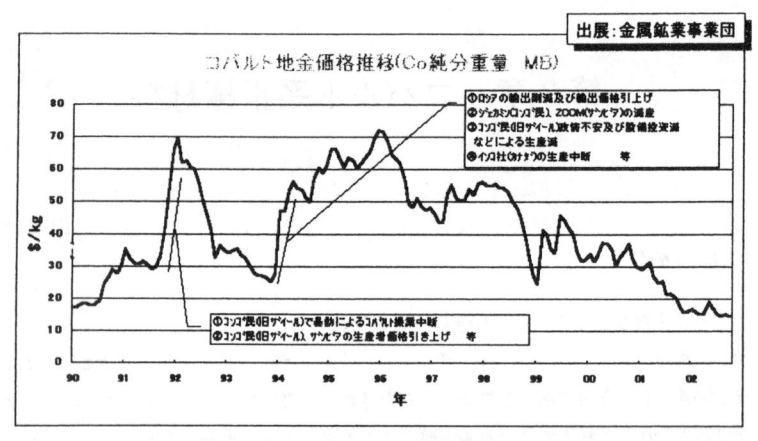

図1 コバルト地金価格推移

〜8割を占めることになる。従ってコバルトメタルの大幅な価格変動はそのままコバルト酸リチウムの価格に影響し，更には脱コバルトへの起動力を左右することにも繋がったと思われる。図1に1990年以降のコバルト地金価格推移を示す。リチウムイオン電池の生産が始まった1992年から量産安定期に入った1999年の間は大きな価格変動があったことがわかる。なお，その後2000年以降は比較的低位安定傾向にあり，2002年にはここ10年来の低価格で推移している現状である。この価格低下が現在でもなおコバルト酸リチウムが主流である理由の一端であると言える。

2 コバルト酸リチウムの構造と特徴

2.1 コバルト酸リチウムの結晶構造

コバルト酸リチウムに代表される$\alpha-NaFeO_2$型層状岩塩構造は，リチウムと中心遷移金属（コバルト）がそれぞれ（111）酸素層間に並んだ単独層を形成し，これが交互に積層することによって六方晶の超格子を構成している[2〜4]（図2，図中Aはアルカリ金属，Mは遷移金属，Oは酸素）。この層間より電気的に（または化学的にも）リチウムを脱離・挿入させることができる。

2.2 コバルト酸リチウムの電気化学的特徴

リチウムイオン電池の充放電反応は以下のように示される。

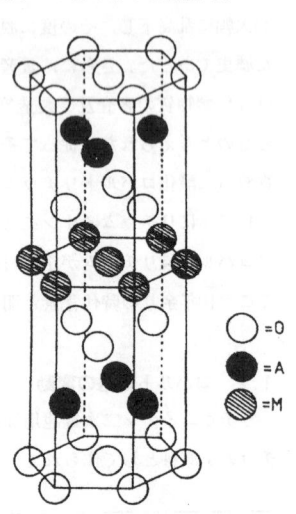

図2 $\alpha-NaFeO_2$型層状岩塩構造

第3章 コバルト系正極材料

$LiCoO_2 + 6C \rightleftarrows Li_{(1-x)}CoO_2 + Li_xC_6$ ($x ≒ 0.5$)

$LiCoO_2$の電気化学的に計算される理論容量は274mAh/gであるが，実効容量は約半分の150mAh/g前後である。これは充電により約半分のリチウムイオンを脱離させると（$x ≒ 0.5$），結晶構造的に六方晶から単斜晶への相転移が起こることによるためであると考えられている[5]（図3）。さらに，Ohzuku等[6]は$x<0.25$において六方晶と単斜相の共存領域が，また，$x>0.75$で2種類の六方晶が共存することを提案している。このようなことで$LiCoO_2$の実効容量をより上げようとすると活物質の不可逆容量が増大する傾向になる。また，最近では分子動力学（MD）法を用いた計算化学での解析結果も報告されている[7]。図4は，$LiCoO_2$ユニットセルからLiを脱離させた場合の構造変化を計算化学によって模式的にあらわしたものである。Li脱離が進むと酸素層間は拡大し，半分以上の脱離により構造が壊れていく様子がよくわかる。このようなことで，$x ≒ 0.5$での単斜相への相転移の効果を軽減することが，より実効容量の大きいコバルト系正極材料を得るための指針でもある。そのためにはコバルトの一部をニッケルで置換することやアルミニウム，マグネシウム，マンガン，その他多くの元素をドープさせることにより構造の安定化を図り，強いては

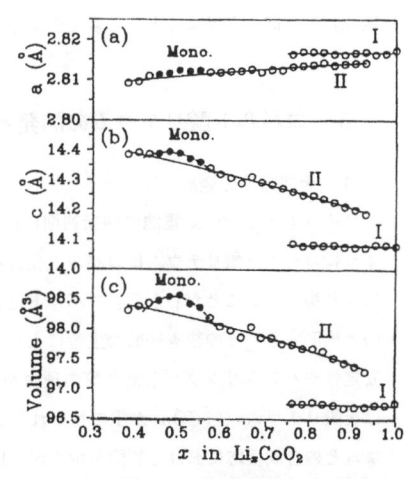

図3　リチウム離脱による相変化
（a）（b）格子定数（c）格子体積

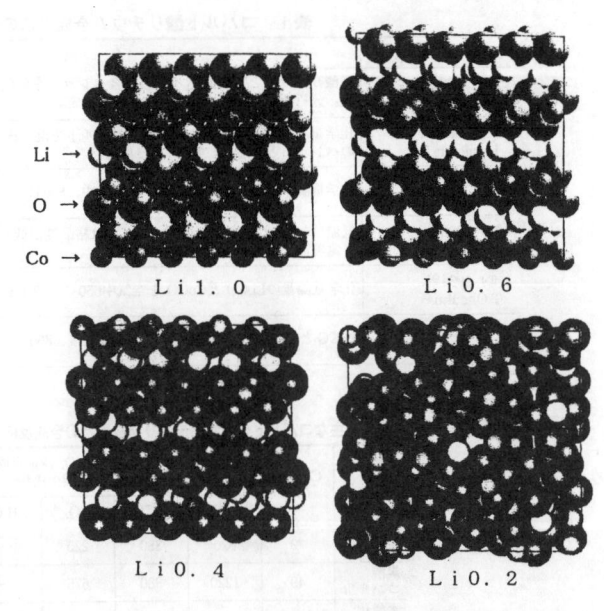

図4　Li離脱模式的構造変化（Li_xCoO_2）

電池特性を向上させようとする多くの試みがなされている[8～10]。

3 コバルト酸リチウムの開発と工業生産の経緯

3.1 合成方法の経緯

リチウムイオン二次電池の開発初期には各種の合成法が提案されている（表1）。表1に見るようにコバルト酸リチウムはコバルト化合物とリチウム化合物を原料として加熱合成させることにより得られることがわかる。コバルト化合物として，初期には炭酸コバルトが使われていたものと推測する。その後本格的な生産に入り，コバルト化合物としては現在のところ供給と品質の安定性やハンドリングのし易さ等の理由から酸化コバルト（Co_3O_4）が，リチウム化合物としては炭酸リチウム（Li_2CO_3）が主に使われるようになった。表2に主なコバルト化合物と炭酸リチウムとの合成反応における特徴を示すが，反応副生物が少ないCo_3O_4が有利であることがわかる。

3.2 工業的製造プロセスとこの10年の流れ

工業的な製造プロセスの一例を図5に示す。ここではこの10年の流れを見るに当たり，原料の品質及び金属不純物の低減にポイントを絞って概説する。

表1　コバルト酸リチウム合成方法の例

文献	合成法
1) 1980年、Mizushimaら	炭酸リチウムと炭酸コバルトの混合ペレットを仮焼の後、空気中900℃、20Hr熱処理。分析の結果、組成は$Li_{0.99}Co_{1.01}O_2$と推定。
11) 1989年、J.Molendaら	化学量論量の炭酸リチウムと酸化コバルトを混合後、加圧して0.8cmΦ＊0.1cm hのペレットとする。1170K、4日間加熱。
5) 1992年、J.N.Reimerら	化学量論の$LiOH・H_2O$と$CoCO_3$を空気中、850℃。
12) 1992年、R.J.Gummowら	低温（400℃）合成品（LT-$LiCoO_2$）は結晶性が低く、高温（900℃）合成品に比べて電解液に対してより安定である。
6) 1994年、T.Ohzukuら	化学量論量のLi_2CO_3と$CoCO_3$を空気中650℃、12Hr仮焼後、850℃、24Hr熱処理。
14) 1996年、R.Guptaら	Li_2CO_3とCo_3O_4を空気中550℃、5Hr仮焼後、850℃、24Hr熱処理。

表2　主なコバルト化合物と炭酸リチウムとの合成反応における特徴

	Co含量 (%)	$LiCoO_2$ 1kg合成の必要量（g）		$LiCoO_2$ 1kg合成の反応副生成物（g）		保存安定性
		Co塩	Li_2CO_3	CO_2	H_2O	
酸化コバルト	73	820	380	225	—	○
炭酸コバルト	49	1220	380	675	—	×
水酸化コバルト	63	950	380	225	180	△

第3章　コバルト系正極材料

〔原料の品質〕　酸化コバルト原料の粉体物性及び不純物特性は，合成されるコバルト酸リチウムの性状や電気化学的性能に大きく影響する。粉体物性として重要な因子は粒子の形，大きさ，粒度分布や結晶性等である。一例として図6に粒子の大きさの異なる2種類の酸化コバルトと炭酸リチウムの混合物を熱分析した結果を示す。これから加熱反応の進行に伴う重量減少をもとに推算したそれぞれの反応率は大きく異なり，粒子の大きさの違いが加熱反応速度に影響を与えていることがわかる。更に，これらの因子は合成されるコバルト酸リチウムの粒子の形，大きさ，粒度分布や結晶性等にも影響を与えるものである（図7）。最近は粉体物性の異なる多種多様の酸化コバルトが手に入るようになったが，開発当時は顔料用酸化コバルトを代用するか又は，独自に沈殿生成させ熱処理を施した酸化コバルトを原料として使用した。また，不純物に関しては，一般に開発の当初はよくあることであるが，この材料も高純度，低不純物であることが必要であるかのように言われていた。しかし，果たして非常に高純度である必要があるかどうかは現在でもわからないことが多い状況である。概念的には，永年の実績から見ると許容できる不純物イオンの量は非金属系イオンで概ね数百ppm以下，金属系イオンで概ね数十ppm以下が必要ではないかと考えられる。しかし逆に，異種金属を始め添加物を加えて性能を上げることも検討されており，相応の電池系での最適化が必要なのではないかと考える。

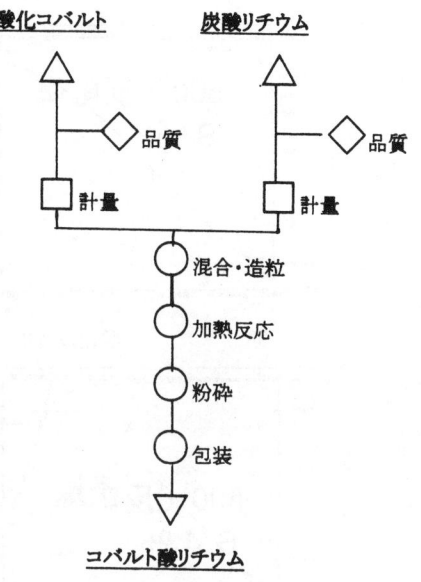

図5　コバルト酸リチウム製造プロセスの一例

〔金属不純物の低減〕　金属不純物は極力少ないことが肝要である。従って原料からの混入や製造設備からの混入には細心の注意を払わなければならない。原料の酸化コバルト及びコバルト酸リチウムの製造設備では金属系材質を多用しており，工程からの金属の磨耗による混入が電池の内部ショートの原因になり得る。特にコバルト酸リチウムは硬度が高く，粉砕機や輸送機を磨耗させる可能性が強い。マイクロビッカーズ法で押し込み硬さを測定した結果をモース硬度との関連図[13]に照らし合わせて推定したコバルト酸リチウムの硬度はモース硬度で6〜8に相当する（図8）。石英（硬度7）に匹敵する硬さである。従って製造設備には金属磨耗対策を施すことが重要である。現在では18650型で2000mAh以上の電池系が主流となっており，開発初期の2倍以上の高容量化が進んでいる。電池の品質を確保するためには，高容量化が進むほど金属不純物の

酸化コバルトA（平均粒子径3μ）

酸化コバルトB（平均粒子径<1μ）

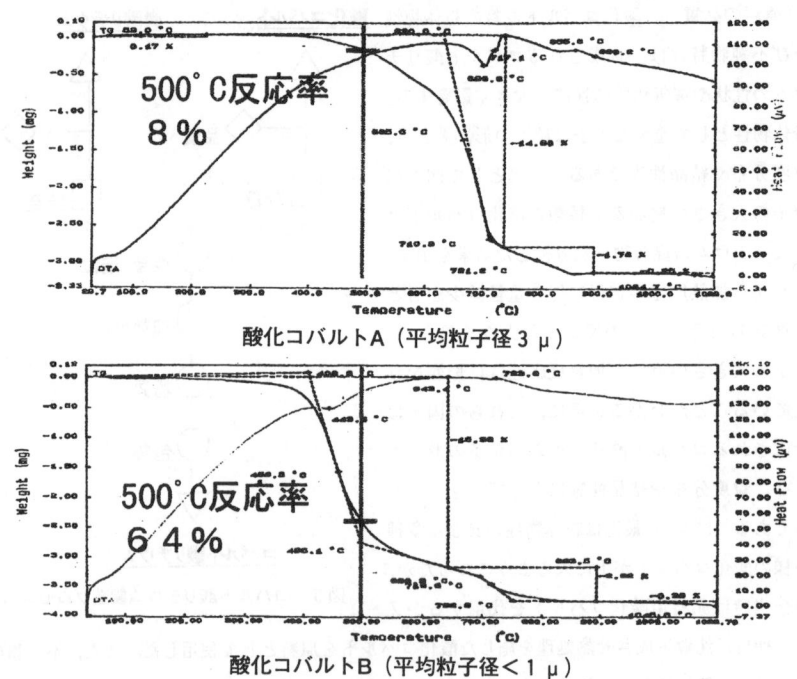

図6　酸化コバルトと炭酸リチウム混合物の熱分析結果

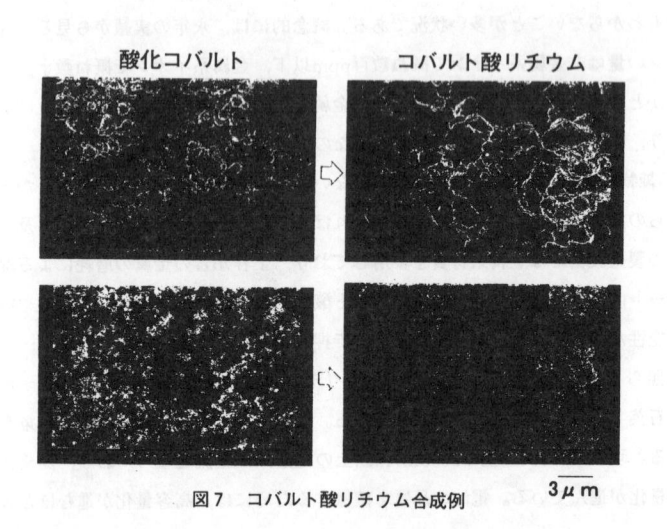

酸化コバルト　　　　　コバルト酸リチウム

図7　コバルト酸リチウム合成例

第3章　コバルト系正極材料

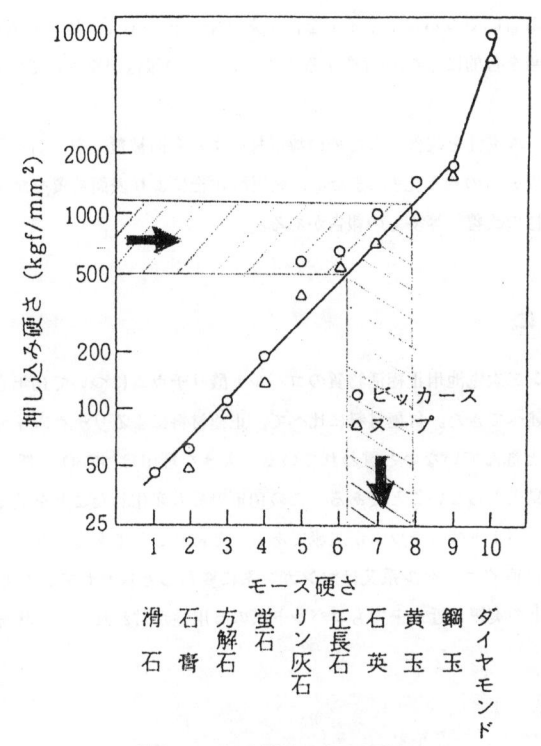

図8　コバルト酸リチウムの硬度
（モース硬度と押し込み硬さとの関連図[13] から推定）

量を低減する必要がある。

4　コバルト系正極　今後の方向性

4.1　高性能化を目指した方策

リチウムイオン二次電池の更なる高容量化をキーワードとした場合，付随する品質の多くはトレードオフの関係にある。従って，高容量化するための技術と共に安全性，サイクル特性やレート特性等を向上させる技術が必要となってくる。以下に今後有効と思われる技術の一端を簡単にまとめた。ただ，現在に至るまで色々な技術が報告されているが，実用に供されているものはまだ少ないと推測している。

〔他元素添加〕　リチウムイオンの吸蔵放出に伴う結晶格子の変化を軽減し，サイクル特性や安

定性等を改善する目的でコバルトサイトを他元素（Ni，B，Al，..他）で置換する方法[15〜19]，または，コスト改善を目的にしたFe置換する方法[20]等多くの報告がなされている。

〔**表面被覆他**〕 導電性を改善するための導電材による表面被覆[21]や，高容量化に向けた充填性改良のための粒度分布の適正化[22]，または，金属酸化物により表面被覆を施すことによる負荷特性やサイクル特性の改善[23]等多くの報告がある。

5 おわりに

リチウムイオン二次電池用正極活物質のコバルト酸リチウムについて10年を振り返りながら技術変化の一端を述べてきた。負極材料に比べて，正極材料によるリチウムイオン二次電池の容量アップはそれほど進んでいないと言われている。大きな理由は$LiCoO_2$の置き換えとなるバランスの良い材料が見当たらないことである。この10年で最も変化したことを敢えて言うなれば，皮肉にも，今だにコバルト酸リチウムが主流である，と言うことである。即ち，開発初期の段階で1〜2年の内には直ぐニッケル系又はマンガン系に変わると言われていたものであったのに反し，今や10年以上の実績と近未来でもコバルト系の有用性が言われている状況である。

文　献

1) K. Mizushima et al., *Mater. Res. Bull.*, **15**, 783（1980）
2) C. Delmas et al., *Rev. Chim. Miner.*, **19**, 343（1982）
3) J. P. Kemp et al., *J. Phys. : Condens. Matter*, **2**, 9653（1990）
4) 芳尾真幸ほか，リチウムイオン二次電池，日刊工業新聞社，p.32（1996）
5) J. N. Reimers et al., *J. Electrochem. Soc.*, **139**, 2091（1992）
6) T. Ohzuku et al., *J. Electrochem. Soc.*, **141**, 2972（1994）
7) 鈴木　研ほか，第39回電池討論会講演要旨集，**3C08**, 307（1998）
8) J. N. Reimers et al., *J. Electrochem. Soc.*, **140**, 2752（1993）
9) 鹿野昌弘ほか，大阪工業技術研究所季報，**46**, 96（1995）
10) リチウム電池電力貯蔵技術研究組合，第1回研究報告会資料
11) J. Molenda et al., *Solid State Ionics*, **36**, 53（1989）
12) R. J. Gummow et al., *Mat. Res. Bull.*, **27**, 327（1992）
13) 兵頭申一ほか，材料の物性，朝倉書店，p.152（1982）
14) R. Gupta et al., *J. Solid State Chem.*, **121**, 483（1996）

第3章　コバルト系正極材料

15) 新田芳明，最先端電池技術 - 2001, 103（2001）
16) H. Tsukamoto et al., *J. Electrochem. Soc.*, **144**, 3164（1997）
17) S. Levasseur et al., *Solid State Ionics*, **128**, 11（2000）
18) 小槻　勉ほか，第35回電池討論会講演要旨集，**2C01**, 129（1994）
19) 三島洋光ほか，第35回電池討論会講演要旨集，**3C06**, 175（1994）
20) 田淵光春ほか，第40回電池討論会講演要旨集，**1C02**, 231（1999）
21) 門脇宗広ほか，第42回電池討論会講演要旨集，**1A01**, 86（2001）
22) Y. Sato et al., *Electrochemistry*, **69**, 603（2001）
23) Z. Wang et al., *J. Electrochem. Soc.*, **149**, 466（2002）

第4章 ニッケル系正極材料

荒井　創[*1]，櫻井庸司[*2]

1 無置換LiNiO₂

　$LiCoO_2$は1980年の報告[1]から約10年の歳月を経て，リチウムイオン電池の主たる正極活物質として実用化され，広く使われてきている。$LiNiO_2$も，$LiCoO_2$が検討された当初から，同様に注目・検討されてきた[2]。これは以下のポイントから，当然の成り行きであったと思われる。

- （ア）ニッケルはコバルトと類似のイオン半径・化学的性質を有する
- （イ）ニッケルはコバルトより資源豊富な元素である
- （ウ）ニッケルを含む正極材料としてニカド電池の$Ni(OH)_2$というよく知られた先例があった
- （エ）γ-NiOOHのようにNi(III)/Ni(IV)の化学についても既に知見[3]があった

　そしてもうひとつ重要なのが，次の点である。

- （オ）Ni(III)はCo(III)に比べて化学的安定性が低い

　この（オ）の性質こそが，$LiNiO_2$が$LiCoO_2$よりも合成が難しく，低電位でリチウムの脱離が起こる故に大容量が可能であり，またリチウム脱離時に熱安定性の問題を生じやすいという，$LiNiO_2$の主な長短所に関わるポイントと考えられる。

　$LiNiO_2$は，NiOのニッケルの一部をリチウムで置換した$Li_zNi_{1-z}O$のエンドメンバー（$z=1/2$）であり，zを1/2に近づけること（すなわちニッケルを三価まで完全に酸化すること）が難しいことは，古くから知られていた[4]。これを構造の立場から見れば，理想層構造が容易に実現できる$LiCoO_2$とは異なり，層構造におけるリチウム層へのニッケル混入が避けがたいということである。

　$z=(1-x)/2$とおくと，結晶構造は空間群R-3mの六方晶表示で$[Li_{1-x}Ni_x]_{3b}[Ni]_{3a}[O_2]_{6c}$と表現することができる（図1）。これを電極材料として考えれば，混入したニッケルによるリチウム拡散の阻害や，酸化還元対の減少といった問題点が予想される。実際に検討初期には，過電圧が大きく実用にはほど遠いと述べられている[2]が，これは相当量のニッケル混入があったためと推察される。1990年頃から，これを克服する様々な合成上の試みが報告されるようになった。

---

* 1　Hajime Arai　NTT先端技術総合研究所　企画部　担当部長
* 2　Yoji Sakurai　NTTマイクロシステムインテグレーション研究所　スマートデバイス研究部　主幹研究員　グループリーダ

第4章 ニッケル系正極材料

例えば,反応性を向上しリチウム欠損を防ぐために,一般的に使用される炭酸リチウムよりも低温で反応する水酸化リチウム[5]や硝酸リチウム[6]等が多く用いられている。またニッケルの酸化を完全にするための酸素雰囲気中での合成[6]も広く行われている。筆者らの開発した合成法は,原料リチウム化合物をニッケルに対し大過剰量加えて強アルカリ中で焼成後,未反応のリチウム化合物を純水で洗浄除去するもので,ほぼ化学量論組成の試料が空気中で得られる特長を有する[7]。これらの努力の結果,$Li_{1-z}Ni_{1+z}O_2$における x 値は0.01以下まで低減され,ほぼ層状構造と見なせる化合物が得られるようになり,イオン電池正極としての本格的な検討が行われるようになった[8]。なおこの x 値は,リチウム層にニッケルが存在すると原子散乱因子に大きく影響を与えることを利用して,粉末X線回折Rietveld解析により簡便に精度よく求めることができる。化学分析値ともよく一致しており[7],Rietveld法が威力を発揮した格好の例と言える。X線回折チャートを簡単に解析するだけでも,x 値に関する半定量的な情報を得ることができる[5,6]。

図2より明らかなように,x 値が小さいほど容量は大きくなり,理想組成の化合物ではほぼ100%のリチウムを脱離することができる[7]。第一サイクルでは後に述べる不可逆的挙動が見られるが,それでも220mAh/g近い放電容量が得られ,後続サイクルでも容量はほぼ維持される。電位は$LiCoO_2$よりもやや低いが,電解液の酸化分解の起きにくい電位範囲で多量のリチウムを挿入・脱離できるためトータルのエネルギーは大きく,5V系材料が散見される現在でも,リチウム負極系で最も大きなエネルギー密度を達成できる正極材料である。また,水から酸素が発生

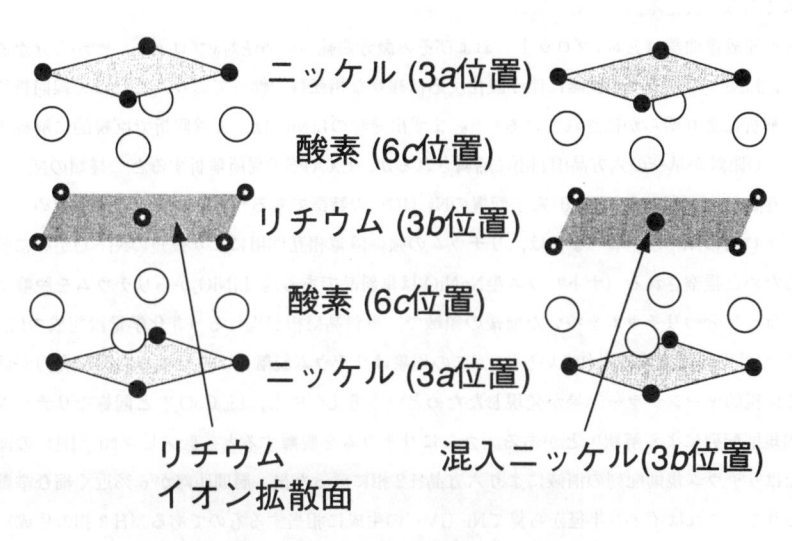

図1 化学量論組成$LiNiO_2$(左)と非化学量論組成 $[Li_{1-x}Ni_x]_{3b}[Ni]_{3a}[O_2]_{6c}$

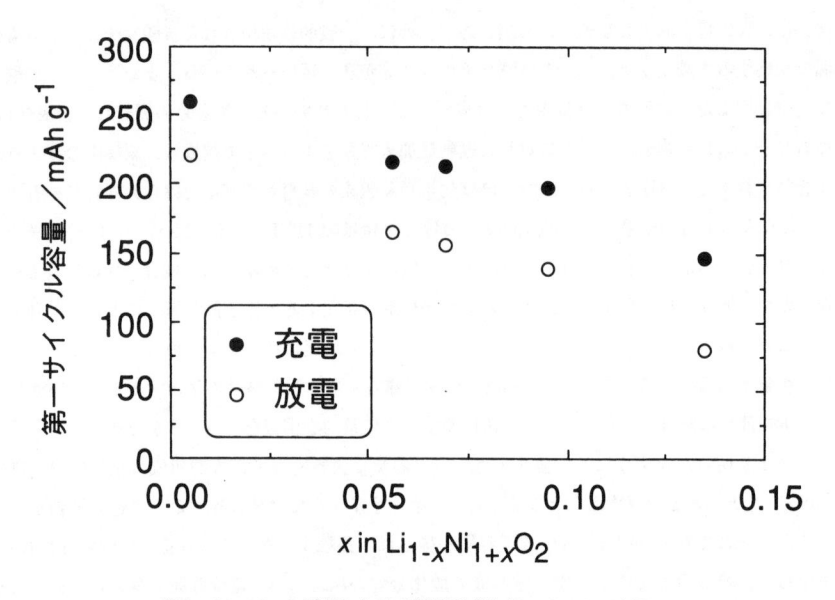

図2　$Li_{1-x}Ni_{1+x}O_2$試料における試料組成と第一サイクル容量

する電位（リチウム基準で4.2V）までで大きな容量が取れることは，材料の安定性の上で重要な特徴であると言える。

　図3の充放電曲線（E対yプロット）およびその微分曲線（dy/dE対yプロット）[18]から分かるように，$LiNiO_2$のリチウム脱離に伴う酸化反応は複雑な相転移を伴っており，これはX線回折等の構造解析により明らかにされている[6,9]。まず出発時の$LiNiO_2$は，X線回折で巨視的に解析するとNi-O距離が単一の六方晶（H1相）に帰属されるが，EXAFSで局所解析すると二種類のNi-O距離が存在し[10]，低スピン型$3d^7$電子配置のNi（III）の特徴であるヤーンテラー効果が認められる。マクロ的にNi-Oが単一なのは，リチウムの強い静電相互作用により長短のNi-Oが順に整列するためと推察される（ナトリウム型$NaNiO_2$は単斜晶である）。$LiNiO_2$からリチウムを脱離すると，ほぼ半分のリチウムを抜いた前後の領域で，単斜晶M相が現れる（非化学量論組成の$Li_{1-x}Ni_{1-x}O_2$では単斜晶領域は現れない[7,11]）。この現象はリチウム脱離によりリチウム間反発力が低下して巨視的ヤーンテラー効果が発現したためという考え[6,12]と，$Li_{0.5}CoO_2$[13]と同様なリチウムの層内規則配列による解釈[11]とがある。さらにリチウムを脱離すると，低スピンNi（III）の減少またはリチウム規則配列の消滅により六方晶H2相に戻った後，層間距離が6％近く縮む挙動が見られる。これはイオン半径から見てNi（IV）の生成に相当するものである（H3相の生成）。さらにリチウムがほぼ完全に無くなると，NiO_2の層がズレを起こし，酸素配置が立方密充填（H

第4章 ニッケル系正極材料

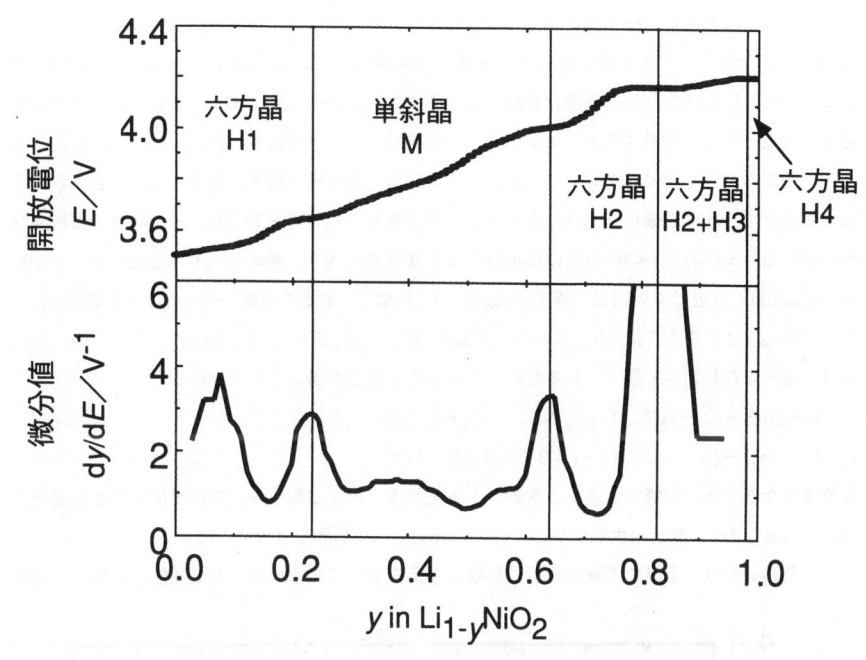

図3 LiNiO$_2$のリチウム脱離時における電位曲線，微分曲線と構造変化

3相）から六方密充填（H4相）へと変化する[15〜17]。これらの充電末期の大きな構造変化は，結晶性の低下[18]や粒子の破壊[19]の原因になり得ると考えられ，上述した第一サイクルにおける約80％という低い利用率の主な原因でもあると推察される。ただし後続サイクル容量はほぼ維持されるので，第一サイクル履歴を経ることにより，不安定性が解消されるものと推察される。

この充放電末期の不安定性は，高温における充放電実験でより顕著に現れる[20]。例えば40℃でほぼ全てのリチウムを脱離すると，続く放電カーブは著しい不可逆性を示す（図4）。一方，これを0.8電子充電で休止して放電させると，常温でも40℃でもほぼ可逆的にもとの組成に戻る（図5）。従って充電末期に現れる層縮み／酸素配列変化による可逆性の低下には，速度論的な要素が関与していることが示唆され，粒子形状や充放電履歴[21]も可逆容量を左右する可能性がある。すなわち，合成法の工夫等により大きい可逆容量が得られる可能性もまだ残されていることになる。現状では，正負極容量のバランスが問われるリチウムイオン電池用材料として考えると，初期の大きな不可逆性は不利な要素であり，また満充電時の電位がほぼ一定であるプロファイル（図3）も，過充電防止を困難にするため好ましくない。

さてLiNiO$_2$は大容量正極であるが故に，満充電時の安定性に対する検討が必要になる。例えばLiNiO$_2$とLiCoO$_2$をリチウム極に対して4.2Vまで充電すると，およそLi$_{0.2}$NiO$_2$とLi$_{0.5}$CoO$_2$が得られることから，LiNiO$_2$が容易に高酸化状態になりやすいことが明らかである。これらのリチウム脱離試料を取り出して加熱すると，酸素脱離[22]，発熱反応[23]のいずれも，Li$_{1-y}$NiO$_2$の方が低温で始まる。筆者らは，充電酸化で得たLi$_{1-y}$NiO$_2$[24]，及び導電剤・結着剤の影響なしで活物質のみの挙動が測定できる化学合成Li$_{1-y}$NiO$_2$[25]を加熱し，構造変化と熱特性を調べた。その結果，電解液非共存下のLi$_{1-y}$NiO$_2$は，$y<0.7$の時には加熱しても層構造を保ち，熱の出入りも少ないが，$y \geq 0.7$の際には180℃付近で不規則岩塩構造のLi$_x$Ni$_{1-x}$Oに分解し，顕著な発熱が現れることを明らかにした。分解反応は下の式で表され，コバルト三価のLiCoO$_2$が生成するLi$_{1-y}$CoO$_2$に対して，Li$_{1-y}$NiO$_2$では二価を含む状態へと還元されるため，より多くの酸素が出ることが分かる。

Li$_{1-y}$NiO$_2$ → $(2-y)$Li$_{(1-y)/(2-y)}$Ni$_{1/(2-y)}$O + $(y/2)$O$_2$

Li$_{1-y}$CoO$_2$ → $(1-y)$LiCoO$_2$ + $(y/3)$Co$_3$O$_4$ + $(y/3)$O$_2$

電解液共存下では，分解で発生する酸素による電解液の燃焼が起こり，これが最も大きな発熱の原因になるため[26]，酸素発生量の多さは電池の安全性に悪影響を及ぼすと推察される（図6）。
この発熱挙動は，常温での電池使用に影響を与えるものではないが，電池加熱，釘刺し（内部

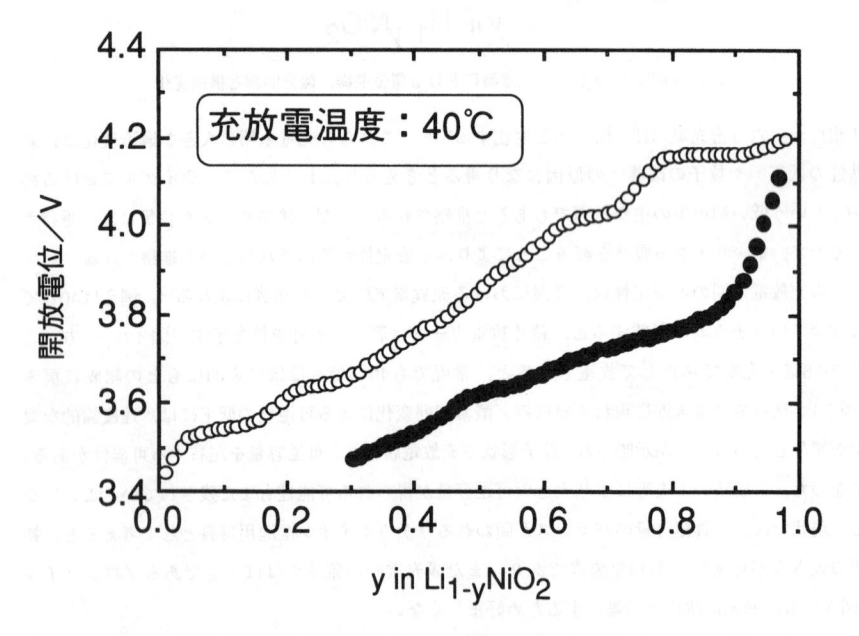

図4　LiNiO$_2$の40℃における第一サイクル充放電プロファイル（フル充電時）

第4章　ニッケル系正極材料

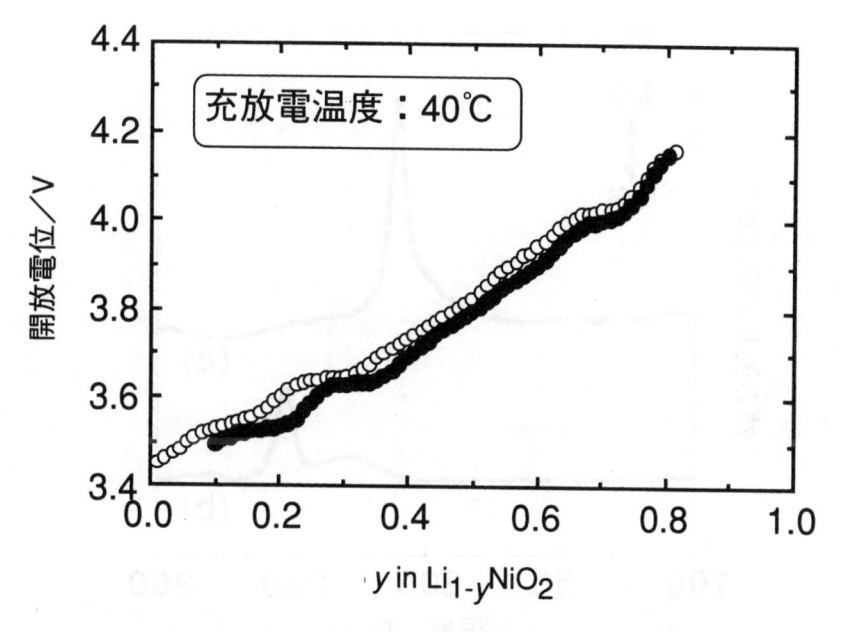

図5　LiNiO₂の40℃における第一サイクル充放電プロファイル（0.8電子充電時）

ショート）等の過酷試験において，先に実用となったLiCoO₂系材料に比較して安全領域が狭い傾向がある。LiCoO₂系でも過度に厳しい条件下では安全性の問題が生じ得ることを考えると，熱的安定性の向上は，LiNiO₂系材料の実用化に向けた重要課題である。

2　コバルト置換LiNiO₂

コバルトとニッケルの挙動類似性により，LiNiO₂とLiCoO₂は任意割合でほぼ完全に固溶できる[27]ため，ここではコバルト置換を，ドープ的に元素を取り入れた他の置換体と区別して扱う。コバルト置換体の特性は，基本的にLiNiO₂とLiCoO₂の中間的なものであるが，ニッケルの多い部分はLiCoO₂よりも大容量・低価格である上，LiNiO₂の課題のいくつかをクリアできるため，実用的な意味が大きい。以下主に25%以下の置換体に限って論じる。

まず合成に関して，ニッケルの1/4程度をコバルトで置換すると，通常の空気中固相反応法で層状構造の試料が比較的簡単に得られるメリットがあり，コバルト置換体は純LiNiO₂とほぼ同時期から注目されていたと言っても過言ではない[27, 28]。上述のようにLiNiO₂は，満充電でも80%充電でもほぼ同じ放電容量が得られるので，例えば20%置換したコバルトが充電末期で酸化されな

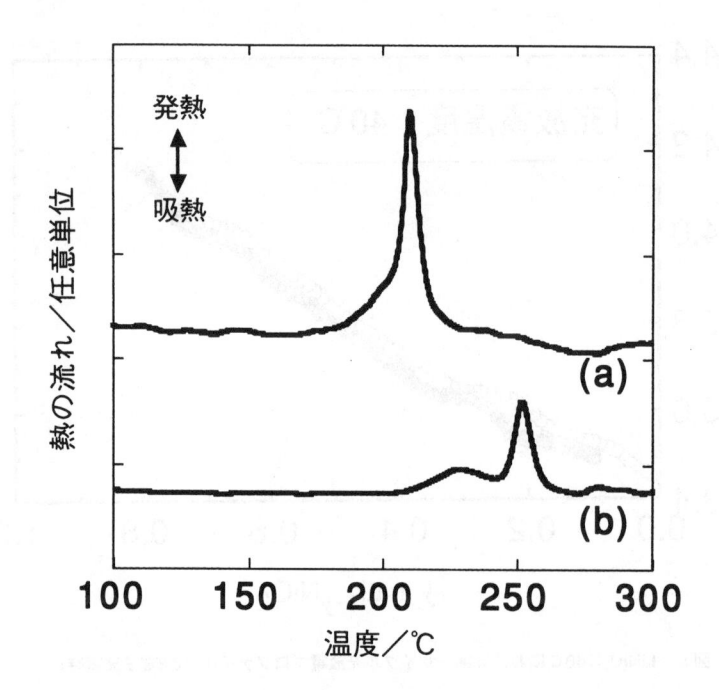

図6 4.2Vに充電した正極材料と炭酸エチレンの混合系の吸発熱挙動
(a)：LiNiO$_2$，(b)：LiCoO$_2$

い（利用されない）としても，放電容量への影響は少ないと予想される。実際10～20％置換体で200mAh/g級の容量が可逆性よく得られており[12]（図7），放電電位もLiNiO$_2$とほぼ同等であることから，実用的に高い価値を持っている。

　充電時の構造変化を調べると，少量のコバルト置換でも，単斜晶領域が消えることが分かる[12]。これについては，電子的作用によるヤーンテラー効果の抑制，あるいはコバルト不均一分散によるリチウム規則配置抑制のいずれの可能性も考えられる。充電末期の層縮みは，LiCoO$_2$と同様[29]，固溶体でも見られる[30]。また立方密充填から六方密充填への酸素配置変化も起こる[15, 31]。従って，コバルト単体置換体の満充電時の安定性は，酸素発生量の抑制効果はあるものの，これらの構造変化のためにLiNiO$_2$と大きな違いはない。一方40℃満充電時の可逆性は向上しており[25]（図8），LiNiO$_2$の実用上の問題の一つが解決されているのは注目すべき点である。またLiNiO$_2$と異なり，満充電付近で単調増加の電位プロファイルを描くことも，電圧で充電終止を決めるイオン電池正極に好都合である。

第4章 ニッケル系正極材料

以上のようにコバルト置換は，コスト的な観点からは好ましくないが，合成簡素化や充放電特性向上等の大きなメリットがある。熱安定性効果を狙ったコバルト以外の元素置換を行う際にも，コバルトも共存させることが多い。

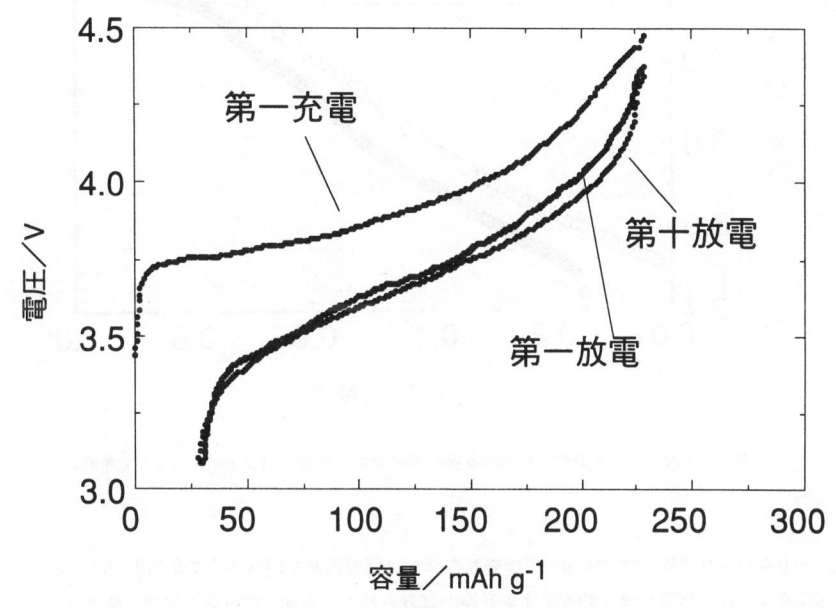

図7 $LiNi_{0.9}Co_{0.1}O_2$の常温におけるサイクル特性

3 コバルト以外の元素置換$LiNiO_2$

熱安定性以外の$LiNiO_2$の問題点はコバルト置換でほぼ解決できるため，ここでは主に熱安定性改善に効果のある元素について述べる。

まずLi_yNiO_2の安定性が著しく低下するのは$y≦0.3$の時であるから，これ以上の充電を抑制する手法が考えられる。コバルトは完全に不活性ではないので，三価で安定なAl[23, 32)]や$Mg_{1/2}Ti_{1/2}$[33)]による置換が試みられている。但しこれらの不活性元素導入は，導電性低下等による充放電容量や可逆性の低下といった副作用があるため，コバルトとの共置換が多く検討され，総合的な課題解決が図られている。

筆者らは酸素固定効果が期待できる四価が安定なマンガン，チタンの置換を検討し[12)]，特にコ

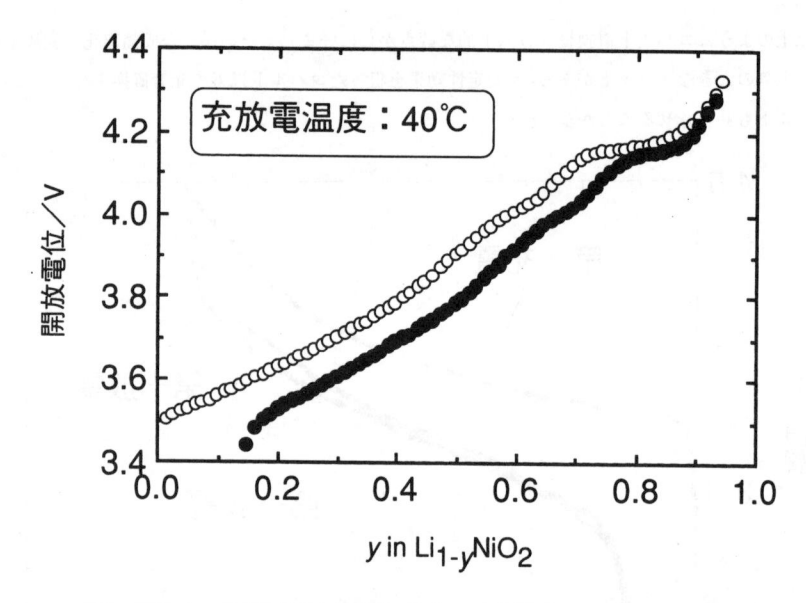

図8 LiNi$_{0.9}$Co$_{0.1}$O$_2$の40℃における第一サイクル充放電プロファイル（フル充電時）

バルトとの共存下で190mAh/gの可逆容量と熱安定性の両立が図れることを見出した（図9）[25]。他にガリウム，鉄等の多くのカチオン置換が試みられている他，フッ素や硫黄で酸素アニオンを置換する検討も行われている。

近年，置換率の高いマンガン置換体が盛んに研究されており，大きく三つに分類できる。

○ LiNi$_{1-x}$Mn$_x$O$_2$：$0 \leq x \leq 1$の広い領域で固溶体が得られる。代表的なLiNi$_{0.5}$Mn$_{0.5}$O$_2$は，容量は150mAh/g程度だが，LiCoO$_2$よりも高い熱安定性を持つ[34,35]。

○ Li[Ni$_x$Li$_{1/3-2x/3}$Mn$_{2/3-x/3}$]O$_2$：$0 \leq x \leq 1/2$が検討され，$x=1/3$のLi[Ni$_{1/3}$Li$_{1/9}$Mn$_{5/9}$]O$_2$前後が最も容量が大きく，2.0V－4.8Vの充放電で250mAh/gに達し[36]，また熱安定性も高い[37]。これはLi$_2$MnO$_3$つまりLi[Li$_{1/3}$Mn$_{2/3}$]O$_2$における[Li$_{1/3}$Mn$_{2/3}$]の一部を，Ni^{2+}で置換したものである。

○ LiNi$_x$Co$_{1-2x}$Mn$_x$O$_2$：$0 \leq x \leq 1/2$が検討され，$x=1/3$のLiNi$_{1/3}$Co$_{1/3}$Mn$_{1/3}$O$_2$が代表である。4.2V充電では容量は150mAh/gだが，5.0Vまで充電すると200mAh/gを越える大容量を示し[38]，また電解液共存下で300℃付近まで発熱がないという，極めて高い熱安定性を有する[39]。

これらの材料における主な酸化還元対はニッケルの二価/四価であり，またマンガンは実質的に四価で不変であるため，安定性が高いと考えられている。またこれらは大気中で比較的簡便に

第4章　ニッケル系正極材料

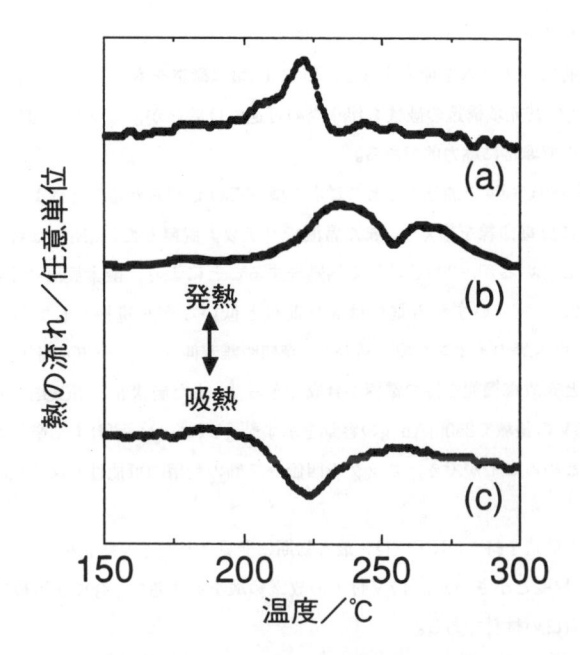

図9　正極材料の4.2V充電状態での吸発熱挙動（電解液非共存）
(a)：LiNiO$_2$，(b)：LiCoO$_2$，(c)：LiNi$_{0.8}$Co$_{0.1}$Ti$_{0.1}$O$_2$

合成できるため，4.2Vまでの領域で使用しても，安価で安全性の高い材料としてLiCoO$_2$を代替していく可能性が十分ある。さらにケース材料の耐酸化性向上などによって高電位充電が可能になれば，リチウムイオン電池のエネルギー密度を増大させる重要なステップになると期待できる。

またLiNiO$_2$類の正極材料は，エネルギー密度の高さがLiCoO$_2$系に対する主なメリットと考えられてきたが，近年の研究では長期保存特性の良さも注目されている（ソニーから発売されたLiNiO$_2$類正極を持つ小型イオン電池でも，保存性に優れるという特徴があげられている[40]）。この理由は，初期不可逆性により多くの余剰リチウムがあり，負極/電解液界面に生成する被膜で消費されるリチウムを十分に供給できるためとされており[41]，大型バックアップ用電池等への展開が期待されている[42]。

4　LiNiO$_2$系以外のニッケル系電極材料

ニッケルを含む電極研究の大半がLiNiO$_2$系であるが，他にも多様な材料が報告されており，こ

二次電池材料この10年と今後

こでは主なものを紹介する。

　$LiNiO_2$に強制的にリチウムを挿入すると、Li_2CuO_2類似構造をもつ、Li_2NiO_2相当の化合物が得られる[5]。$LiNiO_2$の密充填構造の破壊を伴うため可逆性は悪いが、ニッケル四価→二価の利用ができれば容量の点で非常に魅力的である。

　層状$Li_{0.5}NiO_2$を180℃程度で加熱するとスピネル型$LiNi_2O_4$が得られることはよく知られており[2]、これは2V以下に放電曲線を描く[43]。また常温でリチウム脱離した$Li_{0.1}NiO_2$は層間距離の異なる二つの相が共存しているが、200℃以下で熱処理することにより、酸素放出せずに単相化[44]、さらにスピネル化し[44,45]、いずれも電位は3V前後と低いながら電極として作動する[46]。また$Li_{0.1}NiO_2$はナトリウム等のイオンを取り込むと、層間距離が伸びた$\gamma-NiOOH$状の化合物になり、これを脱水すると充放電機能を持つ電極が合成できる[47]。また層状$\beta-NiOOH$はリチウム挿入すると、3.5V～1.5Vの領域で250mAh/gの容量を示す[48]。これらはいずれも二酸化ニッケルNiO_2類の反応としてまとめることができ、ニッケル四価→二価の利用の可能性を探る試みとして興味深い。

　また逆スピネル構造を持つ$LiNiVO_4$は、最も初期に発見された5V級正極材料のひとつであり、容量は40mAh/g程度と小さいが、4.7V付近の放電領域を有する[49]。合成法の最適化により大容量化が図れれば面白い材料である。

　最後にスピネル型$LiMn_{1.5}Ni_{0.5}O_4$[50]について触れる。これは遷移金属Mを持つ$LiMn_{1.5}M_{0.5}O_4$の一つで、5V級正極材料として知られている。ニッケル二価／四価の化学を用いている点では、前で述べた$LiNi_{0.5}Mn_{0.5}O_2$等と同様にニッケル系電極に分類できるが、M=Fe、Coでもほぼ同様な挙動を示すことから、むしろマンガンスピネル構造特有の現象として検討すべきであろう。

　以上のように、堅固な構造中にニッケル二価／四価を取り込む材料が得られれば、従来にない大きな容量を持つ電極材料が得られると予想される。計算化学の発展による理想構造の提案や、新規合成ルートの開拓等によって、魅力的な新材料が実現することを期待したい。

文　　献

1) K. Mizushima, P. C. Jones, P. J. Wiseman, and J. B. Goodenough, *Mat. Res. Bull.*, **15**, 783 (1980).
2) M. G. S. R. Thomas, W. I. F. David, and J. B. Goodenough, *Mat. Res. Bull.*, **20**, 1137 (1985).
3) Von. H. Bode, K. Hehmelt, J. Witte, *Z.anorg. allgem. Chem.*, **366**, 1 (1969).
4) J. B. Goodenough, D. G. Wickham, and W. J. Croft, *J. Phys. Chem. Solids*, **5**, 107 (1958).

第4章 ニッケル系正極材料

5) J. R. Dahn, U. von Sacken, and C. A. Michal, *Solid State Ionics*, **44**, 87(1990).
6) T. Ohzuku, A. Ueda, and M. Nagayama, *J. Electrochem. Soc.*, **140**, 1862(1993).
7) H. Arai, S. Okada, H. Ohtsuka, M. Ichimura, and J. Yamaki, *Solid State Ionics*, **80**, 261 (1995).
8) J. R. Dahn, U. von Sacken, M. W. Juzkow, H. Al-Janaby, *J. Electrochem. Soc.*, **138**, 2207 (1991).
9) W. Li, J. N. Reimers, and J. R. Dahn, *Solid State Ionics*, **67**, 123(1993).
10) A. Rougier, C. Delmas, and A. V. Chadwick, *Solid State Communications*, **94**, 123(1995).
11) A. Hirano, R. Kanno, Y. Kawamoto, Y. Takeda, K. Yamaura, M. Takano, K. Ohyama, M. Ohashi, and Y. Yamaguchi, *Solid State Ionics*, **78**, 123(1995).
12) H. Arai, S. Okada, Y. Sakurai and J. Yamaki, *J. Electrochem. Soc.*, **144**, 3117(1997).
13) J. N. Reimers and J. R. Dahn, *J. Electrochem. Soc.*, **139**, 2091(1992).
14) J. P. Peres, F. Weill, and C. Delmas, *Solid State Ionics*, **116**, 19(1999).
15) J. M. Tarascon, G. Baughan, Y. Chabre, L. Seguin, M. Anne, P. Strobel, G. Amatucci, *J. Solid State Chem.*, **147**, 410(1999).
16) H. Arai, Y. Sakurai, *Mat. Res. Soc. Symp. Proc.*, **575**, 3 (2000).
17) L. Croguennec, C. Pouillerie, C. Delmas, *J. Electrochem. Soc.*, **147**, 1314(2000).
18) H. Arai, S. Okada, Y. Sakurai and J. Yamaki, *Solid State Ionics*, **95**, 275(1997).
19) S. Waki, K. Dokko, T. Matsue, and I. Uchida, *Denki kagaku*, **65**, 954(1997).
20) H. Arai, M. Tsuda, Y. Sakurai, *J. Power Sources*, **90**, 76(2000).
21) J. P. Peres, C. Delmas, A. Rougier, M. Broussely, F. Perton, P. Biensan, P. Williams, *J.Phys. Chem. Solids*, **57**, 1057(1996).
22) J. R. Dahn, E. W. Fuller, M. Obrovac, and U. von Sacken, *Solid State Ionics*, **69**, 265 (1994).
23) T. Ohzuku, A. Ueda, and M. Kouguchi, *J. Electrochem. Soc.*, **142**, 4033(1995).
24) H. Arai, S. Okada, Y. Sakurai and J. Yamaki, *Solid State Ionics*, **109**, 295(1998).
25) H. Arai and Y. Sakurai, *J. Power Sources*, **81-82**, 401(1999).
26) H. Arai, M. Tsuda, K. Saito, M. Hayashi, Y. Sakurai, *J. Electrochem. Soc.*, **149**, A401 (2002).
27) C. Delmas and I. Saadoune, *Solid State Ionics*, **53/56**, 370(1992).
28) T. Ohzuku, A. Ueda, M. Nagayama, Y. Iwakoshi, H. Komori, *Electrochim. Acta*, **38**, 1159 (1993).
29) G. G. Amatucci, J. M. Tarascon, L. C. Klein, *J. Electrochem. Soc.*, **143**, 1114(1996).
30) A. Ueda and T. Ohzuku, *J. Electrochem. Soc.*, **141**, 2010(1994).
31) F. Ronci, B. Scrosati, V. Rossi Albertini, P. Perfetti, *J. Phys. Chem. B*, **105**, 754(2001).
32) H. Arai, S. Okada, H. Ohtsuka, and M.Ichimura, *183rd Electrochem. Soc. Meeting Abstr.*, p.133, Honolulu(1993).
33) Y. Gao, M. V. Yakovieva, and W. B. Ebner, *Electrochem. Solid-State Lett.*, **1**, 117(1998).
34) T. Ohzuku, T. Makimura, *Chem. Lett.*, 744(2001).
35) 小槻勉, 遠藤大輔, 牧村嘉也, 第42回電池討論会予稿集, 横浜, p.118(2001).

36) Z. Lu, J. R. Dahn, *J. Electrochem. Soc.*, **149**, A815 (2002).
37) Z. Lu, D. D. MacNeil, J. R. Dahn, *Electrochem. Solid-State Lett.*, **4**, A191 (2001).
38) T. Ohzuku, T. Makimura, *Chem.. Lett.*, **642** (2001).
39) D. D. MacNeil, Z. Lu, J. R. Dahn, *J. Electrochem. Soc.*, **149**, A1332 (2002).
40) 1999年6月14日のプレスリリースより
41) M. Broussely, S. Herreyre, P. Biensan, P. Kasztejna, K. Nechev, R. J. Staniewicz, *J. Power Sources*, **97-98**, 13 (2001).
42) K. Asakura, M. Shimomura, T. Hirai, *199th Electrochem. Soc. Meeting Abstr.*, Washington, No.56 (2001).
43) R. Kanno, R. Kubo, Y. Kawamoto, T. Kamiyama, F. Izumi, T. Takeda, M. Takano, *J. Solid State Chem.*, **110**, 216 (1994).
44) H. Arai, M. Tsuda, K. Saito, M. Hayashi, Y. Sakurai, *Electrochim. Acta*, **47**, 2697 (2002).
45) K. K. Lee, W. S. Yoon, K. B. Kim, *J. Electrochem. Soc.*, **148**, A716 (2001).
46) H. Arai, M. Tsuda, K. Saito, M. Hayashi, K. Takei, Y. Sakurai, *J. Solid State Chem.*, **163**, 340 (2002).
47) 荒井，津田，林，斉藤，櫻井，第43回電池討論会予稿集，福岡，p.126 (2002).
48) J. Murata, H. Yasuda, Y. Fujita, M. Yamauchi, *Electrochem. Soc. Proc.*, **Vol.97-18**, 151 (1997).
49) G. T-K. Fey, W. Li, and J. R. Dahn, *J. Electrochem. Soc.*, **141**, 2279 (1994).
50) Q. Zhong, A. Bonakdapour, M. Zhang, Y. Gao, J. R. Dahn, *J. Electrochem. Soc.*, **144**, 205 (1997).

第5章　マンガン系正極材料

岡田昌樹[*1]，野口英行[*2]，芳尾真幸[*3]

1　はじめに

　現在二酸化マンガンは,乾電池やアルカリマンガン電池材料として広く使用される材料である。このため,資源量が豊富で低価格であることや,毒性が低く環境にやさしいこと,充電状態での熱安定性が高く安全性に優れるなど,工業化に必要な基本的な要素をみたす材料である。

　マンガン系酸化物は非水系電池材料としても早くから研究されてきたが,1980年代はリチウム電池用正極材料としての研究が主流であった。すなわち3V級（対リチウム負極）正極材の研究が主であって,スピネル構造マンガン酸リチウムの場合も3V領域を利用する正極材としての研究であった。当時は4Vでは電解液が分解するため,主として3V級材料の研究が行われていた。

　しかし1991年に4V級正極材料を有するリチウムイオン電池が発明されるや,スピネル構造マンガン酸リチウムは低価格,資源が豊富なことから,有望な材料としていち早く注目を浴びた。リチウム含有マンガン酸化物には,スピネル構造$LiMn_2O_4$,斜方晶$LiMnO_2$,層状$LiMnO_2$,O_2構造$Li_{0.7}MnO_2$,$Li_{0.33}MnO_2$[1]があるが,$Li_{0.33}MnO_2$は3V級リチウム電池正極として研究され,イスラエルのTadiran社から実用化されている。この電池は,温度が上がると電解液が重合し,電池としての特性を失うように構造設計がなされているので,金属リチウムを負極に使用するにもかかわらず安全性が高い[2,3]。最近,この化合物は有機ポリマー電解質を用いる完全固体型電池にも使用され,そのサイクル特性が良好なことが着目されている[4,5]。

　スピネル構造の化合物の電池特性が文献に最初に登場したのが$\lambda\text{-}MnO_2$である[6]。$\lambda\text{-}MnO_2$は$LiMn_2O_4$を酸処理により脱リチウムして得られる。この化合物はLi電極に対し4Vで放電する[6,7]が,当時は脱リチウム技術が十分でなかったこと,良好な4V級用電解液がなかったことなどから,80年代には研究はほとんど行われていない。

　4V級正極材料としての$LiMn_2O_4$の本格的な研究が始まったのは,リチウムイオン電池の商品化が始まった90年代からである。Ohzukuらにより,$LiMn_2O_4$が$\lambda\text{-}MnO_2$まで充電され,その構造変化が詳細に報告された[8]。スピネル化合物が陽イオン欠損型の化合物を作ることや[9],

---

* 1　Masaki Okada　東ソー㈱　南陽研究所　主任研究員
* 2　Hideyuki Noguchi　佐賀大学　理工学部　教授
* 3　Masaki Yoshio　佐賀大学　理工学部　教授

$LiMn_2O_4$ が780℃以上で可逆的に酸素を吸脱着することなども報告されているが[10]，詳細な化学分析を行い酸素濃度と電池特性を測定するまでには至らず，この化合物の酸素量論性に関しては筆者らの研究まで待たなければならなかった。Tarasconらは，4 V領域のサイクル特性が3 V領域でのサイクル特性より優れること，種々の異種金属でMnの置換が可能なことを示した[11]。さらに，異種金属置換は容量の低下をもたらすもののサイクル特性が改善できることも明らかにされた[12]。粉体特性に関しても，750℃以下の焼成では数m^2/gの比表面積を有する微結晶集合体であるが，焼成温度を900℃まで上げると比表面積$0.1m^2/g$の数μmレベルの結晶となる[13, 14]。ただ，このように高温で焼成すると酸素欠損スピネルが生成するのみで，サイクル特性の不良な製品が生成し，電池特性の向上にはつながらない。また，ThackerayらやTarasconらにより，充放電サイクル中Mnが電解液中に溶解することが発見された[10, 15]。彼らはサイクル劣化の原因はマンガン溶解が主としており，酸素欠損によることは考えてもいなかった。しかしこの当時の材料はマンガン溶解度が異常に高く，マンガン溶解を主原因とするのも妥当と思われる。

以上のように，2000年頃までの$LiMn_2O_4$の電池特性に関しては，研究はかなり表層的で，$LiMn_2O_4$が基本的に何故サイクル特性が悪いかの解析は不十分で，的を射た研究は少なく，サイクル特性の悪い材料を合成し，その原因を究明するというケースが多い。筆者は1997年および1998年のアメリカ電気化学会誌，*J. Power Sources*誌，アメリカ電気化学会などでサイクル特性が示されている論文すべてについてデータ調査をした。その結果を図1に示す。図にみられるように，筆者らのデータを除き，ほとんどの研究者の材料はサイクル劣化が大きいことが示される。ほとんどの$LiMn_2O_4$が室温においてさえサイクル劣化を示しており，いかに当時の研究レベルが低いかということがわかる。当然ながら，この劣化の大きさとMnの溶解量に定量的な相関関係はない。

このように，サイクル劣化の大きい$LiMn_2O_4$は電池材料への応用には悲観的な意見も多かった。これらの研究の多くはサイクル劣化の原因を究明するために，サイクル劣化を示す材料を知らず知らずのうちに合成していたと思われる。筆者らは，このサイクル特性の劣化が，スピネル化合物の酸素欠損にあると考えた。そのためドープ金属に遷移金属元素を用いることも考慮し，スピネル化合物中の酸素濃度の直接分析法を開発した[16]。ついで酸素欠損度とサイクル劣化の研究を系統的に行い[17]，この化合物の電池材料への応用を可能にしたが，その詳細は第2節に譲る。

第5章 マンガン系正極材料

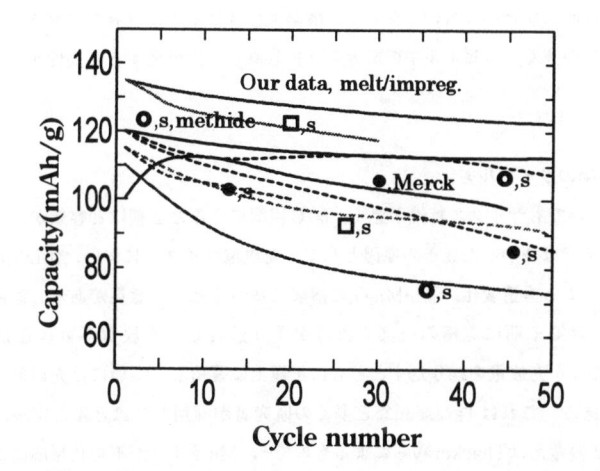

図1 1997～98年の学術誌に報告されたスピネル（LiMn$_2$O$_4$）の室温におけるサイクル特性
（○：JES（97,98），●：JPS（98），□：ECS meet（98）
s：solid-solid reaction，methideはメチド塩，Merckはメルク社電解液使用）

2 スピネル化合物の酸素量論性と電池特性

2.1 スピネル化合物の室温付近における構造変化

　山田らは，スピネル化合物は室温付近以下の温度で立方晶から斜方晶へ相転移をすることを報告した[24]。その後高田らは，スピネル化合物を室温以下に冷却すると斜方晶を経て最終的に正方晶へ転移するとした[24, 18〜20]。この低温転移に関し，立方晶から正方晶[21〜23]へと転移するといった議論も行われている。室温あたりでの相転移生成物が正方晶かあるいは斜方晶かはまだ正確には決定されていないが，これもスピネル化合物が電池材料に用い難いという一つの証拠とされてきた。しかしながら，筆者らの合成したスピネルには室温あたりでの相転移は全く認められないことから，その原因はスピネル中での酸素濃度に関連があると考え，この観点から研究を進めてきた。この結果，この相転移は酸素欠損スピネルに特有な現象であり，スピネルに特有な現象でないことを発見した[17, 25〜26]。この現象はBrookhaven研究所との共同によるシンクロトロン in situ XRDを用いる研究で証明された。この相変化は熱の出入りを伴い，示差走査熱量分析等の熱分析により検出できる。転移温度は酸素欠損量が多くなるほど高温側へ移動する[25, 26]。また830℃における立方晶から正方晶への相転移も[10, 27]，酸素量論スピネルには認められず，これも酸素欠損スピネルに特有な現象と思われる。このように，2000年以前に報告された論文には，スピネ

49

はサイクル劣化を引き起こすというものを含めて，酸素欠損スピネルに特有な現象をスピネルに特有と誤判断した論文が多く，スピネル中の酸素を分析し直し，再研究する必要がある論文も多いと思われる。

2.2 スピネル化合物のサイクル劣化

$LiMn_2O_4$は室温においてもサイクル特性が悪く，50℃程度にすると2割ほど容量が低下するという論文が2000年頃までは多かった。その原因として，充放電サイクルに伴い，①$LiMn_2O_4$構造のヤーンテラー効果による構造変化，②$LiMn_2O_4$の溶解に基づくという意見がある。最初のヤーンテラー効果とは，放電末期に電極の一部で放電がより進行し，充放電不可能な正方晶系$LiMn_2O_4$が生成し，これが充放電を繰り返すとともに正極上に蓄積し，ついには充放電容量が劣化するというものである。これはTarasconなど多くの研究者が採用し，ほとんど定説にまでなっていた[15,28,29]。第2の考えはThackerayらによるもので[15]，Mnイオンが不均化反応により分解し，Mnイオン（2価イオン）として溶解し，このためサイクルとともに電池容量が劣化するというものである。

この後者のマンガンイオンの溶解の問題に関しては，溶解したマンガンイオンがセパレーターを介して負極に到達し，負極黒鉛のサイクル劣化を引き起こすことを筆者らは認めている。したがってこの問題の解決には，マンガンイオンの溶解の少ない材料の合成のほかに，マンガンイオンの溶解を促進するのがF^-イオンであるので，フッ素イオンの含有量の少ない電解液を用いること，また負極黒鉛の修飾も重要となる。スピネル側の課題として溶解量を少なくするには，結晶性を上げるとともに，酸素量論スピネルの合成が後に示すように重要となる。

最初に述べたサイクル劣化がヤーンテラー効果によるという考えは，多くの研究者が支持しているが，実験的証明はなされていない。もちろんサイクル劣化の原因としてのヤーンテラー効果と，スピネルの4V領域と3V領域の構造の相違をヤーンテラー効果によるものとするのは区別して考察すべきである。スピネル化合物を充電して得たλ-MnO_2を放電（Li挿入）していくと，4V領域は立方晶であるが，Liが挿入されマンガンの平均酸化数が3.5に達すると（$LiMn_2O_4$），ヤーンテラーイオンであるMn 3価イオンが増加して，電圧が急減し3Vに達するとともに，結晶構造が変化し，立方晶スピネル構造は正方晶系に転移し，最終的にはすべてMn 3価イオンの$Li_2Mn_2O_4$（$LiMnO_2$）になる。このMnの平均酸化数3.5における構造変化と電圧変化はヤーンテラー効果によるとされている。しかし，この現象も厳密に考察するとヤーンテラー効果に起因するとの証拠はまだ提出されていない。なぜなら同じ二酸化マンガンのγ-MnO_2（電解二酸化マンガン）を放電していくと（Li挿入），3V全領域でマンガン3価イオンの$LiMnO_2$に達するまで，構造変化も電圧変化も起こらないからである。前者すなわちλ-MnO_2ではヤーンテラー効果があり，

第5章 マンガン系正極材料

後者すなわち γ-MnO_2 では起こらないというこの現象は,ヤーンテラー効果のみでは説明できないと思われる。

サイクル劣化の主原因はスピネル中の酸素濃度に依存するとの系統的研究は,筆者の研究室で初めてなされている。これについて詳述する。はじめに酸素量論スピネルの$LiMn_2O_{4.02}$と酸素量論リチウム過剰組成の$Li_{1.03}Mn_{1.97}O_{4.09}$充放電に伴う充放電電圧変化と充放電に伴う構造変化(格子定数の変化)を図2に示す[30, 31]。$LiMn_2O_{4.02}$の4V領域は2つの平坦なプラトー,すなわち4.0Vの領域(Ⅰ)と4.15Vの領域(Ⅱ)に分かれる。充放電生成物を$Li_{1-x}Mn_2O_4$で表すと,領域(Ⅰ)は$x<0.5$の領域で,ここでは立方晶a軸長が連続的に減少する1相領域(立方晶Ⅱのみ存在)であり,$x>0.5$では格子定数aの異なる2つの立方晶相$Li_{0.5}Mn_2O_4$(立方晶Ⅱ)とλ-MnO_2相(立方晶Ⅲ)が共存する2相領域である(図2右参照)。ここで$x<0.5$の領域を低電圧部(領域Ⅰ),$x>0.5$の領域を高電圧部(領域Ⅱ)と呼ぶ。一方,$Li_{1.03}Mn_{1.97}O_{4.09}$の場合,4.1V付近の明白な電位ジャンプはなくなり,あたかも一つのS字曲線のように変化する[30]。格子定数aはリチウム脱離量が0.5付近で不連続となるものの,低電圧部,高電圧部では連続的に変化する。OCV曲線も両電圧領域で連続的に変化し,低電圧部,高電圧部ともに1相反応(立方晶Ⅱのみ存在)で充放電が進行する[30]。

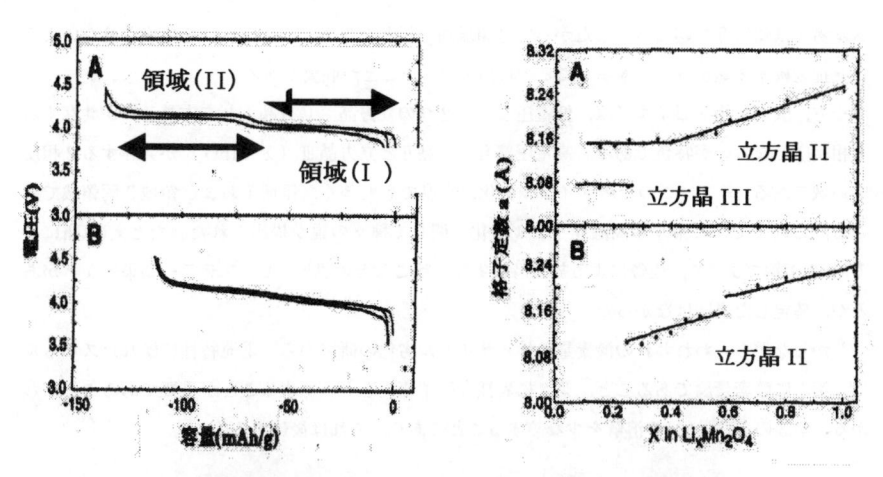

図2 酸素量論$LiMn_2O_{4.02}$(A)と$Li_{1.03}Mn_{1.97}O_{4.09}$(B)の充放電曲線(左)および充電生成物の格子定数(右)

図に示されるように,酸素量論$LiMn_2O_{4.02}$は均一相である領域(Ⅰ)ではサイクル劣化は生じないが,2相領域である(Ⅱ)では再充電の劣るな立方晶Ⅲ(λ-MnO_2)が生成するため,サイ

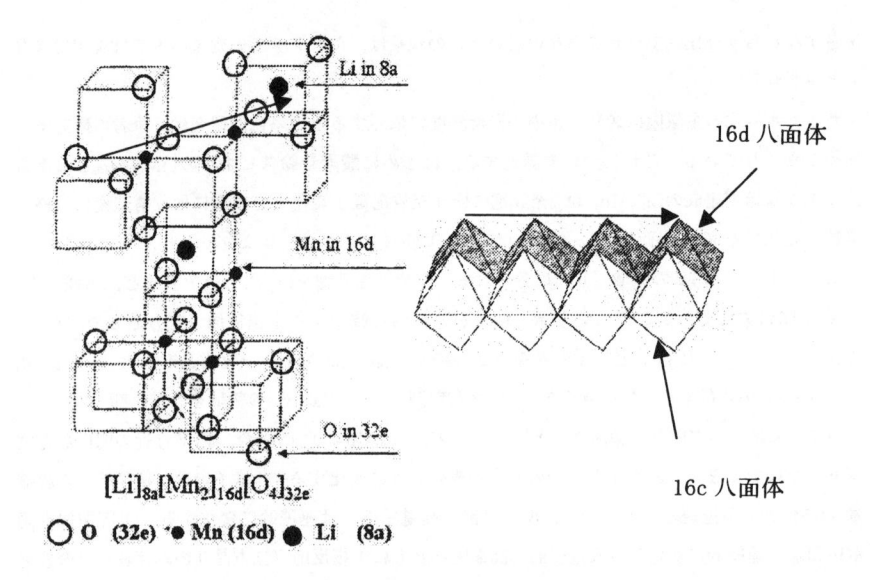

図中ラベル:
- Li in 8a
- Mn in 16d
- O in 32e
- $[Li]_{8a}[Mn_2]_{16d}[O_4]_{32e}$
- ○ O (32e)　・Mn (16d)　● Li (8a)
- 16d 八面体
- 16c 八面体

図3　スピネル構造の概略図

クル劣化は領域Ⅱで起こる。したがって全領域均一相となるように$\lambda\text{-}MnO_2$を生成させないように異種金属イオンをドープする（ここではLiイオン）ことが肝要である。

一方，酸素欠損スピネルでは，低電圧部でも2つの立方晶（立方晶Ⅰと立方晶Ⅱ）が共存する2相反応となるのが特色である。高電圧部も立方晶Ⅱと立方晶Ⅲ（$\lambda\text{-}MnO_2$）が共存する2相反応領域である[17,25,26]。このためサイクル劣化は室温でも大きく，領域Ⅰおよび領域Ⅱ両領域で起こる。これまでスピネルの高温サイクル劣化に関して種々の説が提出された。たとえばOhによるMnの溶解であり[33]，佐野による放電時に劣化が起こるとの説[34]，ヤーンテラー効果[35]などがあるが，確定した説明はなかった。

しかしながら，われわれの酸素量論性とサイクル劣化の研究から，電池特性に優れたスピネルは，第1に酸素量論であること，第2に異種金属イオンをドープすることが重要であることがわかる。第3の条件はMnの溶解を少なくすることであり，これは後述する。

3　スピネル化合物の構造

スピネル構造の金属酸化物の化学式はAB_2O_4で表され，単位格子中に8個のAイオン，16個のBイオン，32個のOイオンが存在する。代表的なスピネル構造の正極材料である$LiMn_2O_4$は空間

第5章 マンガン系正極材料

群Fd3mの対称性を有し，結晶系は立方晶に属する。図3にスピネル構造の概略図を示す。リチウムイオンは8aサイトと呼ばれる四面体サイトを占め，マンガンイオンは16dサイトと呼ばれる八面体サイトを占める。左上から右下方向に並んだ酸素が立方密充填面である。右はスピネル構造を構成するMO_6八面体の連なりで示した基本構成単位である。左の構造は，この構成単位を交互に直交するようにのせ，3番目と4番目では16cと16dの位置が入れ替わる。左の矢印の方向と右の矢印の方向が同じである。リチウムの存在する8aサイトは4個の16dサイトと頂点を共有し，かつ4個の空の八面体サイト（16cサイト）と面を共有する。充放電に際しリチウムは8a→16c→8aと結晶内を3次元的に移動する。なお，8bサイトは，すべての面を16d八面体と共有し，48fサイトは2個の面を16d八面体と残り2個を16c八面体と共有する。

　$LiMn_2O_4$にLi, Al, Mg, Ni, Co, Crなどの異種元素をドープするとドープ元素は16dサイトを占め，正スピネルとなるが，Vドープの$LiVNiO_4$や$LiVCoO_4$では重元素のVが8aサイトを占める逆スピネルである。逆スピネル化合物はLi拡散経路となる8aサイトが重元素でブロックされるため，50mAh/g以下の容量しか得られない[36,37]。また，Zn，FeおよびGaをドープすると，これらの金属が8aおよび16dサイトを占める乱れスピネルとなる[38,39]。

4　スピネル化合物の組成と容量

　スピネル化合物の4V領域におけるサイクル特性は酸素量論性によって著しく変化し，酸素欠損スピネルのサイクル特性は悪い。そこで，立方晶構造が$x=2.5$まで維持される$Li_{4-x}Mn_5O_{12}$，$x=1.7$まで維持される$Li_{2-x}Mn_1O_9$の陽イオン欠損スピネルの存在を考慮して[27,40]，著者らは$LiMn_2O_4$，$Li_4Mn_5O_{12}$及び$Li_2Mn_4O_9$を用いる疑似三元系相図を提案した[41]。化学分析により求めたMnの平均酸化数m及びLi/Mn比nを用いて，スピネル化合物の組成をこの図中に表示する。スピネル化合物の大半が三角形ABC内の点として表せる（図4）。この相図は容量と組成の関係を一目で判断でき，相図の上方ほど高い容量となる。この相図をもとに，陽イオン欠損スピネル化合物をLi過剰スピネル（三角形ABD）と酸素過剰のスピネル（四角形ADCG）に分類した。図4中の多角形ABEFGC内の点はすべて酸素欠損スピネルとなる。AEより下方（三角形ABEの領域）は8aサイトのLi占有率が1となる領域であり，容量はMn^{3+}の量で決まる。線分AE上の点が最大の容量を示し，これより上になると8aサイトのリチウム量により容量が決まる。図中Fの点は，スピネル化合物が生成するnの限界値（$n=0.45$）[10]と酸素欠損スピネル$LiMn_2O_{4-z}$のzの限界値0.14[27]から決定した組成$Li_{0.9}Mn_2O_{3.86}$で，$n=0.45$, $m=3.41$の点である。直線CFと酸素欠損が生成しない条件，$m+n=4$から求まる交点Gの値は，$n=0.456$, $m=3.544$となり，G点の組成は$Li_{0.912}\square_{0.088}Mn_2O_4$となる。今まで報告例のある酸素欠損スピネルは三角形ABE内で直線ABの近く

二次電池材料この10年と今後

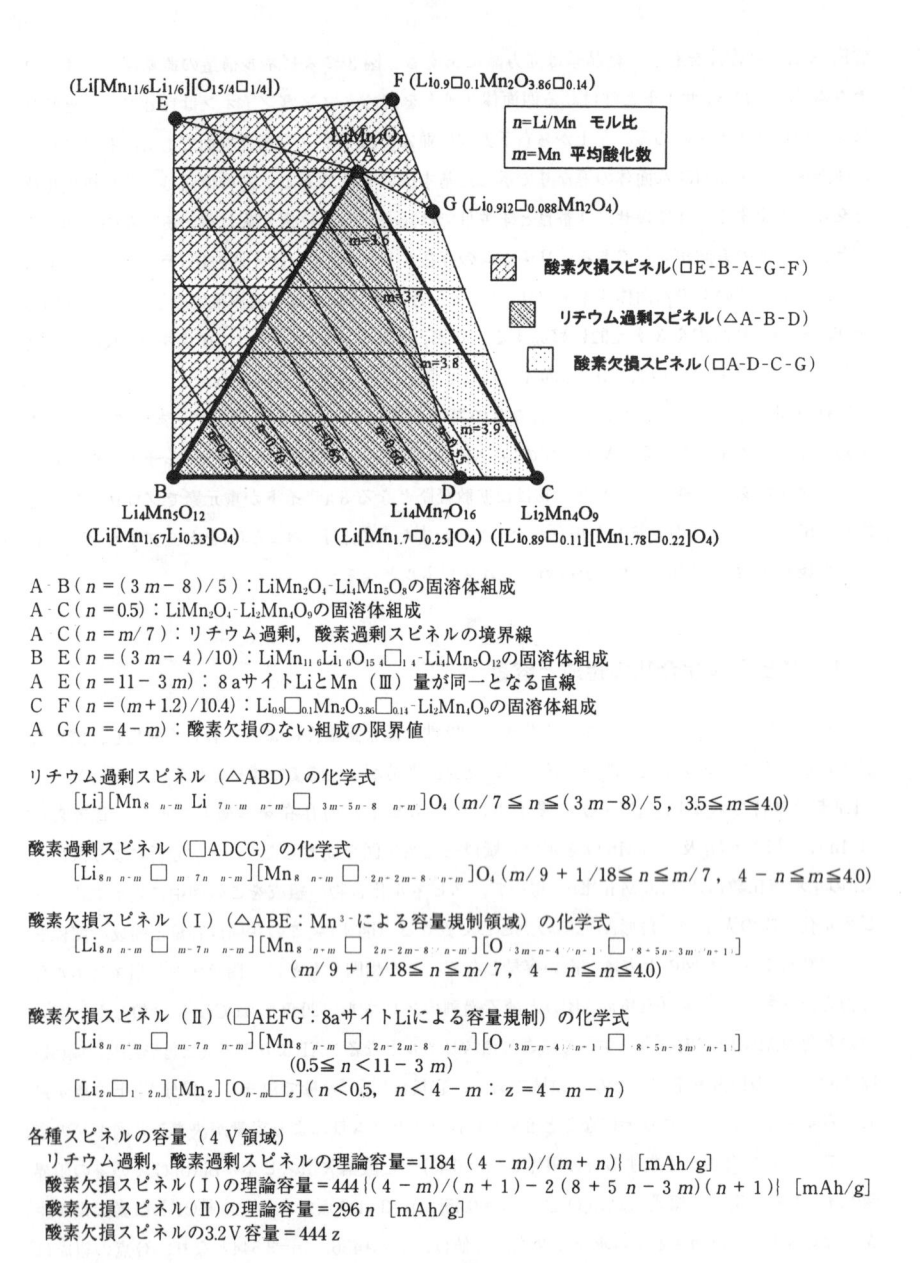

(図中ラベル)
- E: (Li[Mn$_{11/6}$Li$_{1/6}$][O$_{15/4}$□$_{1/4}$])
- F: (Li$_{0.9}$□$_{0.1}$Mn$_2$O$_{3.86}$□$_{0.14}$)
- A: LiMn$_2$O$_4$
- G: (Li$_{0.912}$□$_{0.088}$Mn$_2$O$_4$)
- B: Li$_4$Mn$_5$O$_{12}$ (Li[Mn$_{1.67}$Li$_{0.33}$]O$_4$)
- D: Li$_4$Mn$_7$O$_{16}$ (Li[Mn$_{1.7}$□$_{0.25}$]O$_4$)
- C: Li$_2$Mn$_4$O$_9$ ([Li$_{0.89}$□$_{0.11}$][Mn$_{1.78}$□$_{0.22}$]O$_4$)

n=Li/Mn モル比
m=Mn 平均酸化数

酸素欠損スピネル(□E-B-A-G-F)
リチウム過剰スピネル(△A-B-D)
酸素欠損スピネル(□A-D-C-G)

A-B ($n=(3m-8)/5$): LiMn$_2$O$_4$-Li$_4$Mn$_5$O$_8$の固溶体組成
A-C ($n=0.5$): LiMn$_2$O$_4$-Li$_2$Mn$_4$O$_9$の固溶体組成
A-C ($n=m/7$): リチウム過剰, 酸素過剰スピネルの境界線
B-E ($n=(3m-4)/10$): LiMn$_{11.6}$Li$_{1.6}$O$_{15.4}$□$_{1.4}$-Li$_4$Mn$_5$O$_{12}$の固溶体組成
A-E ($n=11-3m$): 8aサイトLiとMn(Ⅲ)量が同一となる直線
C-F ($n=(m+1.2)/10.4$): Li$_{0.9}$□$_{0.1}$Mn$_2$O$_{3.86}$□$_{0.14}$-Li$_2$Mn$_4$O$_9$の固溶体組成
A-G ($n=4-m$): 酸素欠損のない組成の限界値

リチウム過剰スピネル (△ABD) の化学式
$$[\text{Li}][\text{Mn}_{8n-m}\text{Li}_{7n-m}\square_{3m-5n-8\ n-m}]\text{O}_4\ (m/7 \leq n \leq (3m-8)/5,\ 3.5 \leq m \leq 4.0)$$

酸素過剰スピネル (□ADCG) の化学式
$$[\text{Li}_{8n-m}\square_{m-7n\ n-m}][\text{Mn}_{8n-m}\square_{2n-2m-8\ n-m}]\text{O}_4\ (m/9+1/18 \leq n \leq m/7,\ 4-n \leq m \leq 4.0)$$

酸素欠損スピネル (Ⅰ) (△ABE: Mn^{3+}による容量規制領域) の化学式
$$[\text{Li}_{8n-m}\square_{m-7n\ n-m}][\text{Mn}_{8n-m}\square_{2n-2m-8\ n-m}][\text{O}_{3m-4\ n-1}\square_{8-5n-3m\ n-1}]$$
$$(m/9+1/18 \leq n \leq m/7,\ 4-n \leq m \leq 4.0)$$

酸素欠損スピネル (Ⅱ) (□AEFG: 8aサイトLiによる容量規制) の化学式
$$[\text{Li}_{8n-m}\square_{m-7n\ n-m}][\text{Mn}_{8n-m}\square_{2n-2m-8\ n-m}][\text{O}_{3m-4\ n-1}\square_{8-5n-3m\ n-1}]$$
$$(0.5 \leq n < 11-3m)$$
$$[\text{Li}_{2n}\square_{1-2n}][\text{Mn}_2][\text{O}_{n-m}\square_z]\ (n<0.5,\ n<4-m:\ z=4-m-n)$$

各種スピネルの容量 (4V領域)
 リチウム過剰, 酸素過剰スピネルの理論容量=1184{$(4-m)/(m+n)$} [mAh/g]
 酸素欠損スピネル(Ⅰ)の理論容量=444{$(4-m)/(n+1)-2(8+5n-3m)(n+1)$} [mAh/g]
 酸素欠損スピネル(Ⅱ)の理論容量=296n [mAh/g]
 酸素欠損スピネルの3.2V容量=444z

図4 Li-Mn-Oスピネル化合物の状態図, 化学組成式, および理論容量

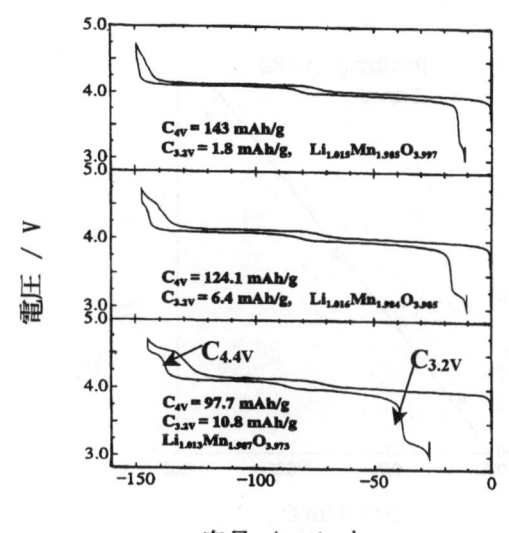

第5章 マンガン系正極材料

（図：酸素欠損スピネルの充放電曲線）

- $C_{4V} = 143$ mAh/g
- $C_{3.2V} = 1.8$ mAh/g, $Li_{1.015}Mn_{1.985}O_{3.997}$

- $C_{4V} = 124.1$ mAh/g
- $C_{3.2V} = 6.4$ mAh/g, $Li_{1.016}Mn_{1.984}O_{3.985}$

- $C_{4.4V}$, $C_{3.2V}$
- $C_{4V} = 97.7$ mAh/g
- $C_{3.2V} = 10.8$ mAh/g
- $Li_{1.013}Mn_{1.987}O_{3.973}$

縦軸：電圧 / V　横軸：容量 / mAhg^{-1}

図5　酸素欠損スピネルの充放電曲線

か，または四角形AFEG内のA点周辺部に位置する。なお，三角形AGCの領域はスピネル組成式から酸素過剰スピネルに分類でき，酸素過剰スピネルは四角形ADCGの領域となる。

　筆者らは，酸素量論（あるいは酸素過剰）および酸素欠損スピネルの定義を次のようにしている。$(LiMnM)_3O_{4-z}$を酸素量論，$(LiMnM)_3O_{4-z}$を酸素欠損スピネルと定義した。ただしMは1種あるいは2種以上の異種ドープ金属イオン（Liを含む）であり，$Z > 0$である。酸素欠損スピネルの充放電曲線を図5に示す。酸素欠損スピネルの放電曲線は，低電位側（3.2V）と高電位側（4.4V）の両方にプラトーを有し，その容量はほぼ等しい。この容量は1/10C以下のレートで測定すれば正確に求めることができる。

　筆者らはリチウム過剰組成のスピネル化合物を化学分析し，その組成を$(LiMnM)_3O_{4-z}$で表示し，酸素欠損量zと3.2Vプラトーの容量の関係を検討した結果，酸素欠損1個あたりMn6.2個分の容量に影響することを解明した[42]。

　この値はMn周りの酸素が1個欠落した5配位状態のMnの個数6とほぼ同じである。それゆえ，3.2Vの容量（$C_{3.2V}$）の理論値として5配位Mnに基づく容量式（$C_{3.2V} = 444\,z$ mAh/g）を提案した。図5に$C_{3.2V}$とzの関係を示す。実測値は理論容量を示す直線とよく一致し，$C_{3.2V}$が前述の理論式で表せることが確認できた[43]。

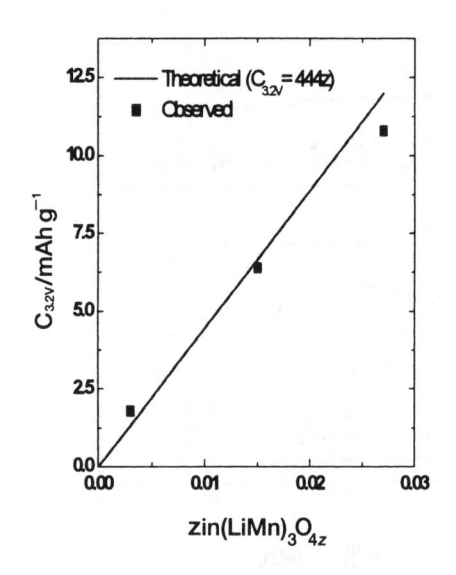

```
        12.5  ── Theoretical ($C_{3.2V}$ = 444z)
              ■ Observed
        10.0

  $C_{3.2V}$/mAhg$^{-1}$
         7.5

         5.0

         2.5

         0.0
            0.00    0.01    0.02    0.03
                    zin(LiMn)$_3$O$_{4z}$
```

図6　3.2V容量と酸素欠損量zの関係

酸素欠損に基づく3.2Vおよび4.4V容量あるいはボルタンメトリー法による3.2Vおよび4.4Vピークは異種金属ドープスピネルでも現れ，酸素欠損の確認の有力な手段となる。一般的には異種金属ドープ量を多くすると，酸素欠損度は少なくなる傾向が認められる。

サイクル特性に優れたスピネル化合物の合成には，酸素量論であることおよび異種金属イオンのドープが不可欠なことをすでに示した。しかし異種金属イオンをドープすると一般的に電池容量が減少するため，ドープ量に伴う容量変化を計算する必要がある。

酸素量論，異種金属ドープスピネルの4V領域の容量は，Mn^{3+}/Mn^{4+}の酸化還元反応に基づくため，スピネル化合物中のMn^{3+}含量に依存する。このため，n価の金属（M）をドープしたLiM$_x$Mn$_{2-x}$O$_4$中のMn^{3+}含量はxの増加と共に減少し，4V領域の容量低下を引き起こす。さらに，微量の陽イオン欠損を有するため，Mn^{3+}の含量は更に減少することとなる。図7にLiM$_x$Mn$_{2-x}$O$_4$の理論容量と陽イオンサイトの1%が陽イオン欠損となったLi$_{0.99}$M$_{0.99x}$Mn$_{1.98-0.99x}$O$_4$の理論容量を示す。但し，Mの原子量はMnと同じと仮定している。原子量の最も影響するLiドープの場合，式量の補正を行うと$x=0.1$で，2.5%ほど容量は増加する。

陽イオン欠損がない場合，容量110mAh/g以上を維持するには，1価金属の場合xを0.085以下，2価金属の場合は0.13以下，3価金属の場合は0.26以下とする必要がある。1%の陽イオン欠損

第5章 マンガン系正極材料

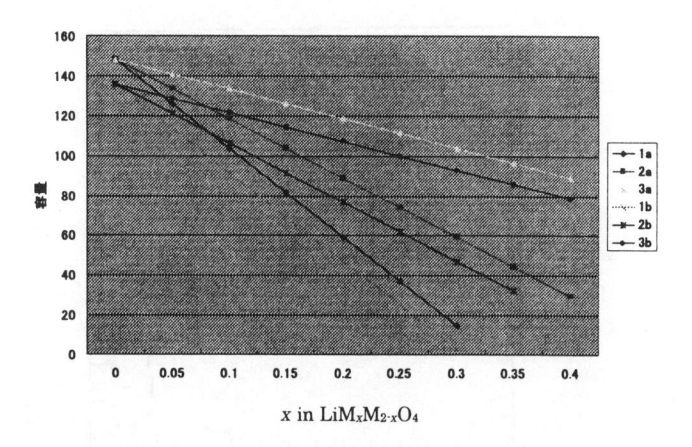

図7 $LiM_xM_{2-x}O_4$（1a，2a，3a）および$Li_{0.99x}M_{0.99x}Mn_{1.98-0.99x}O_4$（1b，2b，3b）の理論容量
　1，2，3はMの酸化数が1価，2価，3価の場合

があると，未ドープの場合でも136mAh/gまで容量が低下する。合成条件が同じであれば陽イオン欠損は同じとなることを利用して，図7の関係から陽イオン欠損量を求めることも可能である。750-800℃で合成したAl, Co, Cr, Niドープスピネルは0.5-1%の陽イオン欠損があり，CrやAlドープ試料の陽イオン欠損が少ないことがわかった[44, 45]。

5　5V級スピネル材料

　一般的に16dサイトにNi, Co, Cr, Cu, Feなどの遷移金属イオンがドープされると，5V領域に電圧プラトーが出現することが知られている[46]。これらのうちサイクル特性が良好なのは，Ni系材料である。図8に$LiNi_xMn_{2-x}O_4$の放電曲線を示す[47]。xが増大すると4V領域（4.4V以下）の容量が低下し，5V（4.7V）領域の容量が増大する。4V領域はMn^{3+}/Mn^{4+}の酸化還元反応に関する容量であり，5V領域はNi^{2+}/Ni^{4+}の酸化還元反応に関する容量である。xが増大すると4V領域の充電曲線の形状が変化し，Mnイオンが4価に移行することがわかる。特に着目すべきは5V領域の電圧プラトーが2個に分かれることであり，図2に示すように領域（Ⅰ）と領域（Ⅱ）が存在することである。この現象はスピネル構造に特有な電圧プラトーであると思われる。この電圧プラトーについては最近Ohzukuにより検討されている[48]。

　Ni系以外の5V材料のサイクル特性は悪いが，これはドープ金属が充電により再充電可能な電荷より大きくなるためと思われる。たとえばCrドープの場合，5V領域はCr(Ⅲ)/Cr(Ⅳ)であるが，さらにCr6価イオンにまで酸化されることがEXAFSにより確認されている[49]。しかしなが

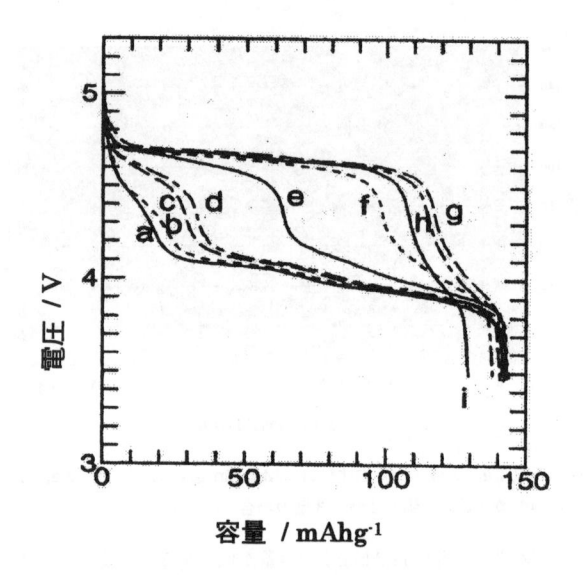

図8 LiNi$_x$M$_{2-x}$O$_4$の放電曲線
a：$x=0.027$, b：$x=0.057$, c：$x=0.089$, d：$x=0.10$, e：$x=0.20$
f：$x=0.34$, g：$x=0.43$, h：$x=0.47$, i：$x=0.55$

ら，これらの材料でもNiイオンとの共ドープによりサイクル特性が改善されることが，筆者らにより報告されている[50]。これはNiドープにより，所定の電荷より大きな電荷への酸化反応が抑制されるためと考えられる。

現在安定な電解液が存在しないため，5V級材料の応用は遅れているが，将来有望な化合物である。

前にも述べたが，5V級材料であるLiVNiO$_4$やLiVCoO$_4$では，重元素のVが8aサイトを占める逆スピネル構造の化合物である。これらの化合物ではLiは16dサイトを占め，Liの拡散ルートは正スピネルとは全く異なったものとなる。このような結晶学的要因で，これらの化合物の容量は50 mAh/g以下にとどまり[36, 37]，実用材料としての魅力に乏しい。

6 スピネル系正極材料の性能改良：高温安定性の向上

今までに得られた知見により，工業的に実用化が可能なスピネル構造マンガン酸リチウム系材料の条件は次のようになる[51, 52]。

① 酸素欠損でないこと。具体的には，スピネル化合物の組成をLi$_x$Mn$_y$M$_z$O$_q$で表し，$x+y+$

第5章　マンガン系正極材料

　$z = 3$ としたとき，$q > 4$ であること。ただしMは1種あるいは2種以上の異種ドープ金属イオンとする。すなわち $Li_xMn_yM_zO_q$ において $x + y + z = 3$ としたとき，$q > 4$ になるような化合物を合成すればよい。

② マンガン酸リチウムの充放電において，高電圧部が均一固相反応でレドックス反応が進行すること。これはリチウムイオンを含む異種金属イオンをドープすることにより達成される。

③ 高温（60℃程度）の電解液における，マンガンイオンの溶解度（4週間保存時）が数ppm以下であること。すなわち結晶性を上げることが挙げられる。

　ここで①と③の条件は相反する現象である。すなわち酸素量論スピネルを合成しようとすれば，焼成温度は低い方がよく，たとえばドープ異種金属が存在しない $LiMn_2O_4$ の場合，酸素量論スピネルは650℃以下の焼成温度で生成する。それ以上では酸素欠損スピネルが生成する[17]。またLiイオンをドープすると，ドープ量にもよるが700℃くらいまでは酸素量論スピネルになる。すなわちLi不足にするほど，より低温で酸素欠損スピネルが生成しやすい。また高温で焼成すると，スピネルの結晶性が発達し，溶解度が小さくなる。しかし焼成温度が高いほど，酸素欠損スピネルが生成しやすい。

　筆者の研究室ではこの矛盾を解決するため，まず異種金属イオン（M）を含む $Li(MnM)_2O_4$ を900℃以上で焼成し，結晶化度を上げたスピネルを合成し，電解液中での溶解度をできる限り小さくした。ついでこの若干酸素欠損スピネルの酸素配列を発達させる。すなわち，焼成過程で酸素吸収剤として作用する化合物としてLiOHを見出し，LiOHとともに焼成することにより，高度に結晶性を発達させた，酸素量論スピネルを合成した[51, 52]。

　EC/DMC系電解液中では80℃以上で，またスピネルなどのように酸化力の強い正極剤存在化においては，HFが発生しやすく，スピネル正極が劣化しやすい。筆者らは80℃以上でのスピネル正極の劣化メカニズムと60℃程度までの劣化メカニズムとは異なると考えている。60℃程度までは，最適条件で合成されたスピネルの電解液中で溶解したMnイオンはごくわずかで，容量劣化はほとんど認められない。一方80℃程度になると大きな容量劣化があり，スピネルの構造が変化していることが示唆される。したがって市販電池ではEC/DMC系電解液でなく，EC/EMC系電解液などが使用されているようである。

　$LiMn_2O_4$ は構造中に Mn^{3+} イオンを含有するが，この Mn^{3+} イオンは酸との反応によって式（1）に示す不均化反応を起こし，一部が可溶性の Mn^{2+} イオンとなる。高温では，$LiPF_6$ からのHF生成と，生成HFと $LiMn_2O_4$ との反応がより起こりやすくなることから，Mn溶解[15]と構造変化が進むと考えられる。

　　　　$2Mn^{3+} \rightarrow Mn^{4+} + Mn^{2+}$ 　　　　　　　　　　　　　　　　　　　　　　　　　(1)

　佐野らは，80℃以上で働く添加剤を開発し，その原因を遊離HFと反応する添加剤のためと解

釈している。しかし、60℃程度までは日本製の電解液はよく精製されているためHF濃度が低く、この添加剤の有効性は認められないようである[53]。

なお、スピネルのサイクル特性向上のために、スピネルの表面を異種化合物によって被覆する方法がある。LiBO$_2$[54]、LiCoO$_2$[55]、ZnO[56]の被覆による方法などである。ただ、この被覆法は外国論文によるもので、電解液が日本製より劣るため（あるいは日本から輸出されて時間がかかるため）、一般にHF濃度が高く、日本製の良質の電解液中においても効果があるか疑問がある。

なお、85℃という過酷な条件下でMnの溶解度を最小にするドープ金属イオンについては、岡田の報告がある[57,58]。図9にその結果を示す。ドープイオンを用いるほどMnの溶解量は少なく、特にCrドープ、Niドープで溶解量が少なくなることがわかる。これらのデータを参考にドープ金属の種類が決定可能である。

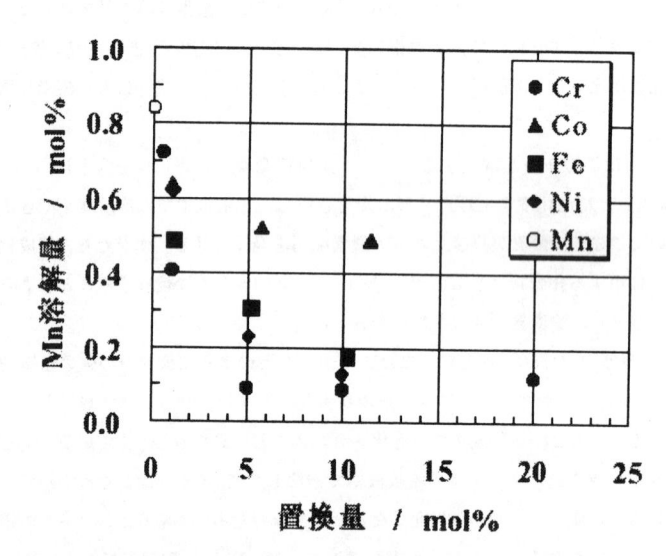

図9　置換量に対する85℃電解液中（LiPF$_6$, EC/DMC）におけるMn溶出量（200時間後）

7　スピネル化合物のレート特性

スピネル化合物は充電生成物の熱安定性が高いため[57]、高い安全性が期待でき、交通事故等のアクシデントが不可避なHEVやEV用の正極材料としては、LiCoO$_2$系材料などに比較して格段に優れている。さらに、スピネル化合物がHEVなどへの応用について断然他を圧して有力なのは、

第5章 マンガン系正極材料

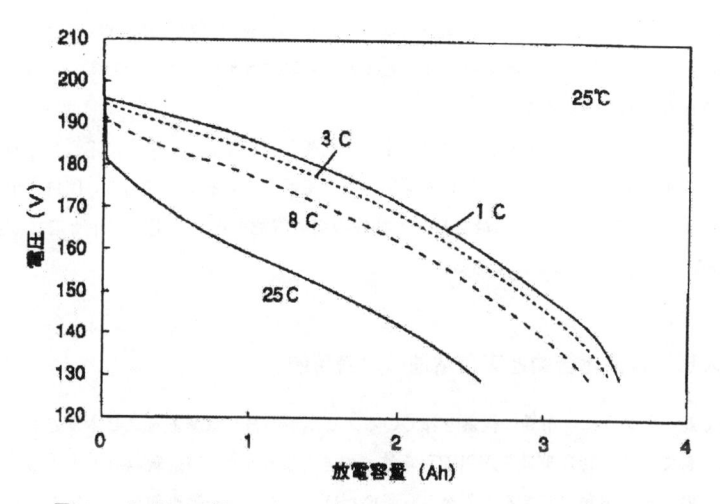

図10 マンガンスピネルを用いる電気自動車用リチウムイオン電池のレート特性
（新神戸電機㈱提供）

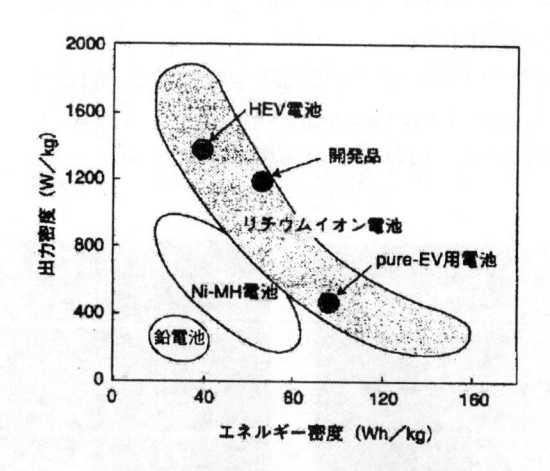

図11 各種電池の特性（新神戸電機㈱提供）

レート特性に優れているためである。これは層状化合物へのリチウムイオンの挿入が2次元的であることに反し，スピネルは立体的にすなわち3次元的にリチウムイオンの挿入が可能なためであろう。すなわちレート特性は，材料の導電性より構造的要因が大きいことがわかる。したがって，HEV電池用としては，層状化合物に比べてより容量の小さい電池を用いることが可能であ

61

り，これは安全性や電池価格に大きく影響しよう。図10に新神戸電機の社内報によるLiMn$_2$O$_4$のレート特性を示す[36]。25Cレートでの充放電が可能であるのは驚くべきことである。短時間では50Cでの放電も可能とのことである。

なお新神戸電機では昨年から電動バイク用電池を発売しているが[32]，用途に応じてそのレート特性とエネルギー密度を最適化したスピネル化合物を使用しているようである。図11に示すように，ハイブリッド電気自動車用に最もレート特性の高い電池を用い，電動バイク用には通常5CA程度の電池を用いているようである[32]。

8 スピネル系化合物と実用電池への適用例

第6節で述べたように，市場に提供されているスピネル系材料は酸素量スピネルであり，かつ置換系の材料である。特に筆者らが以前から述べてきたように[30]，Li過剰組成とすることで充放電サイクルの安定性が向上できることから，置換だけではなく，Li過剰組成との組み合わせによってサイクル安定性と高温安定性の両方を向上させた組成の材料が開発されている。置換元素には，当初，遷移金属元素が検討されてきたが，現在ではコストや安定性の面から，主にアルミニウムやマグネシウムが使用されている。

図12に，市場に提供されている2社の製品のSEM写真を掲げた。A社品はスプレードライ法で合成されたと思われるが，原料は電解二酸化マンガン（EMD）と思われる。B社品はEMDを原料として固相法で合成されたと思われる。電極密度を上げるために，EMDを原料に使用していると思われる。

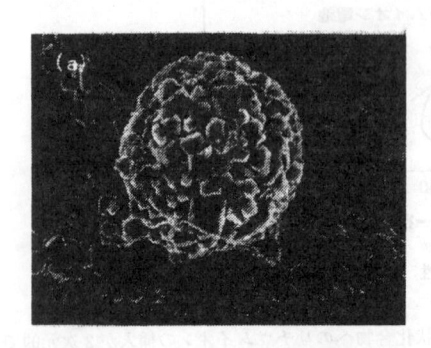

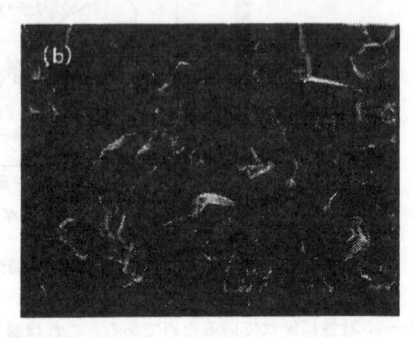

図12 開発材料の粒子形態（SEMイメージ）
(a) A社品，(b) B社品

化学分析によって上記製品の酸素量論性を調べた。A社品はLi$_{1.106}$Al$_{0.093}$Mn$_{1.837}$O$_{4.018}$であり，酸素

第5章 マンガン系正極材料

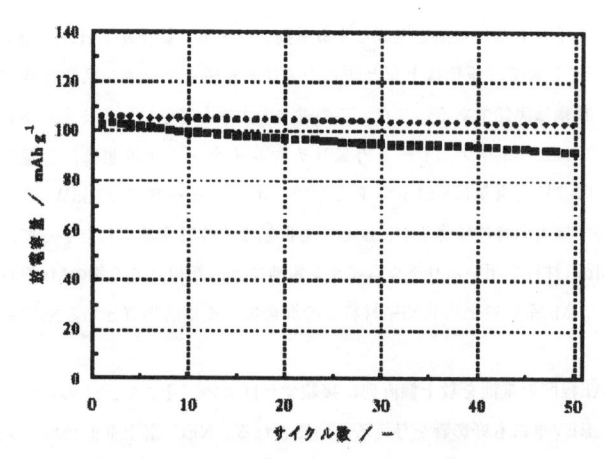

図13 開発材料の60℃充放電サイクル特性（対Li負極，EC/DMC電解液）
● : A社品，■ : B社品

過剰スピネルである。一方B社品は$Li_{1.107}Mg_{0.035}Mn_{1.858}O_{3.977}$であり，わずかに酸素欠損スピネルであった。60℃の電解液（1M $LiPF_6$，EC/DMC（体積比1：2））中に4週間浸漬後のマンガンの溶解度は10ppm程度あるいはそれ以下であった。この値は通常のスピネルの溶解度が70ppm程度であるのに比較すると大幅な改善が進んでいるといえる[60]。この製品の60℃における充放電サイクル特性を図13に示した。実用に十分耐えうる材料であることがわかる。

$LiMn_2O_4$を正極材料に使用したリチウムイオン電池は，携帯電話用電池として約7年前に商品化されている。$LiMn_2O_4$系正極材料が使用されている電池の一例として，表1に，シャープ製MDに採用されている角形電池（AD-T51BT）の諸元を示した。筆者らの解析によれば，この電池の正極材料には$LiMn_2O_4$系材料だけではなく，$LiNiO_2$のNiの一部をCoで置換した材料（$LiNi_{1-x}Co_xO_2$）を混合したものが使用されている。沼田らによれば[61]，$LiNiO_2$系材料はアルカリ性を呈することから，正極として使用された場合には電解液中に生成するHFを消費する。電解液中のHF量が低減されることによって$LiMn_2O_4$系材料からのMn溶出が抑制され，高温安定性が向上する。さらに，$LiNiO_2$系材料は$LiMn_2O_4$系材料より大きな電気化学容量をもつことから，$LiMn_2O_4$系材料単独の場合に比べて電池容量を大きくすることができる。以上のように，$LiNiO_2$系材料との混合正極とした場合には，高温特性の向上と電池容量向上の2つの効果が期待できる。

表1 市販Mn系リチウムイオン電池の諸元

型式AD-T51BT（角形）
電池サイズ：68mm×25mm×6.5mm
公称電圧：3.6V，公称容量：800mAh
使用温度範囲：5～35℃（常温300サイクル保証）
用途：MD用（シャープ製）

2002年にリチウムイオン二次電池を電源とする電動アシスト自転車が2社から発売された。この電池はNECトーキン製で、正極は上記と同じくスピネル構造マンガン系化合物とニッケル系化合物の混合物、負極は黒鉛である。また、この電池の大きな特色は、ラミネート外装を採用し非常に軽いことである。このラミネート外装リチウムイオン二次電池は、容量3.0Ah（公称2.8Ah）、放電電圧3.7V、重量は82.1gであるので、エネルギー密度は135Wh/kgとなる。また、-20℃の低温では電池特性は劣るが、60℃でも問題なく作動する。したがって、現在市場に提供されているMn系材料を用いるリチウムイオン電池には、新神戸電機㈱のMn系材料のみを活物質とする電池と、Mn系材料と層状Ni系材料との混合物を正極活物質とするNEC系電池が存在している。

HEVには、10Ah程度の電池を数十個直列に接続すればよい。そこで、この電動アシスト自転車が成功すれば、HEV車にも好影響を与えると期待される。NEC-富士重工グループはHEV車の製造を新聞発表しているが、この電動アシスト自転車のようにラミネート外装の電池が可能なら、製造の容易さ、価格の低廉さなどから、今後数年以内に、マンガン系正極材料を用いるリチウムイオン二次電池が急速に普及し製造されることが期待される。

九州電力㈱と三菱重工業㈱は、マンガン系正極材料とグラファイト系負極を用いた300Wh級の角形電池を試作し、その特性を公表している。この電池は作動電圧3.9Vで容量7.7Ahであり、500サイクルで初期容量の70%以上を保持する[62,63]。

9　その他のマンガン系材料

スピネル系材料以外で、比較的期待をもてるのは斜方晶系$LiMnO_2$であろう。この材料は充電によりスピネル構造に変化する。高温型の$LiMnO_2$は室温作動時の初期容量が小さいが、粉砕処理を行うと、充放電初期から200mAh/g程度の高容量を示す[64,65]。層状$LiMnO_2$[66,67]や$Li_{0.7}MnO_2$[68,69]も報告されているが、今後の材料と位置づけられよう。

文　　献

1) M. Yoshio, H. Nakamura, Y. Xia, *Electrochim. Acta*, **45**, 273 (1999)
2) D. Aurbach, E. zinigrad, H.Teller and P. Dan, *Proc. Electrochem. Soc.*, **99-25**, 632 (2000)
3) E. Levi, E. zinigrad, H. Teller, M. D. Levi and D. Aurbach, *J. Electrochem. Soc.*, **145**, 3440 (1998)

4) Y. Xia, T. Sakai, C. X. Wang, T. Fujieda, K. Tatsumi, K. Takahashi, A. Mori and M. Yoshio, *J. Electrochem. Soc.*, **148**, A112(2001)
5) C. Wang, Y. Xia, K. Koumoto and T. Sakai, *J. Electrochem. Soc.*, **149**, A967(2002)
6) J. C. Hunter, *J. Solid State Chem.*, **39**, 142(1981)
7) M. M. Thackeray, W. I. F. David, P. G. Bruce and J. B. Goodenough, *Mat. Res. Bull.*, **18**, 461(1984)
8) T. Ohzuku, M. Kitagawa and T. Hirai, *J. Electrochem. Soc.*, **137**, 769(1990)
9) M. H. Rossouw, A. de Kock, L. A. de Piciotto, M. M. Thackeray, W. I. F. David and R. M. Ibberson, *Mat. Res. Bull.*, **25**, 173(1990)
10) J. M. Tarascon, W. R. McKinnon, F. Coowar, T. N. Bowmer, G. Amatucci and D. Guyomard, *J. Electrochem. Soc.*, **141**, 1421(1994)
11) J. M. Tarascon, E. Wang, F. K. Schokoohi, W. M. McKinnon and S. Colson, *J. Electrochem. Soc.*, **138**, 2859(1991)
12) R. Bittihn, R. Herr and D. Hoge, *J. Power Sources*, **43-44**, 223(1993)
13) V. Manev, A. Momchilov, A. Nassalevka and A. Kozawa, *J. Power Sources*, **43-44**, 551(1993)
14) G. Pistoia and G. Wang, *Solid State Ionics*, **66**, 135(1993)
15) R. J. Gummow, A. de Kock and M. M. Thackeray, *Solid State Ionics*, **69**, 59(1994)
16) 秀島康文,「博士論文」, 佐賀大学 (2000)
17) Y. Xia, T. Sakai, T. Fujieda, X. Yang, X. Sun, Z. F. Ma, J. McBreen and M. Yoshio, *J. Electrochem. Soc.*, **148**, A723 (2001)
18) T. Takada, H. Hayakawa, E. Akiba, F. Izumi and B. Chakoumakos, *J. Solid State Chem.*, **130**, 74(1997)
19) H. Hayakawa, T. Takada, H. Enoki and E. Akiba, *J. Mater. Sci. Lett.*, **17**, 10(1998)
20) T. Takada, H. Hayakawa, H. Enoki, E. Akiba, H. Slegr, I. Davidson and J. Murray, *J. Power Sources*, **81-82**, 505(1999)
21) K. Oikawa, T. Kamiyama, F. Izumi, B. C. Chakoumakos, H. Ikuta, M. Wakihara, J. Li and Y. Matsui, *Solid State Ionics*, **109**, 35(1998)
22) R. Kanno, M. Yonemura, T. Kohigashi, Y. Kawamoto, M. Tabuchi and T. Kamiyama, *J. Power Sources*, **97-98**, 423(2001)
23) G. Rousse, C. Masquelier, J. Rodriguez-Carvajal and M. Hervieu, *Electrochem. Solid State Lett.*, **2**, 6 (1999)
24) A. Yamada and M. Tanaka, *Mater. Res. Bull.*, **30**, 715(1995)
25) X. Yang, X. Sun, M. Balasubramanian, J. McBreen, Y. Xia, T. Sakai and M. Yoshio, *Electrochem. Solid State Lett.*, **4**, A117(2001)
26) X. Wang, H. Nakamura and M. Yoshio, *J. Power Sources*, **110**, 19(2002)
27) A. Yamada, K. Miura and K. Hinokuma, *J. Electrochem. Soc.*, **142**, 2149(1995)
28) G. G. Amatucci, C. N. Schmutzu, A. Blyr, C. Sigala, A. S. Gozdz, D. Larcher and J.M. Tarascon, *Solid State Ionics*, **104**, 13(1997)
29) M. M. Thackeray, S. H. Yang, A. J. Kahaian, K. D. Kepler, E. Skinner, J. T. Vaughey, and

S. A. Hackney, *Electrochem. Solid State. Lett.*, **1**, 7 (1998)
30) Y. Xia and M. Yoshio, *J. Electrochem. Soc.*, **143**, 825 (1996)
31) Y. Xia, H. Noguchi and M. Yoshio, *J. Solid State Chem.*, **119**, 216 (1995)
32) 小関満, 相羽恒美, 小貫利明, 鈴木克典, 後藤健介, 工藤彰彦, 新井寿一, 新神戸テクニカルレポート, **13**, 3 (2003)
33) D. H. Yang, Y. J. Shin, S. M. Oh, *J. Electrochem. Soc.*, **143**, 2204 (1996)
34) T. Inoue, M. Sano, *J. Electrochem. Soc.*, **145**, 3704 (1998)
35) R. J. Gummow, A. de Kock, M. M. Thackeray, *Solid State Ionics*, **69**, 59 (1994)
36) G. T. K. Fey, W. Li and J. R. Dahn, *J. Electrochem. Soc.*, **141**, 227 (1994)
37) G. T. K. Fey and C. S. Wu, *Pure App. Chem.*, **69**, 2329 (1997)
38) Y. M. Todorov, Y. Hideshima, H. Noguchi, M. Yoshio, *Denki Kagaku*, **66**, 1198-1201 (1998)
39) H. Noguchi, H. Nakamura and M. Yoshio, *Rechargeable Lithium Batteries*, **PV2000-24**, p18 (2000)
40) M. M. Thackeray, A. de Kock, M. H. Rossouw, D. C. Liles, D. Hoge and R. Bittihn, *J. Electrochem. Soc.*, **139**, 363 (1992)
41) Y. Xia and M. Yoshio, *J. Electrochem. Soc.*, **144**, 4186 (1997)
42) 八木陽心, 秀島康文, 杉田勝, 野口英行, 芳尾真幸, *Electrochemistry*, **68**, 252 (2000)
43) X. Wang, Y. Yagi, Y. S. Lee, M. Yoshio, Y. Xia, T. Sakai, *J. Power Sources*, **97-98**, 427 (2001)
44) 芳尾真幸, 多伊良潤哉, 野口英行, 磯野健一, *Denki Kagaku*, **66**, 335 (1998)
45) Y. M. Todorov, Y. Hideshima, H. Noguchi, M. Yoshio, *J. Power Sources*, **77**, 198 (1999)
46) M. Yoshio, T. Konishi, Y. M. Todorov and H. Noguchi, *Electrochemistry*, **68**, 412 (2000)
47) H. Kawai, M. Nagata, H. Tukamoto and A. R. West, *J. Power Sources*, **81-82**, 67 (1999)
48) T. Ohzuku, 11th IMLB, Abs. No. 11, Monterey (2002)
49) Y. Terada, K. Yasaka, F. Nishikawa, T. Konishi, M. Yoshio and I. Nakai, *J. Solid State Chemistry*, **156**, 286 (2001)
50) Y. Todorov, C. Wang, B. I. Banov and M. Yoshio, Batteries for Portable Applications and Electric Vehicles, p176 (1977)
51) M. Yoshio, H. Noguchi, Y. Hideshima and H. Nakamura, US 6,475,455 B2 (2002)
52) B. Deng, Q. Zhang, M. Tabuchi, H. Nakamura, M. Yoshio, A. Ikeda and T. Nishida, 第43回電池討論会要旨集, p52 (2002)
53) H. Yamane, T. Inoue, M. Fujita and M. Sano, *J. Power Sources*, **99**, 60 (2001)
54) G. G. Amatucci, A. Blyr, C. Sigala, P. Alfonse and J. M. Tarascon, *Solid State Ionics*, **104**, 13 (1997)
55) Z. Liu, H. Wang, L. Fang, J. Y. Lee and L. M. Gan, *J. Power Sources*, **104**, 101 (2002)
56) Y. K. Sun, Y. S. Lee, M. Yoshio and K. Amine, *Electrochem. Solid State Lett.*, **5**, A99 (2002)
57) 岡田昌樹, 毛利隆, 芳尾真幸, 第40回電池討論会要旨集, p299 (1999)
58) 岡田昌樹, 庄司孝幸, 毛利隆, 神岡邦和, 笠原泉司, 芳尾真幸, 第41回電池討論会要旨集, p436 (1999)

59) 弘中健介, 相羽恒美, 甲斐剛, 松村敏之, 小関満, 堀場達夫, 村中廉, 新神戸テクニカルレポート, **10**, 3 (2000)
60) J. Liu, K. Xu, T. R. Jow and K. Amine, Abstract of 202nd Meeting of ECS, Abs. No. 135 (2002)
61) 沼田ら, *NEC Research & Development*, **41**, 8 (2000)
62) T. Akiyama, T. Hashimoto, H. Tajima, K. Adachi and S. Taniguchi, 10th IMLB, Abs. No. 340, Como (2000) ; *J. Power Sources*, in press
63) http://www.kyuden.co.jp
64) Y. S. Lee, Y. K. Son and M. Yoshio, *Chemistry Letters*, **2001**, 882
65) Y. S. Lee, Y. K. Son and M. Yoshio, *Electrochem. Solid State Lett.*, **4**, A166 (2001)
66) A. R. Armstrong, P. G. Bruce, *Nature*, **381**, 499 (1996)
67) M. Tabuchi, K. Ado, H. Kobayashi, H. Kageyama, C. Masquelier, A. Kondo and R. Kanno, *J. Electrochem. Soc.*, **145**, L145 (1998)
68) J. M. Paulsen and J. R. Dahn, *J. Electrochem. Soc.*, **147**, 2478 (2000)
69) J. M. Paulsen, D. Larcher and J. R. Dahn, *J. Electrochem. Soc.*, **147**, 2862 (2000)

第6章　その他の無機系正極材料

山木準一[*1]，岡田重人[*2]

1　はじめに

　1980年代に入り，J. B. Goodenoughらのグループにより相次いで報告された層状岩塩型$LiCoO_2$[1]，$LiNiO_2$[2]，そしてスピネル型$LiMn_2O_4$[3]という3つの酸化物正極は，90年代早々，リチウムイオン2次電池という商品名で相次いで日本から市販されるやいなや，モバイル社会を下支えするキーマテリアルとして広く認知され，今も世界中の多くの研究機関や企業で基礎研究や改良が重ねられている。しかし，第1世代の正極活物質はいずれもレアメタル高級酸化物であるためにコストと環境負荷の点で本質的問題を抱えており，また満充電時に生成されるCo^{4+}やNi^{4+}の異常電子価状態，放電状態で生成されるハイスピンMn^{3+} ($3d^4 : t^3_{2g}e^1_g$)のヤンテラー不安定状態が，これらの正極の熱安定性や化学的安定性に対する払拭しがたい懸念要因となっている。リチウムのインターカレーション反応により市販2次電池中，最も高いエネルギー密度と最も長いサイクル寿命の両立を実現させたリチウムイオン2次電池にとって経済性と安全性は2本のアキレス腱であり，その解決なくして現行リチウムイオン2次電池がそのまま電気自動車やロードレベリング用途に用いられることは難しい。本章ではこれらビッグスリーの第1世代正極が共通して抱える以下の6つの要検討課題を根本的に改善すべく試みられてきた次世代正極活物質の研究動向について概説する。

① 量産大型化に伴う材料コストや環境負荷
② 高温長時間の固相焼成に伴う製造コスト
③ 充電（酸化）状態での酸素脱離や熱安定性
④ 過充電に対する結晶構造上の耐久性
⑤ 化学組成の不定比性に伴う正極特性の再現性
⑥ 炭素負極の半分にも満たない正極実容量上限値

　次世代正極活物質の中心金属として特筆すべきものには，(1) 資源寿命が最も長い鉄系，(2) 遷移金属の中では鉄の次に資源寿命が長く，しかも安定なイオン状態が4価という特徴をもつTi

---

*1　Jun-ichi Yamaki　九州大学　先導物質化学研究所　教授
*2　Shigeto Okada　九州大学　先導物質化学研究所　助教授

第6章 その他の無機系正極材料

系，(3) 幅広い価数を取りうる点で魅力的な3d遷移金属V系(5価〜2価)や4d遷移金属Mo系(6価〜4価)などを挙げることができる。古くは1970年代のリチウム2次電池研究黎明期から研究されていたBell研の1次元導体$NbSe_3^{4)}$，Exxonの2次元導体$TiS_2^{5)}$やMoli Energyの$MoS_2^{6)}$，さらに東芝でコイン型リチウム2次電池として実用化された結晶質$V_2O_5^{7)}$や非晶質$V_2O_5^{8)}$，それに松下のスピネル型$Li[Li_{1.3}Ti_{1.3}]O_4^{9)}$等もあるが，本章では最近の正極活物質の研究動向についてポリアニオン系化合物という視点から整理してみたい。表1に示すようにこれらの原子は近年ポリアニオン系正極の中心金属として重用されているレドックス対でもある。

表1 代表的ポリアニオン系正極活物質

Nasicon系	$LiTi_2(PO_4)_3^{10)}$，単斜晶$Fe_2(SO_4)_3^{11)}$，菱面体晶$Fe_2(SO_4)_3^{12)}$，$Fe_2(MoO_4)_3^{13)}$，$Fe_2(SO_4)_2(PO_4)^{14)}$，単斜晶$Li_3Fe_2(PO_4)_3^{15)}$，$^{16)}$，菱面体晶$Li_3Fe_2(PO_4)_3^{17)}$，単斜晶$Li_3V_2(PO_4)_3^{16)}$，菱面体晶$Li_3V_2(PO_4)_3^{18)}$，$Li_3Fe_2(AsO_4)_3^{17)}$，$TiNb(PO_4)^{19)}$，$LiFeNb(PO_4)_3^{19)}$，$Li_2FeTi(PO_4)_3^{19)}$，$Li_2CrTi(PO_4)_3^{20)}$
リン酸・縮合塩系	$Fe_4(P_2O_7)_3^{21)}$，$LiFeP_2O_7^{22)}$，$TiP_2O_7^{22)}$，$^{23)}$，$LiVP_2O_7^{23)}$，$MoP_2O_7^{24)}$，$Mo_2P_4O_{11}^{25)}$
Olivine系	$LiFePO_4^{21)}$，$^{26)}$
$AOBO_3$系	α-$MoOPO_4^{27)}$，β-$VOPO_4^{27),28)}$，γ-$VOPO_4^{29)}$，δ-$VOPO_4^{29)}$，ε-$VOPO_4^{30)}$，α-$LiVOPO_4^{30)}$，β-$VOSO_4^{28),31)}$，β-$VOAsO_4^{28)}$，$Li_2VOSiO_4^{32)}$
Brannerite系	$LiVMoO_6^{33)}$
Borate系	$Fe_3BO_6^{34)}$，$FeBO_3^{34),35)}$，$VBO_3^{35)}$

2 ポリアニオン系正極活物質群

酸素密充填骨格を基本ユニットにする3次元フレームワークは，ファンデルワールス結合を持たないので，充放電サイクルに対する結晶構造の剛性が高いと期待できる反面，Liのイオン伝導に充分な拡散パスをマトリックス内に確保することが難しい。解決策としては，アニオンを酸素より巨大化することによって，Liのボトルネックを拡大することが考えられるが，酸素のような軽量アニオンの代わりにわざわざ，XO_nオキシアニオンを含む遷移金属錯体を正極として用いようというアイデアは，正極の電気化学当量[g/C]を増やす，すなわち容量密度[Ah/g]を低下させる方向でもあるため，これまで正極研究者の食指を刺激することはほとんどなかった。しかし，オキシアニオンの中心ヘテロ元素Xは高酸化数状態で，その静電反発力によりXO_nオキシアニオンユニット同士が面共有や稜共有で隣接することを嫌うため，頂点共有で格子骨格を組む傾向が強い。このような頂点共有のみからなる結晶構造は，3次元的につながったボトルネックの大きなイオン拡散パスを内包することになるため，Liだけでなくより大きなカチオン導電体として好適であり，Liより一桁安価なNaやLiより高い電荷密度を持つMg^{2+}やCa^{2+}といった多価カチオンのホストとしても転用できる可能性がある。その代表例であるナシコン型化合物[36)]（図1）はその名（<u>NA</u> <u>S</u>uper <u>I</u>on <u>CON</u>ductor）の示す通り，もともとNaイオン用固体電解質として20

年以上にわたって研究されてきた長い歴史を持つ。現実に，$NaTi_2(PO_4)_3$[37] において，Naインターカレーションホストとして機能しうることが，またさらに$LiTi_2(PO_4)_3$[10] において，Liインターカレーションホストとなることが報告されて以降，ナシコン型正極活物質の興味深い報告が続いている。ナシコン型正極で見い出されている注目すべき特徴には以下のものがある；

① 頂点共有（$-O-X-O-M-O-X-O-$）骨格
　→大きなボトルネックによる高イオン拡散性（$Na_{1+x}Zr_2(PO_4)_{3+x}(SiO_4)_x$[36]）

② 大きなゲスト収容サイト
　→ポストLi電池用ホストの可能性（$Na_xTi_2(PO_4)_3$[37]，$Mg_xTi_2(PO_4)_3$[38]，$Na_xFe_2(SO_4)_3$[39]，$Ca_xFe_2(SO_4)_3$[40]，$Na_xFe_2(MoO_4)_3$[41, 42]，$Na_xFe_2(WO_4)_3$[42]）

③ 容易，簡便な低温合成ルート
　→熱分解による原料混合工程削減，もしくは析出法による生成物粉砕工程削減（$Fe_2(SO_4)_3$[15]）

④ ポリアニオンのInductive効果によるレドックス電位制御性
　→異常電荷を伴わない高放電電位の実現（$Fe_2(SO_4)_3$[11]）

⑤ 組成域両端相の化学的安定性
　→満充電相，満放電相の高熱安定性の実現（$Fe_2(SO_4)_3$[15]）

⑥ 二相平衡反応による電圧平坦性と低過電圧
　→DC/DCコンバータ不要で3.6V現行Liイオンと電圧互換（$Fe_2(SO_4)_3$[12]）

⑦ MとXの元素置換によるナシコン物質群の設計多様性
　→カウンターカチオンXのレドックス反応による容量拡大（$Fe_2(MoO_4)_3$[13]）

ナシコン以外にも，表1に示すように様々なポリアニオン系正極が報告されている。この中でもリン酸塩は，硫酸塩に比べ縮合塩を作りやすいため，$LiFePO_4$からピロリン酸系$LiFeP_2O_7$, $Fe_4(P_2O_7)_3$へと連なる研究展開[21] が図られており，いずれも3V前後の高電圧放電が可能である。しかもこれらの硫酸鉄やリン酸鉄は，Co等の稀少金属を一切含まないリサイクル不要なエコフレンドリー正極であることが次世代正極として注目される。

特にオリビン型$LiFePO_4$（図1）では，Triphylite構造の初期放電相$LiFePO_4$とHeterosite構造の満充電相$FePO_4$がたまたま同じ空間群Pnmaで，両者の二相共存により3.3Vに平坦な放電プロファイルを持つ。ただ，その二相界面の拡散が遅く，この系に関する1997年の報告[21, 26] では0.05 mA/cm²の低レートにもかかわらず120 mAh/g程度の容量にとどまっていた。ところが，1999年ハイドロケベック（HQ）グループ[43] から80℃の高温動作ながら理論容量170 mAh/gに肉薄する高容量が報告されて以来，次世代正極候補として下記の特徴を備えた$LiFePO_4$正極に関する関心がにわかに高まってきている。

① 完全なレアメタルフリー正極であること

第6章 その他の無機系正極材料

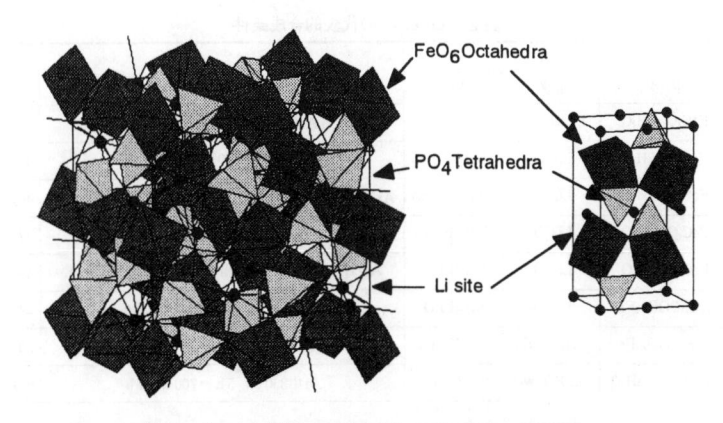

図1　ナシコン型およびオリビン型化合物の結晶構造

② $LiMn_2O_4$を比重量エネルギー密度 [Wh/g] でも比容積エネルギー密度 [Wh/cc] でも凌ぐこと
③ 酸素脱離が少なく，熱安定性に優れること
④ 満充電相が化学的に安定であること
⑤ Fe^{3+}，Fe^{2+}共にヤンテラーイオンでない上，$Mn^{3+} \rightarrow Mn^{2+}+Mn^{4+}$のような不均化反応を起こさないこと
⑥ 可逆両端での充放電電圧変動が大きく，電圧による過充電過放電回避が容易なこと
⑦ 充放電平坦性に優れ，DC/DCコンバータが要らないこと
⑧ 4V以下の充電電圧で満充電が得られ，充電時の電解液酸化分解の心配がないこと

N. Ravet (HQ) の特許[51]では$LiFePO_4$にポリプロピレン (PP) やより安価な糖類を数w/o添加し，Ar中700℃で焼成しており，添加物の炭化による正極粒子表面の炭素コートが導電性付与と炭素の還元作用による鉄3価不純物の発生防止，双方の効果をもたらすようである。それ以外にも表2に示すように，多くの研究機関により合成条件の試行錯誤が重ねられているが，山田 (ソニー)[49]は2価の鉄源として，反応性が高い酢酸鉄を選択することで，550℃の低温焼成を図り，さらに粒成長を抑制することで，0.12 mA/cm²の低レートながら室温にて160 mAh/gもの大容量を得ることに成功している。また，L.F.Nazarら (Waterloo大)[50]は約40nmϕの$LiFePO_4$微粒子にカーボンコートを施し，5C放電で120 mAh/gを達成している。さらに最近ではS-Y. Chungら (MIT)[47]がLiに対する1原子%程度のNb等の微量置換ドープによりそのバルク電子伝導度を10^{-9} S/cmから，10^8桁も向上できると報告している。この値は$LiMn_2O_4$の文献値10^{-5} S/cmや$LiCoO_2$の文献値10^{-3} S/cmを凌ぐ値で，$LiFePO_4$最大の欠点とされていたレート特性がプ

二次電池材料この10年と今後

表2　LiFePO$_4$の代表的合成条件

出発原料			焼成条件	Ref
Fe源	Li源	P源		
FeC$_2$O$_4$·2H$_2$O	LiOH·H$_2$O	(NH$_4$)$_2$HPO$_4$	Ar中350℃，5h→675℃，1d	44)
FeC$_2$O$_4$·2H$_2$O	Li$_2$CO$_3$	(NH$_4$)$_2$HPO$_4$	N$_2$中800℃，6d	45)
FeC$_2$O$_4$·2H$_2$O	Li$_2$CO$_3$	(NH$_4$)$_2$HPO$_4$	Ar中320℃，12h→800℃，1d with sugar（12w/o）	46)
FeC$_2$O$_4$·2H$_2$O	Li$_2$CO$_3$	NH$_4$H$_2$PO$_4$	Ar中600-850℃ with dopant	47)
FeC$_2$O$_4$·2H$_2$O	Li$_2$CO$_3$	NH$_4$H$_2$PO$_4$	Ar/H$_2$中600℃，1d with ascorbic acid（10w/o）	48)
(CH$_3$COO)$_2$Fe	Li$_2$CO$_3$	NH$_4$H$_2$PO$_4$	N$_2$中320℃，10h→550℃，1d	49)
(CH$_3$COO)$_2$Fe	CH$_3$COOLi	NH$_4$H$_2$PO$_4$	N$_2$中700℃，10h with sol gel carbon	50)
Fe$_3$(PO$_4$)$_2$·8H$_2$O	Li$_3$PO$_4$ with PP（3w/o）		Ar中350℃，5h→700℃，7h	51)

ロセス技術から物性制御技術にわたる多様な試みにより改善されつつある。さらに，第1世代の正極活物質でネックとなっていた熱安定性[21, 49, 52]や電解液に対する安定性[53]に関してもLiFePO$_4$の優位性を支持する報告が多く，従来電気自動車用正極候補の最右翼と考えられてきたLiMn$_2$O$_4$正極の地位を脅かす存在になっている（表3）。米国エネルギー省では1999年から，BATT（Batteries for Advanced Transportation Technologies）Program[54]という名で電気自動車用電池の国家プロジェクトをスタートさせており，LiFePO$_4$を正極に用いた大型電池の研究開発がローレンスバークレー国立研究所を中心に組織的に展開されているところである。

表3　大型リチウムイオン2次電池用正極候補の比較

正極活物質	レドックス	理論容量 [mAh/g]	実容量 [mAh/g]	放電電圧 [V]	材料コスト比
Li$_{1-x}$CoO$_2$	Co^{3+}/Co^{4+}	274	120～150	3.9	1
Li$_{1-x}$NiO$_2$	Ni^{3+}/Ni^{4+}	274	180	3.8	1/2
Li$_{1-x}$Mn$_2$O$_4$	Mn^{3+}/Mn^{4+}	148	120	4.0	1/4
Li$_{1-x}$FePO$_4$	Fe^{2+}/Fe^{3+}	170	160	3.3	1/10

ナシコン系やオリビン系と同様のリン酸系ポリアニオンにMo$_2$P$_2$O$_{11}$[25]がある。また，P$_2$O$_7$等のより巨大なポリアニオンをもつ縮合塩系としてTiP$_2$O$_7$[22]やMoP$_2$O$_7$[24]等もある。PO$_4$やP$_2$O$_7$を頂点共有骨格にもつリン酸塩もしくはリン酸縮合塩系は，その格子マトリックス中にゲスト収容サイトとして多くの，しかも巨大な原子空孔を提供できるため，中心金属に価数変化幅の大きなVやMoを選択した場合，思わぬ大容量化が可能となる場合がある。例えばMo$_2$P$_2$O$_{11}$（図2）では，LiおよびNa双方に対し，ほぼ200 mAh/gもの良好な可逆容量（図3，4）が得られており，特にNa$^+$（6配位時2.32 Åϕ）のようにLi$^+$（6配位時1.92 Åϕ）より大きなゲストカチオンに適したホスト構造と思われる[25]。

第6章 その他の無機系正極材料

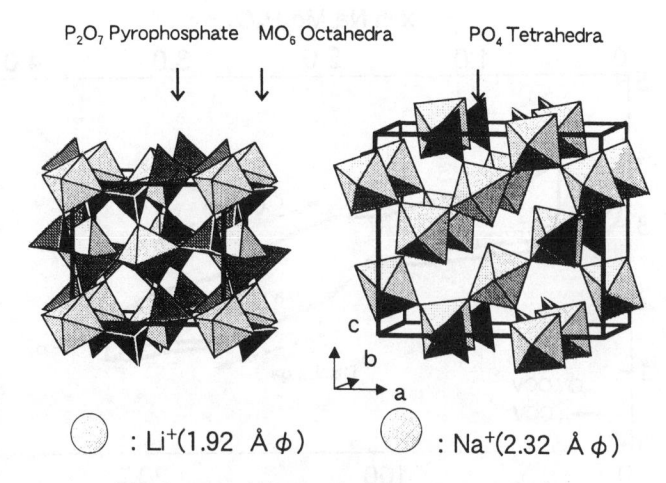

図2 MoP$_2$O$_7$（左）およびMo$_2$P$_2$O$_{11}$（右）の結晶構造

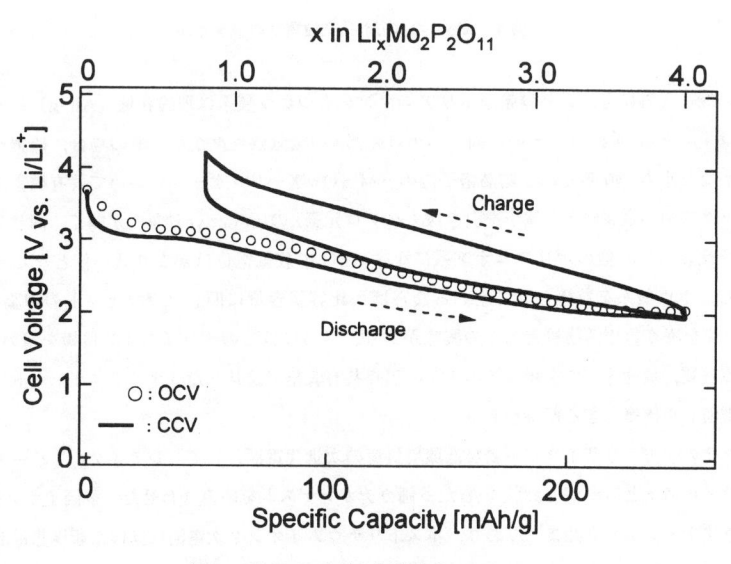

図3 Mo$_2$P$_2$O$_{11}$の対Li充放電プロファイル

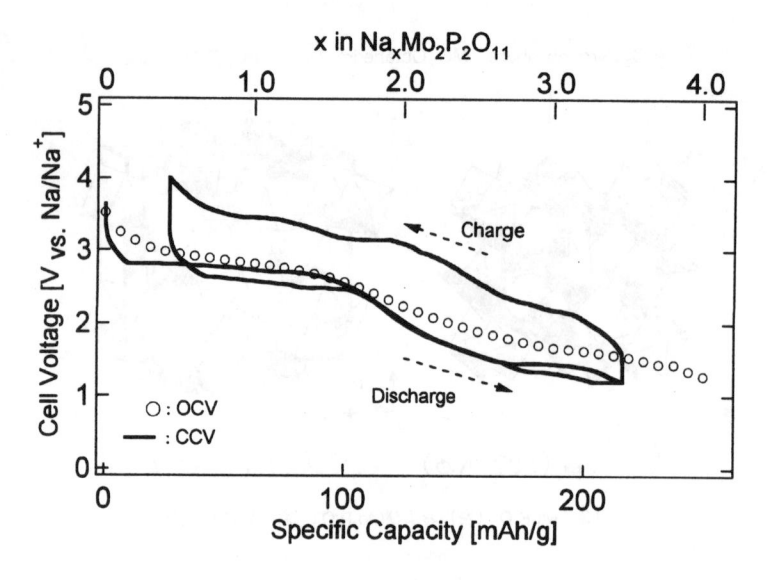

図4　$Mo_2P_2O_{11}$の対Na充放電プロファイル

　リン酸系以外にも，より軽量なポリアニオンをもつホウ酸系は理論容量［Ah/g］において有利なはずである（図5）。その反面，ヘテロ元素Xの電気陰性度がホウ素の場合，硫黄やリンに比べかなり小さくなるため，結晶格子内の－M－O－X－リンケージにおいて共有酸素を通してレドックス中心金属Mから電子を引き抜くヘテロ元素XのInductive効果[11]が弱く，同じレドックス系で比較しても他のポリアニオン系に比べMBO_3の放電電位はかなり低い値となる（図6）。しかし，ホウ酸系を負極として用いるならば，比容積容量に関しグラファイトの理論容量855 mAh/ccを凌ぐ負極活物質としての興味があり，さらにはこのポリアニオン負極を用い，正極，固体電解質，負極すべてをポリアニオンの頂点共有骨格で連結した「ポリアニオンマトリックス固体電池」を構築できる期待がある。

　またその一方，リサイクル不要な低環境負荷の次世代電池として，レアメタルフリーのポリアニオン系ホストとMg^{2+}やCa^{2+}といった多価カチオンゲストを組み合わせた「多価イオン電池」[40]をめざすチャレンジも始まっており，ポストリチウムイオン2次電池に向けた新構想電池の今後の展開が楽しみである。

第6章 その他の無機系正極材料

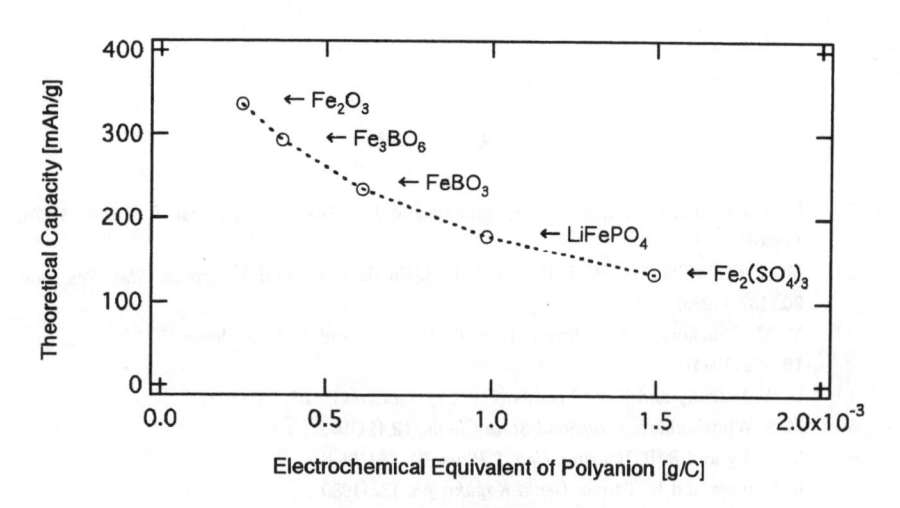

図5 各種鉄系正極活物質の理論容量

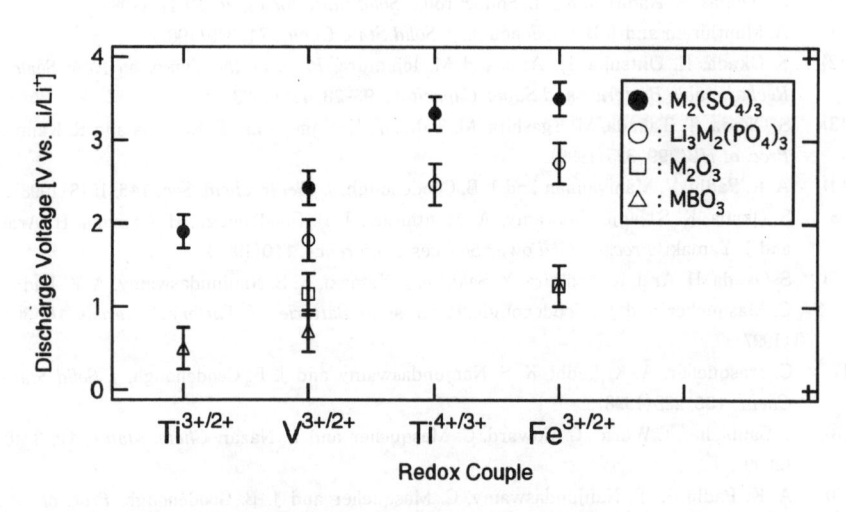

図6 各種ポリアニオン系でのレドックス電位マップ

二次電池材料この10年と今後

文　　献

1) K. Mizushima, P.C.Jones, P. J. Wisemann and J. B. Goodenough, *Mat. Res. Bull.*, **15**,783 (1980).
2) M. G. S. R. Thomas, W. I. F. David, J. B. Goodenough and P. Groves, *Mat. Res. Bull.*, **20**,1137 (1985).
3) M. M. Thackeray, PC. Johnson, L. A. de Picciotto and J. B. Goodenough, *Mat. Res. Bull.*, **19**, 179(1984)
4) D. W. Murphy and F. A. Trumbore, *J. Crystal Growth*, **39**, 185(1977).
5) M. S. Whittingham, *Prog.Solid State Chem.*, **12**,41(1978).
6) M. A. Py and R. R. Haering, *Can. J. Phys.*, **61**, 76(1983).
7) K. Kumagi and K. Tanno, *Denki Kagaku*, **48**, 432(1980).
8) Y. Sakurai, S. Okada, J. Yamaki and T. Okada, *J. Power Sources*, **20**, 173(1987).
9) T. Ozuku, A. Ueda and N. Yamamoto, *J. Electrochem. Soc.*, **142**, 1431(1995).
10) C. Delmas, A. Nadiri, and J. L. Soubeyroux, *Solid State Ionics*, **28-30** 419(1988).
11) A. Manthiram and J. B. Goodenough, *J. Solid State Chem.*, **71**, 349(1987).
12) S. Okada, H. Ohtsuka, H. Arai and M. Ichimura, *Proc. of the Symp. on New Sealed Rechargeable Batteries and Super Capacitors*, **93-23**, 431(1993).
13) S. Okada, T. Takada, M. Egashira, M. Tabuchi, H. Kageyama, T. Kodama and R. Kanno, *Proc. of HBC* **99**, 325(1999).
14) A. K. Padhi, V. Manivannan and J. B. Goodenough, *J. Electrochem. Soc.*, **145**, 1518(1998).
15) S. Okada, K. S.Nanjundaswamy, A. Manthiram, J. B. Goodenough, H. Ohtsuka, H. Arai and J. Yamaki, *Proc. of 36^h Power Sources Conference*, **110**(1994).
16) S. Okada, H. Arai, K. Asakura, Y. Sakurai, J. Yamaki, K. S. Nanjundaswamy, A. K. Padhi, C. Masquelier and J.B.Goodenough, *Progress in Batteries & Battery Materials*, **16**, 302 (1997).
17) C. Masquelier, A. K. Padhi, K. S. Nanjundaswamy and J. B. Goodenough, *J. Solid State Chem.*, **135**, 228(1998).
18) J. Gaubicher, C.Wurm, G. Goward, C. Masquelier and L. Nazar, *Chem. Mater.*, **12**, 3240 (2000).
19) A. K. Padhi, K. S. Nanjundaswamy, C. Masquelier and J. B. Goodenough, *Proc. of 37^h Power Sources Conference*, NJ, June (1996).
20) M. Sato, S. Hasegawa, K. Yoshida and K.Toda, *DENKI KAGAKU*, **66**, 1236(1998).
21) A. K. Padhi, K. S. Nanjundaswamy and J. B. Goodenough, *J. Electrochem.Soc.*, **144**, 1188 (1997).
22) Y. Uebou, S. Okada, M. Egashira and J. Yamaki, *Solid State Ionics*, **148**, 323(2002).

第6章 その他の無機系正極材料

23) M.Morcrette, C.Wurm, J.Gaubicher and C.Masquelier, Abstract No.93, LiBD, France, May 27-June 1 (2001).
24) Y. Uebou, S. Okada and J. Yamaki, *Electrochemistry*, in press.
25) Y. Uebou, S. Okada and J. Yamaki, *J. Power Sources*, in press.
26) A. K. Padhi, K. S. Nanjundaswamy, C. Masquelier, S. Okada and J. B. Goodenough, *J. Electrochem. Soc.*, **144**, 1609 (1997).
27) N. Imanishi, K. Matsuoka, Y. Takeda and O. Yamamoto, *DENKI KAGAKU*, **61**, 1023 (1993).
28) J. Gaubicher, T. Mercier, Y. Chabre, J. Angenault and M. Quarton, *Abstract of IMLB-9*, Poster II, Thur 30 (1998).
29) N. Dupre, J. Gaubicher, J. Angenault, G. Wallez and M. Quarton, *J. Power Sources*, **97-98**, 532 (2001).
30) T. A. Kerr, J. Gaubicher and L. F. Nazar, *Electrochem. and Solid State Letters*, **3**, 460 (2000).
31) J. Gaubicher, T. Mercier, Y. Chabre, J. Angenault and M. Quarton, *J. Electrochem. Soc.*, **146**, 4375 (1999).
32) 織地学, 片山靖, 美浦隆, 岸富也, 電気化学会秋季大会要旨集, **2H06**, 130 (2000).
33) J. B. Goodenough and V. Manivannan, *DENKI KAGAKU*, **66**, 1173 (1998).
34) J. L. C. Rowsell, J. Gaubicher and L. F. Nazar, *J. Power Sources*, **97-98**, 254 (2001).
35) S. Okada, T. Tonuma, Y. Uebou and J. Yamaki, *J. Power Sources*, in press.
36) J. B. Goodenough, H. Y-P.Hong and J.A.Kafalas, *Mater. Res. Bull.*, **11**, 203 (1976).
37) C. Delmas, F. Cherkaoui, A. Nadiri and P. Hagenmuller, *Mater. Res. Bull.*, **22**, 631 (1987).
38) K. Makino, Y. Katayama, T. Miura and T. Kishi, *J. Power Sources*, **97-98**, 512 (2001).
39) S. Okada, H. Arai and J. Yamaki, *DENKI KAGAKU*, **65**, 802 (1997).
40) 阿久戸敬治, 大塚秀昭, 林政彦, 根本康恵, *NTT R&D*, **50**, 592 (2001).
41) A. Nadiri, C. Delmas, R. Salmon and P. Hagenmuller, *Rev. Chim. Miner.*, **21**, No.4, 537 (1984).
42) P. G. Bruce and G.Miln, *J.Solid State Chem*, **89**, 162 (1990).
43) N. Ravet, J. B. Goodenough, S. Besner, M. Simoneau, M. Hovington and M. Armand, *The 196th Electrochemical Soc. Meeting Abstracts*, No.127 (1999).
44) M. Takahashi, S. Tobishima, K. Takei and Y. Sakurai, *J. Power Sources*, **97-98**, 508 (2001).
45) M. Th. Paques-Ledent, *Ind. Chim. Belg.*, **39**, 845 (1974).
46) Z. Chen and J. R. Dahn, *J. Electrochem. Soc.*, **149**, A1184 (2002).
47) S-Y. Chung, J. T. Bloking and Y-M. Chiang, *Nature Materials*, **1**, 123 (2002).
48) M. Piana, M. Arrabito, S. Bodoardo, A. D'Epifanio, D. Satolli, F. Croce and B. Scrosati, *Ionics*, **8**, 17 (2002).
49) A. Yamada, S. C. Chung and K. Hinokuma, *J. Electrochem. Soc.*, **148**, A224 (2001).
50) H. Huang, S-C. Yin and L. F. Nazar, *Electrochemical and Solid State letters*, **4**, A170 (2001).

51) N. Ravet, S. Besner, M. Simoneau, A. Vallee, M. Armand and J-F. Magnan, 特開2001-15111, 2000年5月1日出願
52) D. D. MacNeil, Z. Lu, Z. Chen and J.R. Dahn, *J. Power Sources*, **108**, 8 (2002).
53) N. Iltchev, Y. Chen, S. Okada and J. Yamaki, *J. Power Sources*, in press.
54) http://berc.lbl.gov/BATT/BATT.html

第7章　有機系正極材料

直井勝彦[*1]，荻原信宏[*2]

1　はじめに

リチウム（イオン）二次電池には小型と大型の二つの用途がある。小型用途には携帯電話やノートパソコンなどに代表されるモバイル端末の電源として使われている。また将来的に大型用として電気自動車（Pure Electric Vehicle，PEV）や燃料自動車（Fuel Cell Vehicle, FCV），それらのハイブリッド車のアシスト電源などの開発が期待されている。どの分野への開発においてもリチウム（イオン）二次電池はコンパクト，軽量，高エネルギー密度，安全性，環境配慮に対する要求値は高くなっている。

リチウム（イオン）二次電池用正極は，無機系材料以外にも有機レドックス材料が検討されてきた。有機レドックス材料とはレドックス（酸化還元）活性なπ共役系導電性高分子（以下，導電性高分子）や，ジスルフィド結合をもつ有機硫黄系材料である。有機系材料は分子設計可能であることから多くの種類がこれまで提案されている。材料の特徴としては形状が自由に変えられることや比重が約1.0〜1.2であることから軽量化が可能であり，更には石油廃材などが原料となるため安価であること，重金属を含まないことより環境負荷が低いことなどが特出する点として挙げられる。また，電池特性としては無機系材料と電荷貯蔵機構が異なるため分子設計により高パワー密度化や高エネルギー密度化が可能である。このように有機系材料は無機系材料にはない様々な特徴を有する（図1）。

図1　有機系正極材料の特徴

---

* 1　Katsuhiko Naoi　東京農工大学大学院　工学研究科応用化学専攻　教授
* 2　Nobuhiro Ogihara　東京農工大学大学院　工学研究科応用化学専攻　博士後期過程

次に有機系正極材料の研究開発の経緯と，リチウムを負極とした電池のエネルギー密度の関係を図2に示す。エネルギー密度は1980年代の導電性高分子の研究開発により200Whkg^{-1}から500Whkg^{-1}へ，その後1990年代に登場した有機硫黄系材料を用いることで700Whkg^{-1}程へと向上している。研究の経緯としては1980年代前半にレドックス活性な導電性高分子薄膜であるポリアセチレンをリチウム電池正極へ応用することに始まった。当時，導電性高分子をリチウム（イオン）二次電池に用いたものはポリマー電池やプラスチック電池と呼ばれ，材料としての新規性や幅広いデバイスへの用途展開に対して非常に高い関心や期待が集まった。これらに呼応するように化学的安定性，高容量化，高サイクル性への要望を満たすようなポリアニリンやポリアセンなどの新しい構造の導電性高分子が次々と提案され，正極材料としての特性が評価された。更に1990年代に入ると導電性高分子とは異なる電荷貯蔵機構をもつ有機硫黄系材料が登場した。有機硫黄系材料はジスルフィド結合のレドックスに伴う重合・解重合により非常に高い容量が期待できる正極材料として一躍脚光を浴びた。しかしながら現在，有機系材料はサイクル性や体積エネルギー密度の低さが問題である。今後，サイクル性の改善にはナノテクノロジーによる新しい材料科学的アプローチを取り入れることや，体積当たりのエネルギー密度の問題解決にはPEV，FCVのアシスト電源やウェアラブルコンピューターなどの場所や形状に捕らわれない新たな発想の利用形態や用途開発を考えていくことが重要な鍵となる。そして，有機系正極材料を用いた超軽量で形状自由な新型電池の研究開発および実用化は21世紀初期の課題である。

本章では有機系材料である導電性高分子材料と有機硫黄系材料の，リチウム電池正極としての研究の歴史について述べ，有機系材料のエネルギー貯蔵原理，提案された材料の電池特性，問題点について整理を行う。更に有機系材料の現在行われている新たな展開としてプロトン交換型エネルギー貯蔵材料への応用についても紹介し，今後の有機系材料の展望について述べる。

2　有機系正極材料の歴史

リチウム電池正極材料として検討された有機材料の歴史を表1にまとめた。1977年，University of PennsylvaniaにおいてA.G.MacDiarmid, H.Shirakawa（筑波大学），A.J.Heegerらはポリアセチレンフィルム（図3-(a)）の導電性がエレクトロンドナー，アクセプターにより向上することを発見した[1]。更に，アニオン（ClO_4^-）の可逆なドーピング，脱ドーピング反応が電気化学的に起こることを発見しエネルギー貯蔵材料へ応用することを考え，1981年にポリアセチレンをリチウム二次電池用の正極材料として利用することを提案した[2]。

$$[CH^{0.06+}(ClO_4^-)_{0.06}]_y + 0.06y\,e^- \rightleftarrows (CH)_y + 0.06y\,ClO_4^-$$

$LiClO_4$/PC電解液においてポリアセチレンを正極としたリチウム電池の平均放電電圧は3.7V，

第7章　有機系正極材料

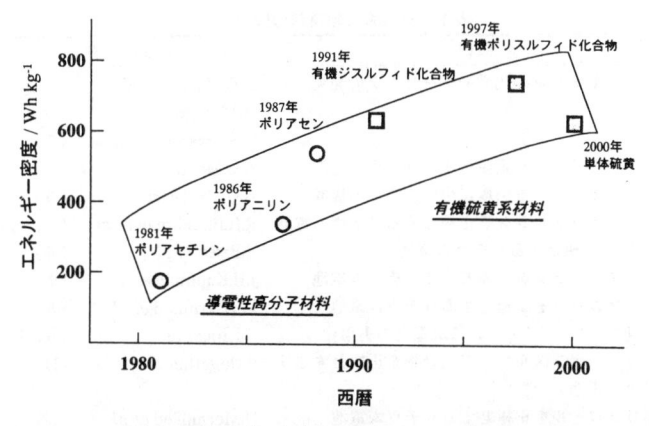

図2　エネルギー密度から見たポリマー電池開発の経緯

(グラフ内注記)
- 1981年 ポリアセチレン
- 1986年 ポリアニリン
- 1987年 ポリアセン
- 1991年 有機ジスルフィド化合物
- 1997年 有機ポリスルフィド化合物
- 2000年 単体硫黄
- 導電性高分子材料
- 有機硫黄系材料

エネルギー密度は176 Whkg^{-1}を示した。彼らはその後，両極にポリアセチレンを用いたタイプのポリマー電池についても提案[3]し，軽量なオールポリマー電池の可能性についても述べた。これらの一連の報告[1~3]は，その後の有機正極材料に関する活発な研究へのきっかけとなるものであり，このような導電性高分子に関する研究の功績が讃えられ2000年にはノーベル化学賞が贈られた。

しかしながら電池の正極材料としてみた場合には，ポリアセチレンのような直鎖構造は化学的に不安定で，空気中の酸素や水分により劣化するためサイクル特性や自己放電特性などが悪いことが問題[3~3B]であった。そこで，1982年にR.H. Baughman（University of Texas）らは，化学的により安定な構造として芳香環構造をもつポリパラフェニレン（図3-(b)）を正極として提案[4,5]した。電解質にLiPF$_6$/PC，正極にポリパラフェニレン，負極にLi-Al合金を用いたリチウム電池では，平均放電電圧が4.4 Vとポリアセチレンに比べて高いが，エネルギー密度は若干低い値（141 Whkg^{-1}）であった。

次に窒素や酸素，硫黄などを含む複素環を骨格とするπ共役系導電性高分子が注目された。複素環式π共役系導電性高分子は電気活性が高く，かつ化学的に安定で取り扱いやすいことが特徴として挙げられる。1984年にJ.H.Kaufman（University of California）らは，ポリチオフェン（図3-(d)）を正極として提案[7]した。電解質にLiClO$_4$/PC，正極に電気化学的に重合したポリチオフェン，負極にLi/Niメッシュを用いたリチウム電池の特性は，平均放電電圧4.2 Vエネルギー密度140Whkg^{-1}，パワー密度25kWkg^{-1}であった。チオフェン系ポリマーでは，縮合環やチオフェンの3位，4位に置換基を導入した様々な誘導体が合成・検討されてきた。M. Mastragostino（Universita di Bologna）らは二量化あるいは三量化したチオフェンを重合した

表1 有機系正極材料の歴史

年代	概要	文献・特許	
1977	ポリアセチレンの化学的ドーピングの発見	A.G.MacDiarmid	
		A.J.Heeger	
		H.Shirakawa,et al	(1)
1981	ポリアセチレンを正極とするリチウム電池	A.G.MacDiarmid,et al	(2)
	ポリアセチレンを両極に用いた電池の提案	A.G.MacDiarmid,et al	(3)
1982	ポリパラフェニレンを正極とするリチウム電池	R.H.Baughman,et al	(4, 5)
1983	Li_2S_nを正極とするリチウム電池	E.Peled,et al	(6)
1984	ポリチオフェンを正極とするリチウム電池	J.H.Kaufman,et al	(7)
1985	ポリアニリンを正極とするリチウム電池	M.B.Armand,et al	(8)
1986	ポリアニリン/リチウム二次電池の実用化	T.Kita,et al	(9, 10)
	ポリカーボンスルフィド化合物を正極とするリチウム電池	P.Degott,et al	(11)
	ポリピロールを正極とするリチウム電池	N.Mermilliod,et al	(12)
		T.Shimizu,et al	(13)
		S.Panero,et al	(14)
		F.Trinidad,et al	(15)
		P.Novak,et al	(16)
		T.Osaka,et al	(17)
1987	ポリアセンを正極とするリチウム電池	S.Yata,et al	(18)
1988	カーボンスルフィド化合物を正極とするリチウム電池	L.Kavan,et al	(19)
1990	ポリアセンを両極に用いた電池	S.Yata,et al	(20〜22)
1991	有機ジスルフィド化合物を正極材料としたリチウム電池	S.J.Visco,et al	(23, 24)
	有機ジスルフィド化合物とポリアニリンの電気化学的な相互作用の発見	K.Naoi,et al	(25)
1992	有機ジスルフィド化合物，ポリアニリン複合電極	N.Oyama,et al	(26)
1994	活性硫黄を正極とするリチウム電池	S.J.Visco,et al	(27)
1996	有機ジスルフィド化合物と導電性高分子，金属箔の一体化	T.Sotomura,et al	(28)
1997	有機ポリスルフィド化合物を正極とするリチウム電池	K.Naoi,et al	(29)
	ジスルフィド結合を有するポリアニリンのリチウム電池正極材料	K.Naoi,et al	(30)
1999	両極に導電性高分子を用いたプロトン交換型電池	T.Nishiyama,et al	(31)
2001	安定化ラジカル高分子を正極とするリチウム電池	M.Sato,et al	(32, 33)

ポリビチオフェン（Poly(bithiophene); PBT）（図3-(e)）[39, 40]，ポリターチオフェン（Poly(terthiophene); P3T）（図3-(f)）[41]について，重合度が大きく電荷利用率などの特性が向上することを確認している。更に1985年にはM. Mastragostino[42, 43]らにより，3分子のチオフェンが縮合したポリマー体であるポリジチエノチオフェン（Poly(terthiophene); PDTT）（図3-

第7章　有機系正極材料

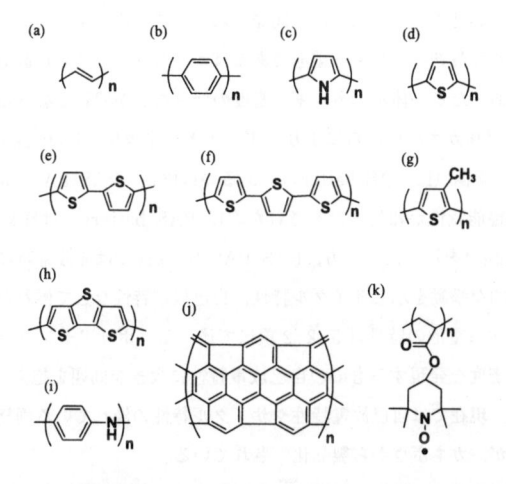

図3　リチウム電池正極材料として提案されている代表的な導電性高分子
(a)ポリアセチン，(b)ポリパラフェニレン，(c)ポリピロール，
(d)～(h)ポリチオフェンおよびその誘導体，(i)ポリアニリン，
(j)ポリアセン，(k)テトラメチルピペリジン誘導体

(h))などのリチウム電池正極材料に関する電池特性が報告されている。PDTTはポリチオフェンよりもモノマー当たりの分子量は，2倍程になるものの，π-π*のバンドギャップが狭くなることでドーピングレベルが2.5～3倍になるのが特徴である[39, 40, 44~46]。また，1987年にO.Omoto(芝浦工業大学)らは，ポリ3-メチルチオフェン（Poly（3-methylthiophene）；PMT）(図3-(g))がポリチオフェンよりも安定したドーピング反応を示し，$LiBF_4$/EC+PC（4：1）の電解液にて容量密度100Ahkg^{-1}，エネルギー密度326Whkg^{-1}であることを報告[47, 48]している。

1985年には，M.B.Armand（University of Montreal）らによりポリアニリン（図3-(i)）[8]が，1986年にはN. Mermilliod（IRDI-DEIN/LERA-CEN.SACLAY）らによりポリピロール（図3-(c)）[11]などの窒素原子を含む導電性高分子に関するリチウム電池の電池特性が報告されている。特にポリアニリンにおいては容量密度が大きく，クーロン効率，化学的安定性においてポリアセチレンやポリチオフェン系の導電性高分子よりも優れた特性を示した。1986年に，T. Kita(㈱ブリヂストン開発研究所)らはポリアニリン正極に関する研究[9, 10]を行った。作製した電池は，平均放電電圧3V，エネルギー密度535Whkg^{-1}，2,000回以上のサイクル特性，長期保存が可能，過放電特性に優れるなど電池としての信頼性を満たす結果であった。リチウム電池の特性に関する詳細は，後の5.2.1項にて述べることにする。そして，翌年にブリヂストンとセイコー電子部品によりコイン型ポリマーリチウム二次電池が，主としてICメモリーバックアップ

電源や太陽電池組み合わせ用途などに向けて開発された。このポリアニリンを用いたリチウム二次電池は,実用化された最初のポリマー電池であるばかりでなく,導電性高分子が工業的に用いられた最初の例でもあったが,体積エネルギー密度の低さなどが問題となった。

1987年にはS.Yata（㈱カネボウ）らにより，ポリアセン半導体（Polyacenic semiconductor; PAS）（図3-(i)）を正極（Li/PAS battery)，あるいは両極（PAS/PAS battery）に用いたリチウム電池に関する性能特性が報告[18, 20~22]された。Li/PAS batteryでは作動電圧が4.0V，エネルギー密度が550Whkg^{-1}を示した。一方，PAS/PAS batteryでは充放電時に一定の電圧変化を確認するキャパシタ的な挙動を示しサイクル特性，自己放電特性などで優れた結果を報告している。ポリアセンに関する電池の特性は5.2.2項にて述べる。ポリアセンを正極としたリチウム電池は高エネルギー密度を発現するものの自己放電特性に大きな問題を抱えていたため[22]，製品化には至らなかった。現在では自己放電特性やサイクル特性の優れている両極にポリアセンを用いたPASキャパシタが，カネボウから製品化[19]されている。

更に近年では導電性高分子の新たな研究展開としてT.Nishiyama（㈱NECトーキン）らにより，インドール三量体を正極にポリフェニルキノキサリンを負極に用いた水系電気化学キャパシタであるプロトン電池の特性に関する報告[31]がなされている。また，M.Sato（㈱NECラボラトリーズ）らは，有機磁性体として知られる有機ラジカル（図3-(k)）のレドックス反応を用いた全く新しい電荷貯蔵機構によるリチウム電池正極材料の特性を報告[32, 33]している。

有機硫黄系材料では，1983年にE.PeledとH.Yamin（Tel Aviv University）らが有機電解液におけるポリスルフィド（Li$_2$S$_n$：6<n<12）溶存系の電気化学挙動に関する研究を行い，リチウム硫黄電池（Lithium Sulfur Battery）の応用性について初めて言及[6]した。E.Peledらはポリスルフィド（図4-(l)）を正極とするリチウム電池は，理論エネルギー密度が2600Whkg^{-1}であるため高エネルギー化が期待できるが，反応速度が遅いために電流密度を0.1mAcm^{-2}から0.2mAcm^{-2}へとすると利用率が95%から60%へと大きく減少した[6, 50, 51]。1986年にP.Degott，1988年にはL.Kavanらが炭素原子と硫黄原子から構成されるポリカーボンスルフィド化合物（図4-(k)）を正極として提案[11, 19]した。電解質にLiClO$_4$を含むポリエチレンオキシド（PEO）の固体電解質，正極にポリカーボンスルフィド化合物，負極に金属リチウムを用いたリチウム電池の特性は，平均放電電圧2.03V，エネルギー密度630Whkg^{-1}であった。しかしながら提案されたポリカーボンスルフィド化合物は作動電圧が低く，高い電流密度においては十分なエネルギー密度が報告されていない。

電気活性が高く反応速度の速い複素環を骨格とした複素環式有機ジスルフィド化合物が注目された。1991年にS.J.Visco（University of California，後にPolyPlus Battery Companyを設立）らは複素環を骨格とするジスルフィド結合の電気化学的な重合・解重合をエネルギー貯蔵材料に利

第7章 有機系正極材料

用した新しいカテゴリーの有機正極材料（図4（a）～（f））を提案[23, 24]した。

そもそもS.J.Viscoらは高イオン伝導体セラミック膜であるβ''アルミナを使用した高温動作型ナトリウム/硫黄電池の研究をしており，正極材料として検討していた単体硫黄を有機ジスルフィド化合物であるチウラムジスルフィドにすることで300～400℃の動作温度を150℃まで下げることに成功した[52]。これをリチウム二次電池に応用しようとした。そして1991年，負極に金属リチウム，正極に有機ジスルフィド化合物，電解質にはLiN$(SO_2CF_3)_2$を含むPEOのポリマー電解質を用いた全固体型リチウム二次電池に関する基礎特性が発表[23, 24]された。リチウム電池の特性の詳細は6.2.1項にて紹介する。S.J.Viscoらはリチウム電池の特性だけでなく有機ジスルフィド結合のレドックス反応における電極反応速度に関する理論や測定法，反応メカニズム，最適な分子構造に関する指針[23, 24, 53~55]を与えた。

有機ジスルフィド化合物の反応速度（k^0）は遅く，常温における電荷利用率の低下の原因と考えられている。代表的な有機ジスルフィド化合物である2,5-dimercapto-1,3,4-thiadiazole（DMcT）図4-（a）のk^0は10^{-4}cms^{-1}程と低い値である。そこでDMcTを常温で動作可能にするために，電極触媒効果のある活物質と複合し反応速度を上げる試みがなされた。1991年に筆者らは，ポリアニリン被覆電極を用いると溶存状態におけるDMcTのサイクリックボルタモグラム上のピークセパレーションが狭まり，DMcTモノマーの電極反応速度が向上する現象を報告[25]した。この現象はDMcTとポリアニリンとのそれぞれのレドックス電位が重なるため電極触媒反応が起こり，DMcTの電極反応速度が向上すると考えられている。1992年にN.OyamaらによりDMcT-ポリアニリン複合電極が提案[26]された。更に1996年にT.Sotomuraらにより電解質にLiBF$_4$を含むゲル電解質，正極に銅を集電体としたDMcT-ポリアニリン複合電極を用いたリチウム電池は，高いエネルギー密度（550Whkg^{-1}）となることが報告[28]された。銅を集電体とした複合電極では，溶解した銅イオンとDMcTの錯形成による電極触媒効果がエネルギー密度を向上させると述べられている。

上述した複合化は常温での動作を可能にする試みであるが，容量を発現する物質の割合が減少するので電極当たりの容量密度は小さくなる。筆者らは主鎖に導電パスと電極触媒効果を有するポリアニリンを，側鎖にジスルフィド結合をもつ新規活物質であるポリ2,2'-ジチオジアニリン（Poly（DTDA））を提案[30]した。Poly（DTDA）（図4-（e））は活物質自体が導電パスとなる，電極触媒効果により室温での電極反応速度が向上する，高分子鎖を形成することからレドックスにともなう活物質の泳動が抑制できる，など多くの特徴をもつ。電解質にLiCF$_3$SO$_3$/γ-BL，正極に電気化学的に重合したPoly（DTDA）を用いた放電試験では，ポリアニリンとジスルフィドのレドックス反応がほぼ同じ電位で起こると思われるエネルギー密度（675Whkg^{-1}）を発現した。また同年，筆者らは電気活性な複数の硫黄原子が結合した複素環式有機ポリスルフィド体を

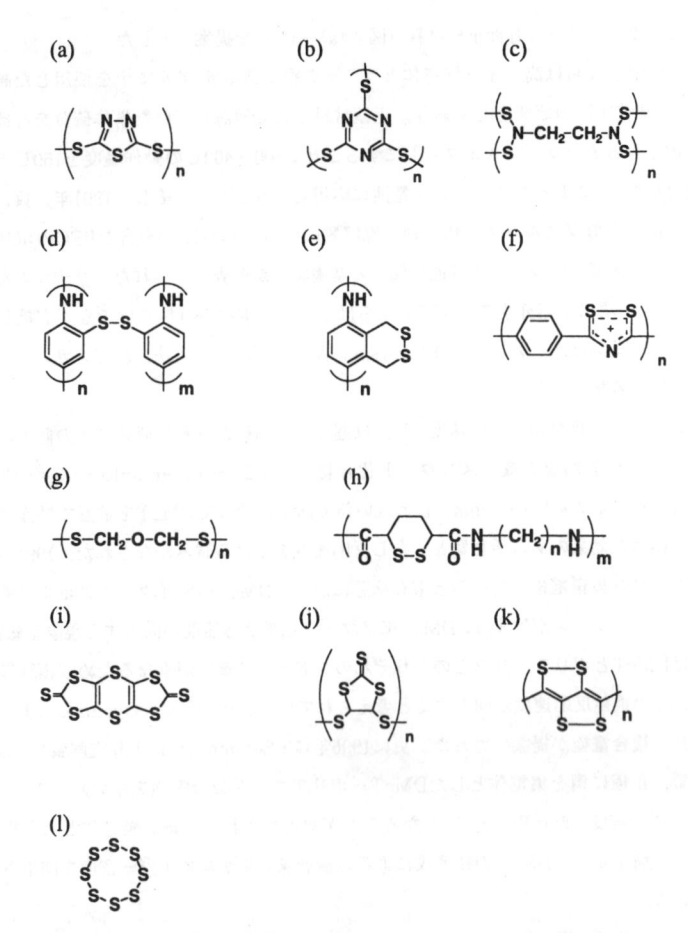

図4 リチウム電池正極材料として提案されている代表的な有機硫黄系材料
(a)有機ジスルフィド化合物, (b)カーボンスルフィド化合物, (c)単体硫黄

提案[29]した。複素環式有機ポリスルフィド化合物は，容量を発現する硫黄原子が増加するため，ジスルフィド化合物よりも高エネルギー密度化が期待できる。電解質にLiCF$_3$SO$_3$/γ-BL，正極にジスルフィド（R-S-S-R），トリスルフィド（R-S-S-S-R），テトラスルフィド（R-S-S-S-S-R）とした複素環式ポリスルフィド化合物の放電特性を報告した。その結果，ポリスルフィド結合の硫黄原子が増加するに従い，平均放電電圧（2.55Vから2.85V）が向上するばかりでなく，非常に高いエネルギー密度（385Whkg^{-1}から700Whkg^{-1}）になることを報告[29]し

た。しかし，2サイクル以降エネルギー密度は大幅に減少することからリチウム一次電池用正極とすることを提案している。

　また，有機硫黄正極材料に関する特許では，1993年に米国のT.A.Skothein（Moltech Corporation）らが炭素原子と硫黄原子からなるカーボンスルフィド〔$(CS_x)_n$〕と電気活性導電性高分子の複合電極[56]を，同年，T.Sotomura（松下電器産業）らが有機ジスルフィド化合物とポリアニリンの複合電極およびその複合電極と金属箔の一体化[57,58]を，1994年に米国のM.Y.Chu（PolyPlus Company）が単体硫黄（図4-(1)）をベースとした電気活性の高い活性硫黄[27]を公開している。

3　有機材料のエネルギー貯蔵原理

　導電性高分子は，部分的なπ電子のレドックス（酸化・還元）反応により電荷を貯蔵・放出する。この電気化学的反応により生じる正負の電荷を補償するために電解質中に存在するアニオン（A^-）やカチオン（C^+）が高分子鎖内に取り込まれる。この現象をドーピングと呼ぶ。そして，導電性高分子が正に帯電してアニオンを取り込むことをp-ドーピング，負に帯電してカチオンを取り込むことをn-ドーピングという。反対に電荷的に中性になると，逆の反応（脱ドーピング）がおこる（下式参照）。

$$(Polymer) + yA^- \rightleftarrows [(Polymer)^{y+}yA^-] + ye^- \quad (p-ドーピング)$$
$$(Polymer) + yC^+ + ye^- \rightleftarrows [(Polymer)^{y-}yC^+] \quad (n-ドーピング)$$

このように電気化学的なドーピングにより電子が引き抜かれ（あるいは電子を受け取り）π電子の非局在化が起こることで，エネルギーが貯蔵されると同時に電子伝導性が向上する。そして導電性高分子では，モノマー単位当たりにドープできるドーパントの割合をドーピングレベル（y）と呼ぶ。ドーピングレベルは導電性高分子の構造により異なるが，リチウム電池正極材料として報告されているものでは0.07～0.5程である。

　一方，有機硫黄系材料では，ジスルフィド結合が化学的に可逆な生成開裂を伴うレドックス反応を起こす。この可逆な反応は，生体内における蛋白質の精密な高次構造の形成や，酸化還元力の伝達のために重要な反応とされている。ジスルフィド結合の反応メカニズムは詳細に検討[59]されている。還元反応では電気化学的な反応により開裂が起こりチオラートアニオン（R-S$^-$）を形成する。酸化反応ではチオラートアニオンが電気化学的な反応によりチイルラジカル（R-S.）を形成し，その後化学的なカップリング反応によりジスルフィド結合（R-S-S-R）に戻る。ジスルフィド結合の生成開裂反応により2電子を交換する。

　次に電解質にリチウムイオンを含む塩（Li$^+$A$^-$），負極にリチウム，正極に導電性高分子，有

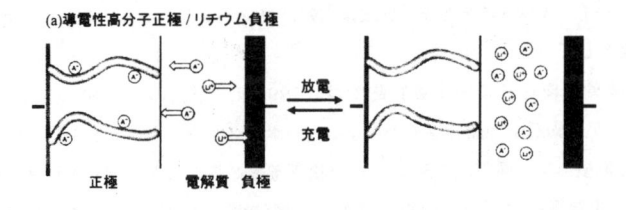

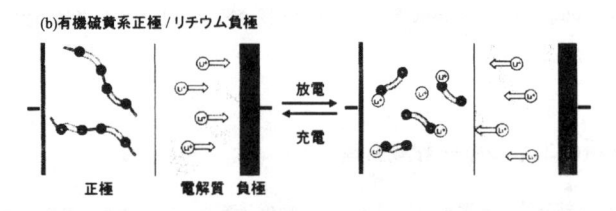

図5 有機系正極材料を用いたリチウム二次電池の充放電メカニズム
(a) 導電性高分子を用いたリチウムイオン二次電池
(b) 有機硫黄系材料を用いたリチウムイオン二次電池

機硫黄系材料とした場合のそれぞれの充放電反応機構を考えてみる（図5）。導電性高分子ではp-ドーピング反応が電気化学的に可逆で，リチウム負極と組み合わせたときの作動電圧が大きく（正側の電位でレドックスする），化学的あるいは電気化学的な重合反応により比較的容易に合成できるといった利点を有する。そのため導電性高分子をリチウム電池正極材料とする場合，p-ドーピング反応を用いる報告がほとんどである。充電反応ではリチウムイオンは負極へ移動し，アニオンは正極である導電性高分子の電荷を補償するためにp-ドーピングされる。放電時には反対にカチオンとアニオンが電解液など電解質の沖合に向かって移動する（図5-a）。よって特に充電時において溶質バルク中のイオン濃度が減少するために溶質バルク内部抵抗が増大するという可能性がある。また，原理的にはリチウムイオンを取り込むことが可能なn-ドープ型の導電性高分子は負極材料としても利用可能である。

一方，有機硫黄系化合物では，充電時にジスルフィド結合の生成により重合反応が起こり，放電時には解重合反応が起こることでリチウムイオンが電荷を補償するロックングチェアー型の充放電メカニズムである（図5-b）。ジスルフィド結合によるエネルギー貯蔵のメカニズムは，リチウム遷移金属酸化物にみられるインターカレーションのような充放電機構とは全く異なる新しいものである。

これら一連の有機系材料は含有グラファイトカーボンや金属リチウム以外にも，現在研究開発中の負極材料であるリチウム含有遷移金属窒化物（$Li_{3-x}M_xN_2$）[60] や，IVa族化合物であるシリコ

ン(Si)[61~64]やスズ(Sn),ゲルマニウム(Ge)[65~67]などの合金などと組み合わせることも可能である。

4 有機系材料と無機系材料の特性比較

一般に電池の理論エネルギー密度[Whkg^{-1}](Energy Density;ED)は理論容量密度[Ahkg^{-1}](Capacity Density;CD)と作動電圧(V)により以下の式として表すことができる。

(ED) = V × (CD)　　　　　　　　　　　　　　　　　　　　　　(1)
(CD) = $1000nF/3600M_w$　　　　　　　　　　　　　　　　　　　(2)

ここでn, F, M_wはそれぞれ反応電子数,ファラデー定数[96495 C mol^{-1} (As mol^{-1})],分子量[g mol^{-1}],である。

(2)式からわかるように理論容量密度は,レドックス反応における化合物の(反応電子数)/(分子量)の比(電気化学当量)が大きくなるにつれ増加する。図6に電極材料として検討されている無機系材料,導電性高分子材料,有機硫黄系材料の重量当たりの理論容量密度を示す。ポリチオフェン,ポリピロール,ポリアニリンなどの導電性高分子の理論容量密度は70~100 Ah kg^{-1},単体硫黄,ポリカーボンスルフィド,有機ジスルフィド化合物は300~1675Ahkg^{-1}の値を示す。有機材料の中でも特に硫黄系化合物は電気化学当量が大きく,無機系材料のLiCoO$_2$, LiNiO$_2$, LiMn$_2$O$_4$などのリチウム遷移金属酸化物(130~280Ahkg^{-1})などに比べて重量当りでは3倍から13倍にもなる。

有機系材料の作動電圧は,レドックスに関与する電子状態の熱力学的なエネルギー準位によって決まる。導電性高分子の場合π電子軌道のエネルギー準位が,有機硫黄化合物の場合ジスルフィド結合のσ軌道のエネルギー準位が関係する。エネルギー準位の違いは近傍にくる骨格の電子

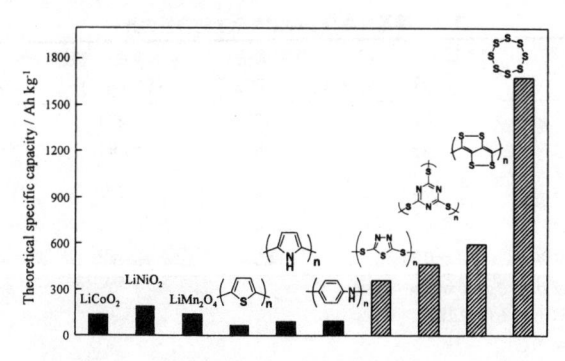

図6　リチウム遷移金属酸化物,導電性高分子,有機硫黄系材料の単位重量当たりの理論容量密度

吸引性あるいは供与性の影響が強い。導電性高分子材料の作動電圧は，3.0～4.4V，有機硫黄系材料では2.1～3.5Vである。

有機硫黄化合物を電極として用いた場合は，容量密度が非常に大きいため超軽量電池の構築が期待できる。有機硫黄系化合物を正極としてリチウム電池を作製したときに得られる理論エネルギー密度は，(1)式から2600Whkg^{-1}となる。この値は，正極に導電性高分子とした時の理論エネルギー密度が290～400Whkg^{-1}，または正極にLiCoO$_2$やLiMn$_2$O$_4$，負極に炭素系材料LiC$_6$とした時の現行リチウムイオン二次電池が428～570Whkg^{-1}であることと比べると，有機硫黄系化合物の潜在的なエネルギー密度の大きさがわかるであろう。

5 導電性高分子材料

5.1 導電性高分子材料の分類，特性比較

代表的な導電性高分子を図3に示す。導電性高分子は炭化水素から成るポリアセチレン（図3(a)）[1～3]，ポリパラフェニレン（図3(b)）[4,5]，ポリアセン（図3(f)）[18,20～22]，ヘテロ原子を含むπ共役系導電性高分子であるポリピロール（図3(c)）[12～17]，ポリチオフェン及びその誘導体（図3(d)）[7,39～47]，イオン性導電性高分子であるポリアニリン（図3(e)）[8～10,37]などに大別される。表2にリチウム電池正極材料として検討された導電性高分子の，ドーピングレベル，作動電圧，エネルギー密度，サイクル特性を示す。導電性高分子は重合電位，電流，支持電解質アニオンの求核性およびサイズの違いにより重合速度が変化し，それにより表面形態や重合度を変え電池特性に大きな影響を与える。また活物質そのものの化学的な安定性は，サイクル特性，自己放電特性に大きく寄与する[17,37,68]。次に，電気活性が高く実際に製品化された導電性高分子リチウム電池正極材料であるポリアニリンとポリアセンについて紹介する。

表2 導電性高分子の電気化学的特性の比較

化合物群	ドーピングレベル (y)	作動電圧 (V vs. Li/Li$^+$)	エネルギー密度 (Whkg^{-1})	サイクル性** (cycle)
ポリアセチレン	～0.07	～3.7	～270	～100
ポリピロール	～0.45	～4.0	～390	～20,000
ポリチオフェン及びその誘導体	～0.45	～4.2	～320	～200
ポリアニリン	～0.5	～4.0	～380	～300
ポリアセン	～0.04	～4.0	～550*	～2000***

* 脱ドープ状態でのエネルギー密度
** 60%C以上の条件での値
*** 測定温度70℃

第7章　有機系正極材料

5.2　導電性高分子正極材料の報告例
5.2.1　ポリアニリン[9, 10, 37]

ポリアニリンは，①レドックスにおけるクーロン効率がほぼ100％である，②容量密度が大きい，③自己放電性が小さい，④製造面や取り扱いの面で優れている，などの特徴をもつ。そのため，ブリヂストンは電解質にLiBF$_4$/PC+DME，正極に電解重合により作製したポリアニリン，負極にLi-Al合金で構成するリチウム電池を作製し，ポリアニリンの非水系溶媒でのレドックスメカニズムの解明と電池特性に関する研究[8, 9, 37, 69]を行った。コイン型リチウム電池を作製し電池試験を行った結果，ポリアニリン電極当たりの容量密度170Ahkg^{-1}，クーロン効率は99.5％と良好な結果であった。放電時の電圧は，3Vから2Vの範囲で直線的に低下していくキャパシタに近い放電挙動となった。また，6ヶ月放置した後の充放電特性においても90％のエネルギー密度を維持することや，ショート状態で1ヶ月放置した後の再度充放電試験では初期容量と同等であること，60℃環境下での促進実験にて120日経過しても初期容量の80％以上の容量を維持することなど，高い信頼性を有する特性を報告している。

5.2.2　ポリアセン[18, 20~22]

ポリアセンはZnCl$_2$存在下，フェノール系樹脂を熱縮合反応することで合成される。熱分解温度450℃にて得られるポリアセンは，ポーラスな構造で高比表面積（2200m^{2}g^{-1}）を有し電気伝導性が10^{-5}Scm^{-1}程である。また，熱分解温度を上げていくと導電率は10^{-1}Scm^{-1}まで上昇する。リチウム電池用のテストセルでは，電解質にLiBF$_4$/PC，正極にポリアセン，負極に金属リチウムを用いて充放電試験を行いエネルギー体積密度110WhL^{-1}を達成したが，自己放電特性に問題があった。そこで両極にポリアセンを用いたテストセル（PAS/PAS battery）を作製し，電解質にはEt$_4$NBF$_4$/PCを用いて電池特性について検討した。PAS/PAS batteryの充放電カーブは電圧が0Vから2.5Vの間で直線的に上昇下降するキャパシタ的な挙動を示し，サイクル特性においても3000サイクルの後にも容量劣化がほとんどなく，自己放電も改善することが報告されている。

5.3　導電性高分子の問題点

表1の有機系材料の歴史を見るとわかるように，正極材料の研究開発の中心は導電性高分子であった。80年代の初期には導電性高分子という新素材を工業材料に発展させる引金となるものとして期待され，世界的なプロジェクトが発足し活発な研究が始まった。そして，ポリアニリンはリチウム二次電池として，ポリアセンはキャパシタとして製品化されるといった経緯をたどった。しかしながら現在，実用化されているリチウムイオン二次電池における正極材料は，主として遷移金属酸化物などの無機系材料がほとんどである。これらの要因としては冒頭にも述べたように，

第一に体積エネルギー密度の低さが考えられる。重量エネルギー密度では無機系材料と変わらないものの，比重の小ささから体積エネルギー密度において導電性高分子は無機系材料に比べて不利な材料になってしまう。有機材料であるということで非常に軽い新型電池として期待したが，決められたスペースに内蔵することが要求される今日のモバイル機器などの電源としては，ポリマー電池の嵩高さは大きな欠点となった。

そうした中，90年代の初めに"高容量密度"を特徴とした有機硫黄系材料の研究開発が脚光を浴びるようになる。有機硫黄系材料が有するジスルフィド結合のレドックス反応に伴う容量は，導電性高分子や無機酸化物などのレドックス反応により得られる容量に比べて非常に大きく，新しいリチウム二次電池の正極材料として期待できるものであった。次に，これまで検討された有機硫黄系材料を分類し，電池特性について報告する。

6 有機硫黄系材料

6.1 有機硫黄系材料の分類，特性比較

従来，有機硫黄化合物は，加硫ゴム，硫化染料，酸化防止剤，潤滑油，殺虫剤などに用いられてきた[70]。構造はチアジアゾール環，トリアゾール環，テトラゾール環などの複素環を骨格とするもので，耐摩耗性，熱的安定性などが特性として要求される。そして，これらは工業的に大量生産され入手が容易でかつ比較的安価であることから，エネルギー貯蔵材料として用いるには適していると考えられた。しかし，そのためには理論容量密度，熱力学的な反応電位の考慮，速度論的な可逆性などのエネルギー貯蔵材料として必要な要求事項を満たす必要がある。

現在までジスルフィド結合のレドックス反応を利用したリチウム電池正極材料は大きくわけて3つに分類できる。図4にこれまで提案されている有機硫黄系材料を示す。ヘテロ原子を含む複素環（図4(a),(b)）[23~26, 28]や，イオン性導電性高分子であるポリアニリン（図4-(d),(e)）[30, 71]やπ共役系導電性高分子であるフェニレンジチアゾール（図4-(f)）[72]，直鎖構造（図4-(c),(g),(h)）[23, 24, 73]を骨格とする有機ジスルフィド化合物，硫黄原子と炭素原子から構成されるカーボン

表3　有機硫黄系材料の電気化学的特性の比較

化合物群	構成原子	理論容量密度 (Ahkg^{-1})	作動電圧 (Ahkg^{-1})	理論エネルギー密度 (Whkg^{-1})	サイクル性 (cycle)
有機ジスルフィド化合物	S, C ヘテロ原子	330～580	～3.0	～1900	～350
カーボンスルフィド化合物	S, C	～680	～2.8	～1240	—
単体硫黄	S	1675	2.1～2.4	2600	20～250

第7章 有機系正極材料

スルフィド化合物（図4-(i)～(k)）[6,19,56]，硫黄原子のみからなる単体硫黄（図4-(1)）[27,79,82~92,94~96] などがその例である。

表2には，大別される3つの有機硫黄系材料の理論容量密度，作動電圧，サイクル特性を示す。有機硫黄系材料の理論容量密度は化合物の分子量と反応電子数との比（電気化学当量）が大きくなるにつれ増加することから，有機ジスルフィド化合物（～580Ahkg^{-1}）＜カーボンスルフィド化合物（～680Ahkg^{-1}）＜単体硫黄（1675Ahkg^{-1}），の順に大きな容量密度となる（表3）。作動電圧は化合物の電子状態や誘起効果などの因子が関係するので容量の大小関係とは全く逆に，単体硫黄（2.1～2.4V$_{vs.}$Li/Li$^+$）＜カーボンスルフィド（～2.8V$_{vs.}$Li/Li$^+$）＜有機ジスルフィド化合物（～3.5V$_{vs.}$Li/Li$^+$）の順に高電位にシフトする。サイクル特性はレドックス反応の可逆性が関与するため単体硫黄（20～250cycle）＜カーボンスルフィド＜有機ジスルフィド化合物（～350cycle）の順に良い。

以上の事を考慮して最適な材料を得るためには容量密度，作動電圧，反応の可逆性などの要素を反映した分子設計が重要になる。次に各有機硫黄系材料の報告例やメーカーの開発動向について紹介する。

6.2 リチウム電池正極としての有機硫黄系正極材料の報告例
6.2.1 有機ジスルフィド化合物

上述したようにS. J. Visco（PolyPlus Battery Company）らは，有機ジスルフィド化合物を含む正極を使用した全固体型リチウム二次電池[23,24]を発表した。ジスルフィド結合により高分子量化した有機ジスルフィド化合物（organosulfur redox polymers）は，リチウムイオン電池の正極として検討されているインターカレション化合物に比べて有機溶媒に対する溶解性が高い。そのために均一な個体薄膜電極の作製が可能となり容量出現率，レート特性において有利な電極となると述べられている。これらの物質群は固体状態にてレドックスによる可逆的なジスフィルド結合の生成開裂反応（重合・開重合反応）をすることから固体酸化還元重合電極（Solid Redox Polymerization Electrode; SRPE）と呼ばれた。

1991年にリチウム二次電池の正極材料として発表した有機ジスルフィド化合物は図4-(a)～(c)，(g)のようなものであった。構造としてはチアジアゾール骨格図4-(a)，トリアジン骨格(ii)，エチレンジアミン骨格図4-(c)，エトキシエーテル骨格図4-(g)などがある。これらの特徴としては骨格を形成する複素環の電子吸引性が，ジスルフィド結合の生成開裂反応の電極反応速度，反応の可逆性に大きく影響することである。図4-(c)，(g)のような直鎖構造を骨格とするものは高い電流密度で十分な容量が発現しないことや，サイクルに伴う容量減少が著しいなどの問題があるため不適であるとしている。また一連の有機ジスルフィド化合物の電極反応速度

k^0を比較検討した結果，以下に示すような大小関係で電極反応速度が大きくなることを報告した。

$$-\overset{|}{\underset{|}{C}}-\overset{|}{\underset{|}{C}}-S^- \ < \ F-\overset{|}{\underset{|}{C}}-S^- \ < \ N-\overset{\overset{S}{\|}}{C}-S^- \ < \ -N=\overset{|}{C}-S^- \ < \ -\overset{|}{\underset{|}{N}}-S-$$

そして化学的安定性，反応の可逆性の総合的な評価より図4-(a)，(b)などの複素環は可逆性なレドックス反応，比較的速い電極反応速度を示すことからエネルギー貯蔵の電極材料としては最も適当であると結論している。中でも酸化状態で線状ポリマー（あるいはオリゴマー）を形成するDMcTは，リチウム電池用正極として最も多くの研究が行われているものの一つである。電解液にポリマー電解質の一つであるリチウム塩を含むPEO，負極に金属リチウム，正極にDMcTとカーボンブラック，LiN(SO_2CF_3)$_2$/PEOのポリマー電解質を含む複合電極により作製した全固体型リチウム二次電池の充放電特性について評価したところ100℃にて，作動電圧は約3.0V，エネルギー密度140Whkg^{-1}，パワー密度1800Wkg^{-1}を発現した。77～93℃，電流密度0.125mAcm^{-2}では86サイクル目で160Whkg^{-1}（電荷利用率75%）を達成し，その後徐々にエネルギー密度は低下し350サイクルでは80Whkg^{-1}（電荷利用率40%）となる[23,24]。

DMcTを用いたリチウム電池正極への研究はその後，導電性高分子であるポリアニリン[25,26,28]やその誘導体[71]との複合の検討が行われた。複合電極は良好な電荷利用率（95%）が報告されており，0.1mAcm^{-2}の電流密度でエネルギー密度300Whkg^{-1}となった。更に導電性高分子であるポリピロール誘導体[75]や二価の銅イオン[28]などを添加することで，高レート条件（0.9C）においても電極あたり170Ahkg^{-1}で130サイクルを達成することが報告[28,76]されている。

一方では，導電性高分子を骨格にもち，分子間あるいは分子内にジスルフィド結合を有する有機ジスルフィド化合物が提案[30,71]された。こうした導電性高分子に直接チオール基を導入すると，分子内での電極触媒作用の効果が向上することや，生成開裂の反応部位が接近しやすくなるなどの効果が期待できる。また，ジチアゾリウム環骨格を有する図4-(f)のようなポリマー体[72]ではジスルフィド結合の生成開裂反応による2電子に加え，ジチアゾリウム環自体のレドックス反応から1電子反応発現することから，全体では3電子反応となる。図4-(f)は3電子反応が異なる電位で起こるため幅広い電位範囲（-0.5～0.5V vs. Ag/AgCl）で電流が得られるといった特徴をもつ。3つの反応の3対のピークセパレーションは非常に狭くなることから，π共役系高分子構造となることで，分子内の電荷移動速度が向上すると考えられている。電解質にLiClO$_4$/PC+DECを使用した片極での放電試験の結果，放電時間に比例して電位が減少するキャパシタ的な挙動を示し電流密度0.1mAcm^{-2}で420Ahkg^{-1}の容量を発現した[72]。

報告されているリチウム電池正極用有機ジスルフィド化合物群の実際のエネルギー密度，作動電圧，サイクル特性を表4にまとめる。

第7章　有機系正極材料

表4　報告されている有機ジスルフィド系材料の容量密度，作動電圧，エネルギー密度，サイクル特性

番号	容量密度 (Ahkg^{-1})	電荷利用率 (%)	作動電圧 (V vs. Li/Li$^+$)	エネルギー密度 (Whkg^{-1})	サイクル特性 (cycle)	電流密度 (mAcm^{-2})	文献
図4-(a)	275.4	76	3.0	160	～80	0.125	23, 24)
	26.7	7	3.0	80	～350	0.125	23, 24)
図4-(d)	270.0	82	2.5	675	—	0.7	30)
図4-(f)	420.0	93	2.1	882	—	0.1	72)
図4-(h)	56.8	31	1.8	100	～15	5*	73)

* mA g^{-2}

6.2.2　カーボンスルフィド化合物

1993年に米国のT.A.Skothein (Moltech Corporation) らが，カーボンスルフィド [$(CS_x)_n$] をリチウム電池の正極材料として提案[56)] した。その理論容量密度は炭素と硫黄の割合を変えることで，最大680Ahkg^{-1}となる。カーボンスルフィド化合物には図4-(i)～(k) に示すように炭素原子と硫黄原子からなる複素環式化合物図4-(i) [19)] であるものと，高分子量化したポリカーボンスルフィド図4-(k) とに大別できる。また，さらにポリカーボンスルフィドは炭素原子と硫黄原子とが結合した骨格図4-(j) [11, 56)] と，炭素原子が共役二重結合になった骨格のもの図4-(k) [77)] に分類される。

図4-(j) のようなカーボンスルフィド化合物は電子伝導性が低いため（～10^{-4} S cm^{-1}），pドープ型の導電性高分子であるポリアニリンとの複合化の検討が行われた。複合電極の導電率は1桁ほど（～10^{-4}⇒～10^{-3} S cm^{-1}）向上した。電解質にポリマー電解質，負極に金属リチウム，正極にカーボンとカーボンスルフィド化合物，ポリアニリンを加えて作製した電極の全固体型リチウム二次電池の放電試験を行った結果，作動電圧は約2V，エネルギー密度は0.5Cにおいて150Whkg^{-1}であった[36)]。複合化することで電子伝導性はよくなるものの，容量を発現する活物質の割合は減るのでエネルギー密度では有機ジスルフィド化合物と同等か若干劣ってしまう結果になった。

一方，ポリアセチレン骨格を主鎖，側鎖にジスルフィド結合を有する共役ポリカーボンスルフィド化合物図4-(k) は，分子内に電子伝導パスを有する材料である。電解質にLiSO$_3$CF$_3$/PEOから構成されるポリマー電解質，負極に金属リチウム，正極に共役ポリカーボンスルフィドを含む全固体型リチウム二次電池の充放電試験では，電流密度0.05mAcm^{-2}において，1サイクル目では1324Ahkg^{-1}の高い値を示すが，56サイクル目では296Ahkg^{-1}と容量の減少が著しい[77)]。このことは共役ポリカーボンスルフィド化合物のジスルフィド結合の生成開裂反応が，電気化学的に不可逆であることに起因すると考えられる。

最近，J.Zhao（日立マクセル）らは，Ni集電体を用いて共役ポリカーボンスルフィド化合物の

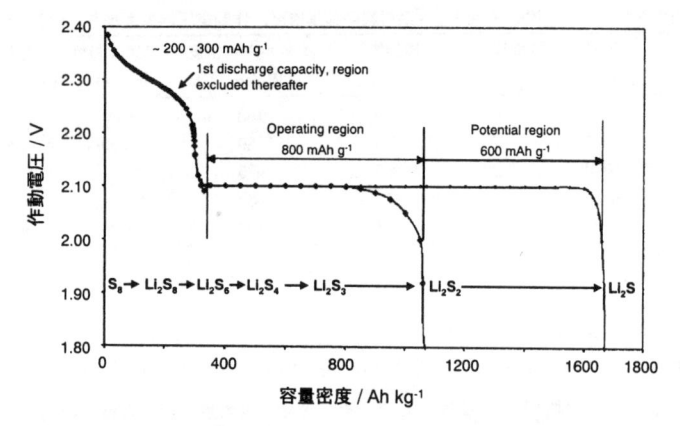

図7 単体硫黄の放電カーブとその時のレドックス反応
（Moltech corporationのホームページから引用）

充放電試験を行うとサイクル特性が向上することを報告[78)]しており，50サイクル目においても電極当たり600Ahkg^{-1}の高い容量密度を維持した。このサイクル性の向上は，充放電の際に溶解するNiとポリカーボンスルフィドとの相互作用であると考えられているが実際の詳細な反応機構は解明されていない。

6.2.3 単体硫黄

単体硫黄は1分子当り16電子を伴うレドックス反応であるので理論容量密度1675Ahkg^{-1}にもなり硫黄系材料の中では最も高容量な材料である。図7に示したように単体硫黄のレドックス反応には大きくわけて次の3つの段階がある[79)]。

① 作動電圧2.2〜2.4V（vs. Li/Li$^-$）にある初期段階反応（$S_8 \rightarrow Li_2S_6$）：〜300Ahkg^{-1}の容量を発現。

② 作動電圧2.1Vにある中期段階反応（$Li_2S_6 \rightarrow Li_2S_2$）：800Ahkg^{-1}の容量を発現

③ 作動電圧2.1Vにある終期段階の開裂（$Li_2S_2 \rightarrow Li_2S$）：で600Ahkg^{-1}の容量を発現

①の段階はいったん開裂反応が起こると，多段階存在する化学的な平衡反応により充電反応（ジスルフィドの生成）で最酸化状態（S_8）に完全に戻ることは困難である。一方，③ではいったんLi_2Sが生成すると，それ自体が非常に安定であり再酸化は起こらなくなる[80)]。よって，現状では②の範囲の放電深度で行うことで比較的可逆なレドックス反応を可能とする。

1994年にPolyPlus Battery Companyは単体硫黄を活性硫黄として電極材料に用いることを提案[27)]した。活性硫黄とは電気化学的に活性な状態（M_2S_n）のことである。単体硫黄をポリマー電解質あるいはゲルポリマー電解質を含む有機溶媒などの溶媒に溶解させたものにカーボンブラッ

第7章　有機系正極材料

ク，DMcTを混合し長時間かけて撹拌してスラリーを調製しキャスト，乾燥することで活性硫黄（Li_2S_n）が得られる。活性硫黄は化学的にリチウムイオンなどを導入することで，①の範囲の容量が発現しないものの，可逆な②の範囲の反応の特性を生かした材料であるといえる。

単体硫黄はそれ自体の電気活性が低く電気伝導度は25℃で10^{-30} S cm^{-1}程と極めて小さい[81]。そこで，単体硫黄を可逆でより大きな容量密度を発現するためには，複雑な素反応を制御しながら，電気活性を有する電極作製法（ファブリケーション）の構築が必要である。ごく最近では，単体硫黄と別種の化合物とを複合化（あるいはナノ複合化）させることでこれらの問題を解決する試みが行われている。

表5に複合化に用いた材料と複合電極の電気化学特性を示す。複合化により期待する効果としては電子伝導パスを確立することや，放電反応によって生成する活物質であるLi_2S_nの溶解を防ぐことが考えられる。複合する材料としては大きくわけて有機材料と無機材料がある。有機材料としてカチオン性ポリマーのpoly（acryamide-co-diallyldimethlyammonium chloride）[AMAC][82]やリチウムイオン伝導性を示すエーテル構造（$-CH_2-O-CH_2-$）のPEO，PEGDMEなど[83〜87,96]，直径が10〜1000 nm，長さが1〜200 μmと極めて細いナノ構造をもつカーボンナノファイバー[88]，一次粒子2.5nm，比表面積が1080 m^{2}g^{-1}を有する活性炭[89]などの炭素材料がある。無機材料としては高吸着性を有するシリカ[90]や，カプセル状に単体硫黄を被覆するV_2O_5キセロゲル[91]などが報告されている。得られる容量密度は280〜1100Ahkg^{-1}作動電圧は約2 Vで，100回程のサイクル特性を報告している。

表5　単体硫黄をベースとした複合化の材料と作製した複合電極の電気化学特性

複合する材料の種類	具体的な材料，化合物	容量密度 (Ahkg^{-1})	サイクル (cycles)	容量減少率 (Ahkg^{-1}/cycle)	文献
カチオン性ポリマー	Poly acryamide-co diallyldimethlyammonium chloride（AMAC）	1200	〜100	5.0	82)
イオン伝導性ポリマー	ポリエチレンオキシド（PEO）	280	〜100	1.2	83〜87)
	ポリエチレングリコール（PEGDME）	1100	〜100	6.0	
炭素繊維	カーボンナノファイバー	1000	〜100	3.0	88)
吸着性微粒子	高比表面積活性炭	800	〜25	16.0	89)
炭素粒子＋無機酸化物	炭素微粒子＋シリカ	1100	〜100	4.0	90)
無機酸化物	V_2O_5キセロゲル	1300	〜65	10.8	91)

6.3　有機硫黄系材料の問題点

有機硫黄系材料の理論容量密度は，これまで正極として提案されているリチウム遷移金属酸化物や導電性高分子に比べ非常に大きいが，実際にリチウム二次電池の電極材料へ応用する際には，

以下に示すようないくつかの問題点がある。

①電極反応速度（k^0）

室温から低温領域において電極反応速度（k^0）が小さい。このことは室温での電荷利用率が低下することや，急速な充放電において貯蔵・放出が十分に発現しない原因となる。よって電池の電極材料に求められるレートで充放電を行うには電極反応速度の向上のためのアプローチが必要である。

②活物質の泳動

有機硫黄系材料は，放電反応においてリチオ化されたチオラートアニオン（R–S⁻Li⁺）の塩が生成する。生成したチオラートアニオンや低分子量体は有機電解液に対して溶解性が高く泳動してしまい，活物質の減少によるサイクル特性の低下につながる問題の一つとなる（図8）[92]。

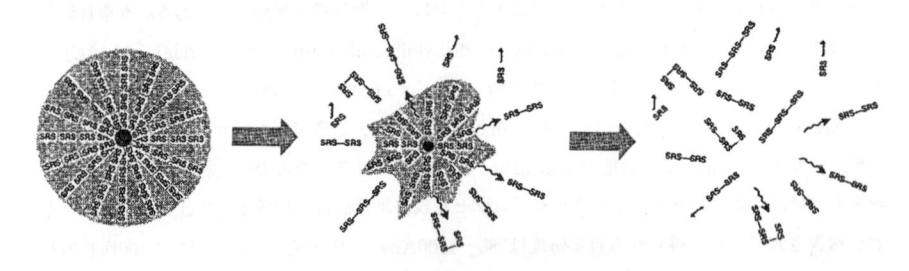

図8 有機硫黄系材料の自己放電による泳動劣化の概念図

③電気伝導度

正極材料として提案されている遷移金属酸化物の電気伝導度は10^{-1}〜10^{-4} S cm^{-1}（25℃にて）であるのに比べて，有機硫黄系材料の電気伝導度（〜10^{-30} S cm^{-1}）は非常に低いことから，発現した容量を回収するためには電気伝導パスの確立が必要となる。そのためカーボンなどの導電補助剤と分子レベル（あるいはナノレベル）での最適で安定な複合化が望まれる。現在報告されているものでは導電補助剤としてアセチレンブラックなどのカーボン材料をボールミルなどで撹拌する方法がとられている。そして，その導電補助剤は30%程加えられるものが多い。

6.4 複素環をベースとした新たな材料・電極設計（筆者らのアプローチ）

カーボンスルフィド化合物や活性硫黄などは材料ベースで考えた場合，高い容量密度が得られることが報告されているが急速な充放電では望ましい特性が得られているとはいえない。上記に示した3つの問題点を解決するためには，最適な材料設計が必要であると考える。筆者らは有機硫黄系材料の3つの問題を解決すべく，比較的電極反応が速く，安定なレドックス応答を示す五

第7章 有機系正極材料

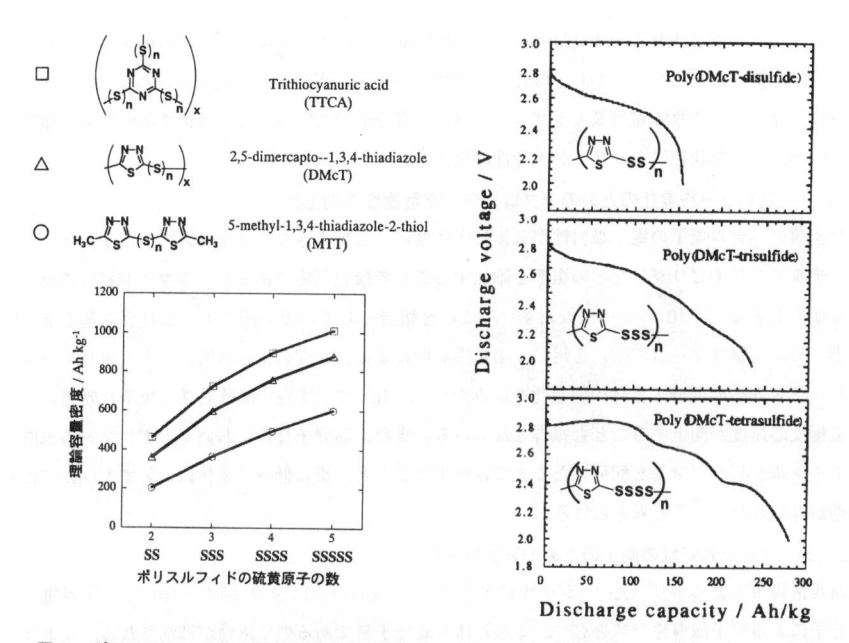

□ Trithiocyanuric acid (TTCA)

△ 2,5-dimercapto-1,3,4-thiadiazole (DMcT)

○ 5-methyl-1,3,4-thiadiazole-2-thiol (MTT)

図9 ポリスルフィド化と理論容量密度の関係　図10 Li/ポリスルフィド化DMcTセルの放電試験

員環,六員環やその縮合環を骨格とする複素環式有機ジスルフィド化合物に注目し,パワー密度,エネルギー密度,サイクル特性それぞれの改善における分子レベルのアプローチを行ってきた。

6.4.1 高エネルギー密度化のためのアプローチ（高容量密度化）[29]

上述したようにエネルギー密度は容量密度と作動電圧との積により求められる。複素環式有機ジスルフィド化合物はカーボンスルフィド化合物,単体硫黄に比べると表3で示したように高作動電圧化が期待できるが理論容量密度が小さいため,材料自体の高容量密度化の分子設計が必要である。そこで分子設計として①反応部位の硫黄原子の増加に注目し母格の有機骨格にジスルフィド部位を増やすことという②ジスルフィド結合をトリスルフィド,テトラスルフィドとポリスルフィド化する,2つのアプローチにより複素環式有機硫黄化合物の高容量化を試みた。更に図9に示すように二つの方法を同時に合わせ持つ分子を設計をすることで1500Whkg^{-1}から3500Whkg^{-1}もの高エネルギー密度化が可能である。

そして,ポリスルフィド化による高容量化の解明のために,モデル化合物としてDMcTのジスルフィド体をトリスルフィド化,テトラスルフィド化（図10）し,放電試験によりそれぞれの容量密度の比較を行った。その結果,活物質当たりの放電容量（エネルギー密度）はジスルフィド体で154Ahkg^{-1}（385Whkg^{-1}）であるのに対し,トリスルフィド体では236Ahkg^{-1}（590Whkg^{-}

[1]），テトラスルフィド体では280Ahkg^{-1}（700Whkg^{-1}）とポリスルフィド化の硫黄原子の増加とともに容量が増加した。しかし，酸化反応でポリスルフィド体を再形成することなくジスルフィド体になり，リチウム電解質でジアニオン種は正極表面上でLi$_2$Sとして堆積する[81]ため，電極表面が不活性化な状態になりサイクル特性は悪かった。

6.4.2 高パワー密度化のためのアプローチ（充電速度の向上）

複素環のヘテロ原子の電子吸引性が電極反応速度に対して大きな影響を与えているが，加えてジエチルアミンやピリジンなどの塩基を添加することで酸化反応であるジスルフィド結合の反応速度が向上する（～10^{-11}→～10^{-8}cm s^{-1}）ことを報告[92]している。そこで，ピリジン基を有するポリビニルポリマー（PVP）を用い，塩基性界面によるDMcTの反応速度の向上とポリマーマトリックス内への低分子量体の固定化を試みた[93]。DMcTはPVP内で濃縮効果と塩基性効果による電極反応速度が向上することも報告されている。また，高分子量体においてもポリマーの末端のチオン基がピリジン基と配位したまま存在することと，更に低分子量体においてもDMcTの泳動が抑制されていると考えられる。

6.4.3 サイクル特性の向上のためのアプローチ[30]

新規活物質であるポリ（2,2'-ジチオジアニリン）（poly（DTDA））図4-(d)は，①導電性高分子による電子伝導性パスをもつ，②還元体も高分子量であるので泳動が抑制される，③電極反応速度が向上する（ポリアニリンの触媒効果）といったこれまでの有機硫黄系化合物の問題をすべて克服することが期待できる化合物である。特に注目すべき点なのは従来の硫黄化合物が分子主鎖の構造変化をともなってジスルフィド（S-S）を生成（ポリマー化）または開裂（モノマー化）するのに対し，poly（DTDA）はS-S結合がポリマー側鎖側にあるため，結合開裂による大きな構造変化がないことである。

poly（DTDA）を正極活物質とした放電試験（電流密度：0.1mAcm^{-2}）の結果，平均作動電圧2.7V，容量密度は270Ahkg^{-1}（エネルギー密度で675Whkg^{-1}，正極利用率で81%）の値を示した。得られた容量密度はポリアニリンの理論容量密度をはるかに越え，電位平坦性もよいことから，ジスルフィドの開裂反応とポリアニリン構造のπ共役系のレドックス反応がほぼ同じ電位で起きていると考えられる。

6.5 世界の主なLithium Sulfur Battery開発動向及び特性比較

表6，図11に有機硫黄系材料を正極材料として用いたリチウム/硫黄電池（Li/S Battery）を研究開発している主な企業，電池構成と電池特性を示す。各社とも有機硫黄系材料の中でも最も高容量密度が期待できる単体硫黄をベースとした正極材料を用いて電池開発を行っている。PolyPlus（米国）[94]やNewTurn Energy（NESS）（韓国）[95]は電解質として固体電解質であるガ

第7章 有機系正極材料

ラス電解質やポリマー電解質を採用している.このような固体電解質は,溶解による正極活物質の減少やリチウムデンドライドの生成の抑制,またサイクルを繰り返す際に生成するリチウム硫化物（Li_2Sなど）の負極に対する腐食を抑制する効果がある.一方,Moltech（米国）[79] はゾルゲル法により得られるナノ多孔質を有するセパレータを採用している.10μm以下の厚さの多孔質セパレータを用いることにより電池全体も非常に薄くフィルム化が可能であり,良好なレート特性を報告している（図11）.Li/S Batteryのエネルギー密度が150〜420Whkg^{-1}（170〜520WhL^{-1}）であるのに対して,従来型のリチウムイオン二次電池が120〜180Whkg^{-1}（170〜450WhL^{-1}）であることから,現行のLi/S Batteryは重量当たりで2倍,体積当たりで同程度になる.また,サイクル特性では〜400サイクルほどであるため更なる向上が必要であろう.Li/S Battereyは,ベースとなる硫黄が安価であることからLi/S Batteryのコスト・パフォーマンス（0.15〜0.40＄/Wh）においては,現行リチウムイオン二次電池（0.40〜1.00＄/Wh）に比べると優位である.

表6 Lithium Sulfur Batteryの研究開発をしている主な企業とその電池構成,特性

企業	電池構成（電極厚さ）			エネルギー密度 (Whkg^{-1}/WhL^{-1})	パワー密度 (Wkg^{-1})	サイクル特性 (cycles)
	正極	負極	電解質			
PolyPlus Battery Company	S$_8$composite (—)	Li metal (—)	Glass electrolyte (0.25μm)	420/520	—	〜420
Moltech Corporation	S$_8$composite (10〜20μm)	Li metal (—)	Nanoporous separator (4〜10μm)	180/170	900	〜300
New Turn Energy Corporation	S$_8$composite (65μm)	Li metal (—)	Polymer electorlyte (<10μm)	150/260	180	〜200

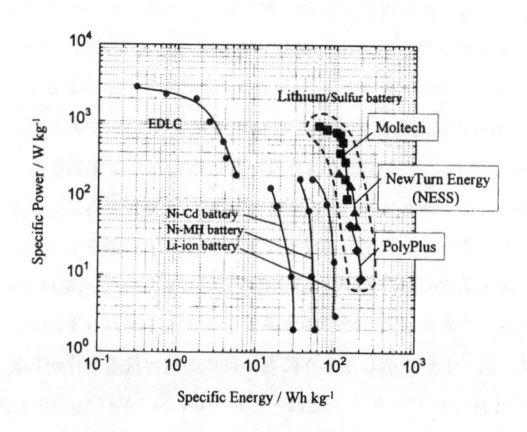

図11 各種セルにおけるエネルギー密度,パワー密度比較

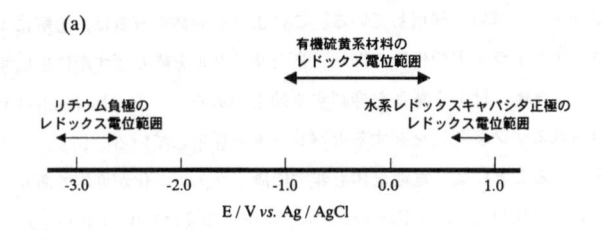

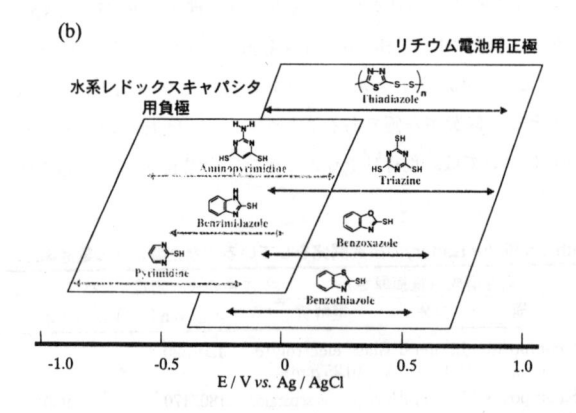

図12　有機ジスルフィド化合物の分子軌道計算によるレドックス電位の予測（PM 3法）

7　新規有機硫黄超分子材料の展開

　筆者らは高容量を有する有機硫黄化合物を，水系レドックスキャパシタ（あるいは電気化学キャパシタ，スーパーキャパシタともいう）材料へ応用することを検討[97~99, 105]している。一般的に，レドックスキャパシタの電解液は大きく分けて水系と非水系とがあるが，水系での電気伝導度は10^{-1} S cm^{-1}程であるのに対し，非水系では10^{-2}～10^{-3} S cm^{-1}であるため，高出力密度が期待できる[100, 101]。更にプロトンを介した反応を用いると構造に及ぼす影響も少ないことからサイクルに対する活物質の劣化が抑えられ良好なサイクル特性が期待できる。電池などに比べて水系レドックスキャパシタは高パワー密度，高サイクル特性などの特徴を有する一方，エネルギー密度は低い。それは，非水系での耐電圧が約3.0 Vであるのに対し，水系電解液の分解電圧が1.2 Vと制限されてしまうからである。よって今後水系レドックスキャパシタにおいて高エネルギー密度化を達成するには，式［1］で示したように電極自体の高容量密度化が必要である。

　一般に有機硫黄系材料のレドックス電位は－1.0～0.6 V vs. Ag/AgClの範囲に存在する（図12－(a)）。このことはリチウム電池正極材料として考えた場合，作動電圧がおよそ2～3.6 Vの

第7章 有機系正極材料

セル構成が可能であることを意味する。一方，有機硫黄系材料の中でもより負側にレドックス電位が位置する材料は，水系レドックスキャパシタ材料として考えた場合，より正側にレドックス電位をもつ導電性高分子であるポリ1,5－ジアミノアントラキノン（$E^0 = 0.7$ V vs. Ag/AgCl）[102,103] やポリ5シアノインドール（$E^0 = 1.0$ V vs. Ag/AgCl）[104] と組み合わせることで作動電圧がおよそ1Vのセル構成となる非対称型水系レドックスキャパシタが可能となる。そこで筆者らは複素環式有機ジスルフィド化合物のレドックス電位をMOPAC計算により予測し，図12-（b）に示すような含窒素複素環式有機硫黄化合物（アミノピリミジン，ベンゾイミダゾール，ピリミジン骨格）に注目した[105]。

更に，水系レドックスキャパシタへ応用するために，分子集合状態を考慮した新物質群である超分子化を含む分子設計を行った[97~99,105]。超分子[106~109] とは水素結合，πスタッキング，配位結合などの比較的弱い分子間相互作用（50~200 kJ mol^{-1}）により，自己会合状態を形成する構造のことを言う。そして，超分子は分子認識による組織的な三次元構造を形成するため自己会合や薄膜化，結晶化などの高次システムの構築を可能とし，新しい機能が期待できる。有機硫黄系材料では超分子化が①還元反応における低分子量体の泳動の抑制，②組織的な高次構造の形成により活物質の電流分布の均一化，アクセシビリティーの確立を可能とすることでサイクル性，電荷利用率，電子伝導パスの構築などの容量密度，パワー密度の向上が期待できる。

以上を総合して新規有機硫黄超分子である2－アミノ-4,6－ジメルカプトピリミジン（ADMP）に注目した。ADMPはレドックス電位の予測によると負側に位置し，アミノ基がプロトン供与基（ドナー），ピリミジン環の窒素部位がプロトン授与基（アクセプター）となり相補的な水素結合形態による横方向に広がりを持つリボン型の集合体[110,111] をつくる。そして，それらが積層（スタック）した超分子体を形成すると考えられる。ADMP超分子は酸性水溶液中においてレドックス活性であり，図13に示すように酸化時にはジスルフィド結合によるオリゴマー体，還元時には超分子構造により集合体を形成することが明らかとなった[97~99,105]。

そして，筆者らは電極材料として用いるために，リボン型有機硫黄超分子に対する溶媒の捕捉効果を利用してカーボン上に極めて薄く超分子化した有機硫黄/超分子/炭素材料ナノコンポジット電極の作製を行った。この有機硫黄超分子/炭素材料ナノコンポジット電極は，4M硫酸水溶液中において掃引速度が5 mVs^{-1}において活物質当たり247 Ahkg^{-1}（理論容量密度が337 Ahkg^{-1}に対して73％の出現率）と大きな容量密度を発現し，速い掃引速度（1000 mVs^{-1}）においても165 Ah kg^{-1}と高い容量密度を維持し良好なレート特性を示した。また標準酸化還元電位は$E^0 = 0.25$ V vs. Ag/AgClであった[98]。更に筆者らが行ったADMP超分子電極のサイクル特性では，8000サイクルまで初期容量を維持することが確認されたが，今後電極設計により更なる向上が期待できる。

リボン型水素結合超分子
(還元状態)

-2ne⁻, -2nH⁺ ⇅ +2ne⁻, +2nH⁺

ジスルフィド結合オリゴマー
(酸化状態)

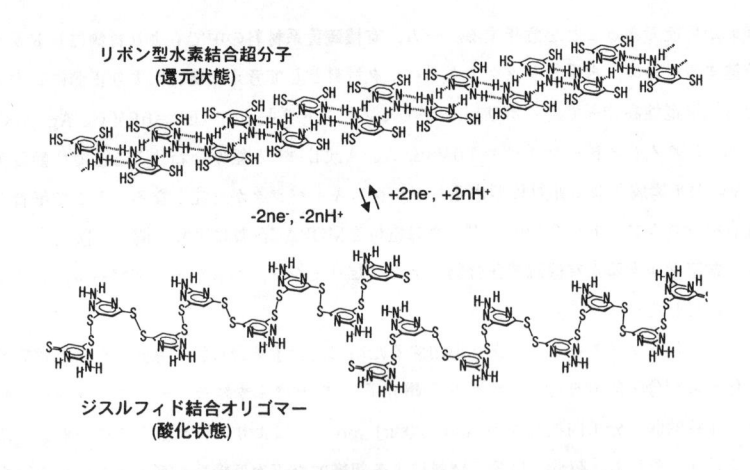

図13　ADMP超分子の酸性水溶液中でのレドックス反応

8　今後期待される材料・技術

8.1　リチウム二次電池正極材料への応用・開発動向

　導電性高分子を用いたリチウム電池は一部製品化され，そこでの技術が導電性高分子を工業材料として利用する大きな駆動力となった。また，有機硫黄系正極材料は電極レベルでの高容量密度化の点では大きな可能性を秘めているが，製品化までには本章で述べた問題点を解決しなければならない。エネルギー密度がほぼ理論値に近づいている現在のリチウムイオン二次電池を考えた場合，負極を金属リチウム，正極を有機硫黄系材料とするLi/S Batteryは次世代型の高エネルギー密度貯蔵システムの候補である。近年では，小型燃料電池などの台頭により高エネルギー密度貯蔵システムとしての研究は激化すると予想できる。しかしLi/S Batteryは安全性や性能を引きだすためのアプローチの点では克服すべき点がまだ多くあるものの軽量，高エネルギー密度，形状自由，低い環境負荷，安価，これまで通りの電池の使い方が可能，など利点も多く製品開発の必要性は大きいと考える。

8.2　水系レドックスキャパシタ電極材料への応用

　有機硫黄系材料の水系レドックスキャパシタへの応用では高い容量密度を有し，更に超分子による新しい分子認識機能をもつ材料を設計することでキャパシタとして必要な高出力密度，高サイクル特性を合わせ持つ電極材料として位置づけることができる。加えて，有機硫黄超分子によ

第7章　有機系正極材料

る水系レドックスキャパシタは重金属や有機電解液を使用しないため地球環境に優しいエネルギー貯蔵デバイスであることも特徴である。しかし,キャパシタ材料としては1～10万回程度のサイクル特性が要求されるため,有機硫黄超分子はサイクル特性の点ではまだ改善する問題点がある。

以上,有機系材料の研究の歴史や電池の特性,最近の研究の動向について紹介した。有機系材料において有機硫黄系材料の容量密度の大きさは非常に大きな特徴である。リチウム二次電池,水系レドックスキャパシタのいずれにも高エネルギー密度化は必要とされる課題であることから,有機硫黄系材料を電極に応用することは大きな意義があると考えられる。そして,軽量で形状自由度の高い新型電池の電極材料に応用するためには,電極材料の観点から考えられた高容量密度で電気化学的に可逆なレドックスを有する新規化合物を合成し,良好なサイクル特性を可能とするナノレベルオーダーでの最適化された電極作製の構築(ファブリケーション)が必要である。

文　献

1) H. Shirakawa, E. J. Louis, A. G. MacDiamid, C. K.Chiang, and A. J. Heeger, *J. C. S. Chem. Comm.*, 578 (1977)
2) P. J. Nigrey, D. MacInnes. Jr., D. P. Nairns, and A. G. MacDiamid, *J. Electrochem. Soc.*, **128**, 1651 (1981)
3) D. MacInnes. Jr., M. A. Druy, P. J. Nigery, D. P.Nairns, A. G.MacDiamid, and A.J . Heeger, *J. C. S. Chem. Comm.*, 317 (1981)
4) R. L. Elsenbaumer, L.W.Shacklette, J.M.Sowa, R. R. Chance, D. M. Ivory, G. G. Miller, R. H. Baughaman, *Polym. Prep., Am. Chem. Soc., Div. Polum. Chem.* **23**, 132 (1982)
5) L. W. Shacklette, R. R. Chance, R. L. Elsenbaumer, and R. H. Baughman, *30th Power Sources, Electrochem. Soc. Conf.Procs.*, pp. 66 (1982)
6) H. Yamin and E. Peled, *J. Power Sources*, **9**, 281 (1983)
7) J. H. Kaufman, T. C. Chung, A. J. Heeger, and F. J. Wudl, *J. Electrochem. Soc.*, **131**, 2092 (1984)
8) M. B. Armand In Solid State Batteries ; C. A. C. Sequeira, A. Hooper, Eds. ; Martinus Nijhoff Poul. : Dordrecht, p. 363 (1985)
9) M. Ogawa, T. Fuse, T. Kita, T. Kawagoe, and T. Matsunaga, Preprint of 27th Battery Symposium, Japan, p. 197 (1986)
10) A. Kita, M. Kaya, and K. Sasaki, *J. Electrochem. Soc.*, **133**, 1069 (1986)
11) P. Degott, Carbon-Sulfur Polymer, Synthesis and Electrochemical Properties,

Dissertation ; National Polytechnic Institute, Grenoble, (1986)
12) N. Mermilliod, J. Tanguy, and F. Petior, *J. Electrochem. Soc.*, **133**, 1073 (1986)
13) T. Shimizu, A. Ahtani, T.I yoda, K. Honda, *J. C. S. Chem. Comm.*, 327 (1987)
14) S. Panero, P. Prosperi, F. Bonino, and B. Scrosati, *Electrochim. Acta.*, **32**, 1007 (1987)
15) F. Trinidad, J. Alonso-Lopez, and M. Nebot, *J. Appl. Electrochem.*, **17**, 215 (1987)
16) P. Novak, O. Inganas, and R. Bjorklund, *J. Power Sources*, **21**, 17 (1987) ; P. Novak, O. Inganas, and R. Bjorklund, *J. Electrochem. Soc.*, **134**, 1341 (1987)
17) T. Osaka, K. Naoi, S. Ogano, and S. Nakamura, *Chem. Lett.*, 1687 (1987)
18) S. Yata, Y. Hato, K. Sakurai, T. Osaki, K. Tanaka, and T. Yamabe, *Synsth.Met.*, **18**, 645 (1987)
19) L. Kavan, P. Novak, and F. P. Dousek, *Electrochim. Acta.*, **33**, 1605 (1988)
20) S. Yata, Y. Hato, K. Sakurai, H. Satake, K. Muraki, K. Tanaka, and T. Yamabe, *Synsth.Met.*, **38**, 169 (1990)
21) S. Yata, T. Osaki, Y. Hato, N. Takehara, H. Kinoshita, K. Tanaka, and T. Yamabe, *Synsth.Met.*, **38**, 177 (1990)
22) S. Yata, K. Sakurai, T. Osaki, Y. Inoue. K. Yamaguchi, K. Tanaka, and T. Yamabe, *Synsth.Met.*, **38**, 185 (1990)
23) M. Liu, S. J. Visco and L. C. De Jonghe, *J. Electrochem. Soc.*, **138**, 1891 (1991)
24) M. Liu, S. J. Visco and L. C. De Jonghe, *J. Electrochem. Soc.*, **138**, 1896 (1991)
25) K. Naoi, M. Menda, H. Ooike, and N. Oyama, *J. Electroanal. Chem.*, **318**, 395 (1991)
26) T. Sotomura, H. Uemachi, K. Takeyama, K. Naoi, and N. Oyama, *Electrochim. Acta.*, **37**, 1851 (1992)
27) M. Y. Chu *et al.*, U. S. Patent., 5 , 523, 179 (1996)
28) T. Sotomura, T. Tatsuma, and N. Oyama, *J. Electrochem. Soc.*, **143**, 3152 (1996)
29) K. Naoi, K. Kawase, and Y. Inoue, *J. Electrochem. Soc.*, **144**, L170 (1997)
30) K. Naoi, K. Kawase, M. Mori, and M. Komiyama, J.*Electrochem. Soc.*, **144**, L173 (1997)
31) 西山利彦，原田学，金子志奈子，紙透浩幸，黒崎雅人，中川裕二，NEC技法，**53**，10 (2000)
32) K. Nakahara, S. Iwasa, M. Sato, J. Iriyama, Y. Morioka, M. Suguro, and E. Hasegawa, Preprint of 42th Battery Symposium, Japan, p. 124 (2001)
33) K. Nakahara, S. Iwasa, J. Iriyama, Y. Morioka, M. Suguro, and M. Sato, Abstracts of 201st Electrochemical Society in Philadelphia, p. 89 (2002)
34) B. Broich and J. Hocker, *Ber. Bunsen-Ges. Phys. Chem.*, **88**, 497 (1984)
35) K. Shinozaki, Y. Tomizuka, and A. Nojiri, *Jpn. Appl. Phys.*, **23**. L892 (1984)
36) T. Nagatomo, H. Kakehata, C. Ichikawa, and O. Omoto, *J. Electrochem. Soc.*, **132**, 1380 (1985)
37) 平井竹次，「高性能電池の最新技術マニュアル」，総合技術センター (1985)
38) 山本隆一，松永孜，「ポリマーバッテリー」，共立出版 (1990)
39) A. Corradini, M. Mastragostino, A. S. Panero, P. Prosperi, and B. Scrosati, *Synsth.Met.*, **18**, 625 (1987)

第7章　有機系正極材料

40) M. Mastragostino, A. M. Marinangeli, A. Corradini, and C.Arbizzani, *Electrochim. Acta.*, **32**, 1589 (1987)
41) H. L. Bandey, P. Cremins, S. E. Garner, A. R. Hillman, J. B. Raynor, and A. D. Workman, *J. Electrochem. Soc.*, **142**, 2111 (1995)
42) M. Mastragostino and B. Scrosati, *J. Electrochem. Soc.*, **132**, 1259 (1985)
43) M. Biserni, A. Marinangeli, and M. Mastragostino, *J. Electrochem. Soc.*, **132**, 1597 (1985)
44) P. Buttol, M. Mastragostino, S. Panero, and B. Scrosati, *Electrochim. Acta.*, **31**, 783 (1986)
45) M. Biserni, A. Marinangeli, and M. Mastragostino, *Electrochim. Acta.*, **31**, 1193 (1986)
46) T. R. Jaw, K. Y. Jen, R. L. Elsenbaumer, L. W. Shacklette, M. Angelopoulos, and M. P. Cava, *Synsth. Met.*, **14**, 53 (1986)
47) T. Nagatomo, M. Mitui, K. Matsutani, and O. Omoto, *Electrochem. Soc. Ext. Abst.*, **87-2**, 252 (1987)
48) T. Nagatomo, M. Mitui, K. Matsutani, and O. Omoto, *Trans. IEICE*, **E 70**, 346 (1987)
49) カネボウ株式会社ホームページ　http://www.new.kanebo.co.jp/pas/index.html
50) H. Yamin, A. Gorenshtein, J. Penciner, Y. Sternberg, and E. Peled, *J. Electrochem. Soc.*, **135**, 1045 (1988)
51) E. Peled, Y. Sternberg, A. Gorenshtein, and Y. Lavi *J. Electrochem. Soc.*, **136**, 1621 (1989)
52) S. J. Visco, C. C. Mailhe, L. C. De Jonghe and M. B. Armand, *J. Electrochem. Soc.*, **136**, 661 (1989)
53) M. Liu, S. J. Visco and L. C. De Jonghe, *J. Electrochem. Soc.*, **136**, 2570 (1989)
54) M. Liu, S. J. Visco and L. C. De Jonghe, *J. Electrochem. Soc.*, **137**, 750 (1990)
55) S. J. Visco, M. Liu, and L. C. De Jonghe, *J. Electrochem. Soc.*, **137**, 1191 (1990)
56) T.A.Skotheim et al.,U.S.Patent., 5 ,462,566 (1995)
57) 松下電器産業，特開平6－231752（1993）
58) 松下電器産業，特開平8－213021（1995）
59) S. Picart, and E. Genies, *J. Electroanal. Chem.*, **408**, 53 (1996)
60) 新田芳明ほか，電池技術，**13**，p.25（2001）
61) 田村宜之，電池技術委員会資料，**15-2**，p.1（2003）
62) J. Niu, and J. Y. Lee, *Electrochemical and Solid-State Letters*, **5** (6), A107 (2002)
63) M. Yoshio, H. Wang, K. Fukuda, T, Umeno, N. Dimov, and Z. Ogumi, *J. Electrochem. Soc.*, **149** (12), A1598 (2002)
64) M. Yoshio, T. Umeno, Y. Hara, and K. Fukuda, *Battery Technology*, **14**, 3 (2002)
65) M.Winter,and J.O.Besenhard, *Electrochim.Acta.*,**45**,31 （1999）
66) B. Veeraraghavan, A. Durairajan, B. Haran, B. Popov, and R. Guidotti, *J. Electrochem. Soc.*, **149** (6), A675 （2002）
67) 園田司ほか，電池技術，**14**，p.14 (2002)
68) T. Osaka, K. Naoi, and S. Ogano, *J. Electrochem. Soc.*, **134**, 2096 (1987)
69) T. Matsunaga, H. Daifuku, T. Nakajima, and T. Kawagoe, *Polymers for Advanced Technologies*, **1**, 33 (1990)
70) E. E. Reid, "Organic Chemistry of Bivalent Sulfur" ,vol. Ⅲ, p. 362, Chemical Publishing

Co., N. Y. (1960)
71) J. S. Cho, S. Sato, S. Takeoka, and E. Tsuchida, *Macromolecules*, **34**, 2751 (2001)
72) H. Uemachi, Y. Iwasa, and T. Mitani, *Electrochim. Acta*, **46**, 2305 (2001)
73) H. Tsutsumi, Y. Oyari, K. Onimura, and T. Oishi, *J. Power Sources*, **92**, 228 (2001)
74) L. Yu, X. Wang, J. Li. X. Jing, and F. Wang, *J. Electrochem. Soc.*, **146**, 1712 (1999)
75) T. Tatsuma, T. Sotomura, T. Sato, D. A. Buttry, and N. Oyama, *J. Electrochem. Soc.*, **142**, L182 (1995)
76) N. Oyama, J. M. Pope, and T. Sotomura, *J. Electrochem. Soc.*, **144**, L47 (1997)
77) T. A. Skotheim *et al.*, U. S. Patent., 5, 529, 860 (1996)
78) J. Zhao *et al*, Preprint of 41th Battery Symposium, Japan,, p.476 (2000)
79) Moltech corporationのホームページ http://www.sionpower.com/
80) S. Tobishima, H. Yamamoto, and M. Matsuda, *Electrochim. Acta*, **42**, 1019 (1997)
81) *Lange's Handbook of Chemistry*, 3rd ed., John A. Dean, Editor, p.3, McGraw-Hill, New York (1985)
82) S.Zhang *et al.*,U.S.Patent., 6 ,110,619 (2000)
83) D. Marmorstein, T. H. Yu, K. A. Striebel, F. R. McLarnon, J. Hou, and E. J. Cairns, *J. Power Sources*, **89**, 219 (2000)
84) J. H. Shin, Y. T. Lim, K. W. Kim, H. J. Ahn, and J. H. Ahn, *J. Power Sources*, **107**, 103 (2002)
85) J. H. Shin, K. W. Kim, H. J. Ahn, and J. H. Ahn, *Materials Science and Engineering*, **B 95**, 148 (2002)
86) J. Shim, K. A. Striebel, and E. J. Cairns, *J. Electrochem. Soc.*, **149**, A1321 (2002)
87) S. E. Cheon, J. H. Cho, K. S. Ko, C. W. Kwon, D. R. Chang, H. T. Kim, and S. W. Kim, *J. Electrochem. Soc.*, **149**, A1437 (2002)
88) Y. M. Gernov *et al.*, U. S. Patent., 6, 194, 099 (2001)
89) J. L. Wang, J. Yang, J. Y. Xie, N. X. Xu, and Y. Li, *Electrochem. Commun.*, **4**, 499 (2002)
90) A. Gorkovenko *et al.*, U. S. Patent., 6, 210, 831 (2001)
91) S. P. Mukherjee *et al.*, U. S. Patent., 5, 919, 587 (1999)
92) K. Naoi, Y. Oura, Y. Iwamizu and N. Oyama, *J. Electrochem. Soc.*, **142**, 354 (1995)
93) K. Naoi, Y. Iwamizu, M. Mori, and Y. Naruoka, *J. Electrochem. Soc.*, **144**, 1185 (1997)
94) PolyPlusホームページ http://www.polyplus.com/
95) NewTurn Energy ホームページ http://www.newturn.biz/
96) 劉興江, 村田利雄, 安田秀雄, 山地正矩, 第43回電池討論会講演要旨集, p.196 (2002)
97) "21世紀のリチウム二次電池技術", 金村聖志監修, p.33, シーエムシー出版 (2002)
98) "大容量キャパシタ技術と材料Ⅱ", 西野敦, 直井勝彦監修, p.227, シーエムシー出版 (2002)
99) N. Ogihara, Y. Igarashi, S. Suematsu, and K. Naoi, Abstracts of 201st Electrochemical Society in Philadelphia, p.20 (2002)
100) "電子とイオンの機能化学シリーズVol. 2 大容量電気二重層キャパシタの最前線", 村田英雄監修, p.88, 217, エヌ・ティー・エス (2002)
101) K. Naoi, S. Suematsu, M. Komiyama, and N. Ogihara, *Electrochim. Acta*, **47**, 1091 (2002)

102) S. Suematsu and K. Naoi, *J.Power Sources*, **97-98**, 816(2001)
103) K. Naoi, S. Suematsu, M. Hanada, and H. Takenouchi, *J. Electrochem. Soc.*, **149**(4), A472 (2002)
104) H. Talbi, and D. Billaud, *Synth. Met.*, **93**, 105(1998)
105) 荻原信宏，若林寿樹，末松俊造，直井勝彦，電気化学会第68回大会講演要旨集，p.3，(2001)
106) J. W. Steed and J.L.Atwood, "*SUPRAMOLECULAR CHEMSTRY*" ,Jon Wiley & Sonz, Ltd(2000)
107) A. Ciferri, "*SUPRAMOLECULAR POLYMERS*" ,Marcel Dekker ,Inc. (2000)
108) G. M. Whitesides, J. P. Mathias, and C. T. Seto, *Science*, **2**, 1312(1991)
109) L. Brunsveld, B. J. B. Folmer, and E. W. Meijer, *MRS BULLETIN*/APRIL, 49(2000)
110) J-M. Lehn, M. Mascal, A. DeCian and J. Fischer, *J. Chem. Soc. Perkin Trans. 2*, 461(1992)
111) R. F. Lange, F. H. Beijer, R. P. Sijbesma, R. W. W. Hooft, H. Kooijman, A. L. Spek, J. Kroon, and E. W. Maijer, *Angew. Chem. Int. Ed. Engl.*, **36**, No. 9 ,969(1997)

第8章　炭素系負極材料

藤本宏之*

1　はじめに

　負極に炭素材料を用いたリチウムイオン電池が初めて商品化されてから，およそ10年が経過した．この間に，黒鉛系材料を中心に，ほとんどすべての炭素材料について，その負極特性が調べられた．

　図1は，1993～1994年の電池討論会で各研究機関より発表された易黒鉛化性炭素材料の熱処理温度に対する放電容量の関係をプロットしたものである[1]．充放電条件は，必ずしもすべて同じではないが，傾向として熱処理温度が1800℃付近で放電容量が極小値を持つことがわかる．この温度以上で焼成された材料は一般的に黒鉛系材料と称されており，黒鉛化温度が高くなるほど，理論放電容量とされる372Ah/kgに近づいていく．

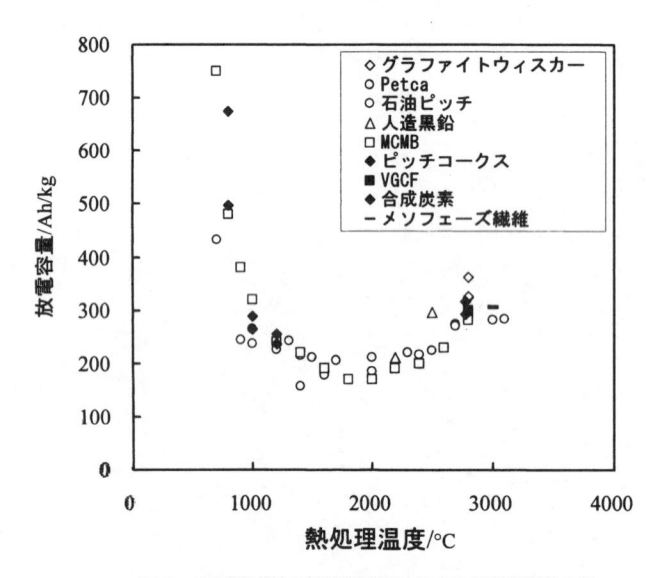

図1　各種炭素材の熱処理温度に対する放電容量依存性

---

　　*　Hiroyuki Fujimoto　大阪ガス㈱　開発研究部　課長

第8章 炭素系負極

　また1800℃以下の温度で焼成された材料は，逆に焼成温度が低下するにつれて，放電容量が増加し，とりわけ1000℃以下では理論容量よりも大きくなるため，研究が盛んに行われた。このように理論容量よりも高い放電容量を示す材料は低温焼成易黒鉛化性炭素材料あるいは低温焼成非晶質系炭素材料と呼ばれている。一方，こうした材料系とは別に，炭素質材料を焼成する際に，炭素網面間で三次元的な架橋結合を生成させることによって，炭素網面の積層性を乱しながら炭素化を行い，難黒鉛化性炭素材料と称される材料を調製し，その充放電特性を調べることも盛んに行われた。

　さらに，これらの炭素材料を製法や原料を変えることにより，破砕体，繊維，球，フィルム，鱗片状など種々の形態に加工し，放電容量だけでなく，初期充放電効率の改善，安全性の向上などの技術開発が行われてきた。それぞれの材料が，長所，短所を有しているが，特性，コストなど総合的な観点から，現在，民生用小型電池では黒鉛系材料が主に用いられており，大型電池では一部，難黒鉛化性炭素材料が使用されているようである。ここでは，それぞれの炭素材料について，炭素構造と負極特性の関係およびその充放電メカニズムについて概観し，将来を展望することにする。

2　黒鉛系材料

　前述のように，現在市販されているリチウムイオン電池の負極材料には主に黒鉛系材料が用いられている。黒鉛のリチウム二次電池用負極への応用に関しては20年ほど前から研究されてきたが，電解液の有機溶媒としてプロピレンカーボネート（PC）を用いると，充電時にPCの分解反応が起こるために電気化学的にリチウムのインターカレーション反応を進行させることが困難であった。ところが，エチレンカーボネート（EC）系の有機溶媒を用いると，溶媒の分解反応を起こさずに充電できることが報告され，注目されるようになった。とりわけ，メソカーボンマイクロビーズと呼ばれる球状粒子の黒鉛材料の負極特性が優れていることが報告され，実用化されるに至った[2-4]。

　従来より黒鉛とリチウムが反応すると，LiC_6型の黒鉛層間化合物が生成するとされており，この組成に基づく理論放電容量は372Ah/kgである。しかしながら，図1からもわかるように，天然黒鉛あるいは高結晶性の人造黒鉛を除く，ほとんどの黒鉛系材料において，この理論値に匹敵する放電容量が得られていない。

　LiC_6は図2に示される面内配置をとるが，この場合，単位胞中の炭素とリチウムの組成比はLiC_6であるので，炭素網面が無限の広がりを持ち，無限に積層しているのであればバルクの組成も同じくLiC_6となるが，非常に小さな有限の値の結晶子サイズLa，Lcを持つ炭素材料の場合には

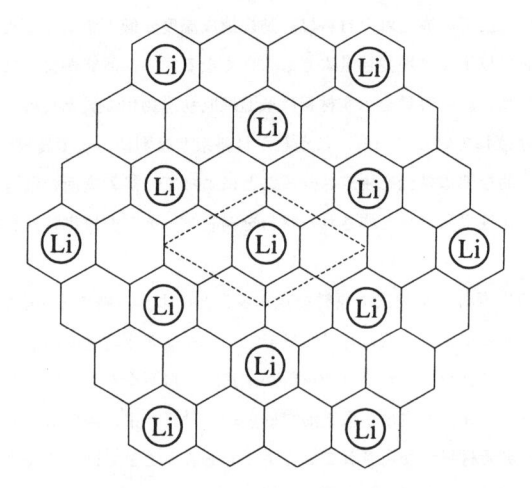

図2 LiC₆の面内構造

そうはならない。なぜなら，積層している網面数よりも層間の数の方が常に1つ少ないために，実際の層間にあるリチウムの数はLiC₆よりも少なくなるからである。また一つの網面で考えてみても，端面では常に超格子を構成する原子数が正確に満足されていないために，リチウムの数がLiC₆よりも少ない量論比となる。以上の点を考慮して，筆者は，LiC₆型黒鉛層間化合物の組成比C/Liが

$$\frac{C}{Li} = 6\left(1 + \frac{c_0/2}{Lc}\right)\left(1 + \frac{2a_0\,(La + a_0/3)}{La^2 + a_0^2/3}\right) \quad (1)$$

で表されることを導いた[5]。ここで，a_0，c_0はそれぞれ a 軸および c 軸方向の格子定数である。(1)式において，第1項はLcとc_0のみで表されており，c軸方向の組成のズレを表す補正項とみなされ，同様に第2項は面内の組成のズレを表す補正項と言うことができる。結晶子サイズが低下するにつれてC/Li比が大きくなり，放電容量が低下することになる。

　図3および図4は，熱処理温度の異なるメソカーボンマイクロビーズ（MCMB）の放電曲線およびその実測放電容量と(1)式から見積もられる計算容量を比較したものである[6]。図からわかるように，実測容量は結晶子サイズを考慮した計算容量をさらに下回っている。これは炭素が完全な黒鉛的積層構造を有するものとして(1)式を誘導したことによる。Houska & Warrenの乱層構造解析理論[7]を用いればX線回折パターンにおける(hk)バンドをフーリエ解析することにより，2枚の網面間のずれの角度を見積もることができ，これより乱層構造の程度をシミュレーションすることができる[6]。リチウムがインターカレートすると炭素網面はAB型積層からAA型積層へ

第8章 炭素系負極

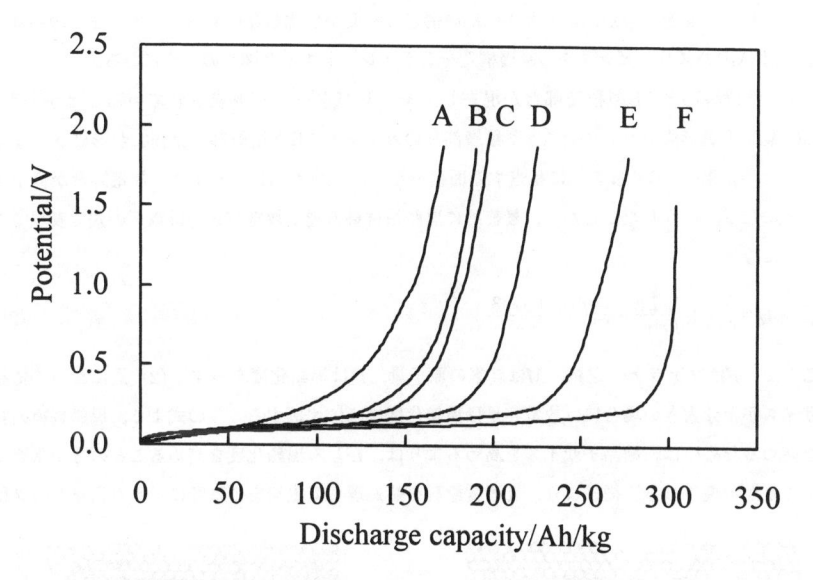

図3 焼成温度の異なるメソカーボンマイクロビーズの放電特性
A：1800℃, B：2000℃, C：2200℃, D：2400℃, E：2600℃, F：2800℃

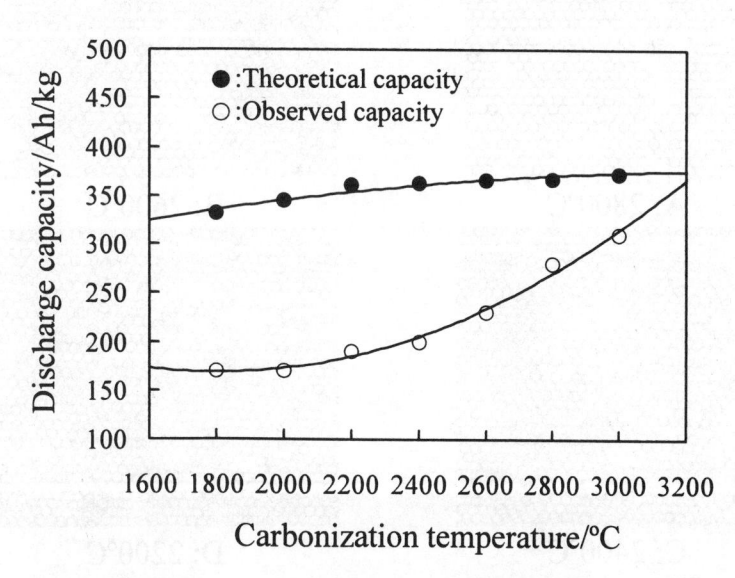

図4 焼成温度の異なるメソカーボンマイクロビーズの実測放電容量と計算放電容量

スリッピングを起こすが，このときに乱層構造の程度が変化しないものとして，熱処理温度の異なるMCMBのスリッピング後の乱層構造をシミュレートすると図5のようになる。

　AA型積層部とAB型積層部とが混在し，モワレパターンが形成されていることがわかる。LiC_6型配置が形成されるのはAA型積層部分のみでありAB型積層部ではLiC_6が形成されなくなる。その結果，AB型積層部に相当する面積分だけ，組成がLiC_6よりずれ，放電容量が低下することになる。こうしたことから，最終的に黒鉛系材料の理論放電容量Qは以下の式で表現できることになる。

$$Q = \frac{FP_1}{6M}\left(\frac{Lc}{Lc+c_0/2}\right)\left(\frac{La^2+a_0^2/3}{(La+a_0)^2}\right) \quad (2)$$

ここで，Fはファラデー定数，Mは炭素の原子量，P_1は黒鉛化度を表す。(2)式において結晶子サイズが十分大きい場合には放電容量は黒鉛化度にほぼ比例する。この式より，黒鉛負極の容量を高めるためには，結晶子サイズを高めるよりは，むしろ黒鉛化度を高めることの方が重要であることが示唆される。従来より，炭素質原料を熱処理して黒鉛を得る際に，ホウ素などの異種元

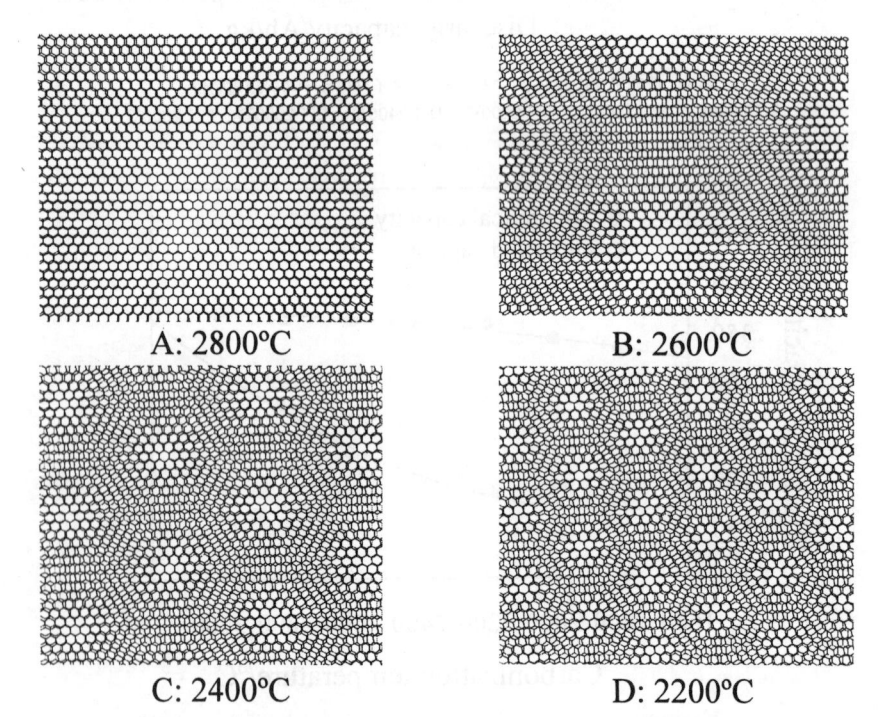

図5　焼成温度の異なるメソカーボンマイクロビーズの乱層構造の様子

第8章　炭素系負極

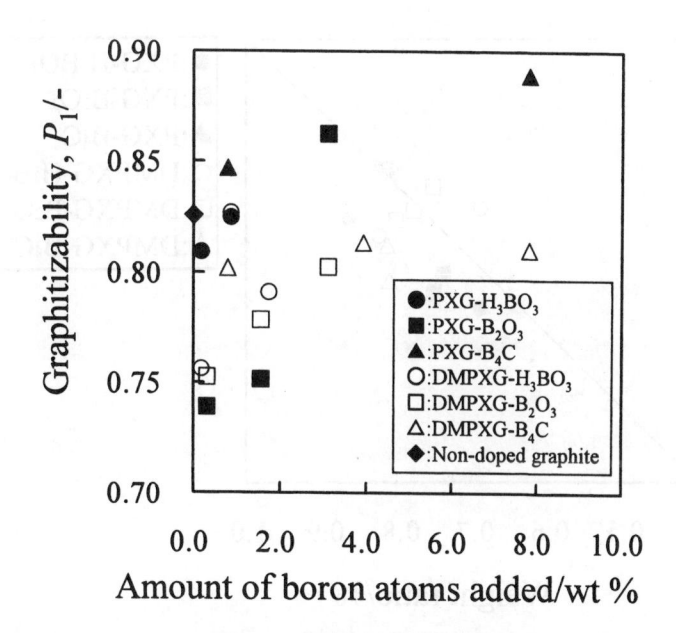

図6　ホウ素添加量と黒鉛化度の関係

　素を添加すると炭素網面間距離の減少，結晶子サイズの増加など，黒鉛化が促進されることが知られているので[8,9]，放電容量を高めるために，ホウ素ドープした黒鉛の調製に関する研究も盛んに行われた[10]。筆者らも炭素質原料としてナフタレンベースピッチを選び，これに架橋剤（パラキシレングリコールPXG，ジメチルパラキシレングリコールDMPXG）および3種類のホウ素化合物（ホウ酸，酸化ホウ素，炭化ホウ素）を添加することにより，黒鉛化度の高い炭素材料を調製することを試みた[11]。

　図6は，ホウ素添加量と調製した黒鉛の黒鉛化度の関係を示している。黒鉛化度は，添加したホウ素化合物種に依存せず，ホウ素原子量の割合に依存して高くなることがわかる。また図7は，250mV以下の放電容量と黒鉛化度の関係である。黒鉛化度の上昇と共に放電容量が上昇することがわかる。

　このように，初期の頃には放電容量を高める研究が行われたが，その後は，初回の充放電効率の改善やサイクル特性の向上[12]，レート特性の改善，安全性の向上などの研究へと移行していった。例えば，充放電効率を向上させる研究としては，トルエンやエチレンガスで黒鉛表面をCVD処理することによって，黒鉛表面の欠陥部を修復したり，黒鉛表面を焼成炭素あるいはアミン系高分子で被覆することなどが行われている[13～16]。また間接的な方法としては，電解液中に

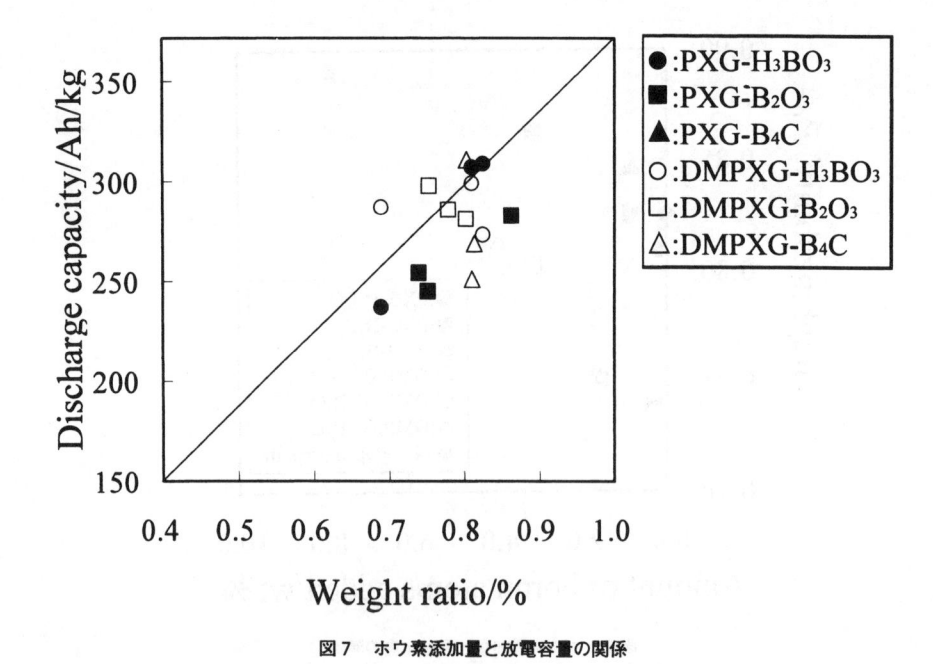

```
                    ●:PXG-H₃BO₃
                    ■:PXG-B₂O₃
                    ▲:PXG-B₄C
                    ○:DMPXG-H₃BO₃
                    □:DMPXG-B₂O₃
                    △:DMPXG-B₄C
```

図7 ホウ素添加量と放電容量の関係

例えばビニレンカーボネートのような添加剤を加えることによって，負極特性の向上を図ることも行われている[17]。また，電極の充填密度を向上させるために，黒鉛粒子形状を球形化するような試みもなされている[18]。

3 低温焼成炭素材料

この種の材料は，一般的な炭素質材料をおよそ700〜1000℃の温度領域で焼成することによって，得られる。1990年代前半には，放電容量が理論容量よりも極めて高くなることから，盛んに研究がなされた。

図8は，焼成温度の異なるメソカーボンマイクロビーズの充放電特性を示したものであるが，他の炭素質材料を熱処理しても，ほぼ同様の充放電特性が得られる。例えば，徳満らは，ピレンのような芳香族炭化水素を架橋剤（例えば，ジメチルパラキシレングリコール）を用いて重合させた炭素前駆体を低温焼成することによって得ている[19]。彼らの報告によれば，前駆体合成時の架橋剤量あるいは焼成温度を調整することによって空隙量及びそのサイズを制御することができ，リチウムイオンは炭素の層間のみならず，このような空隙にもドープされる。また，リチウ

第8章 炭素系負極

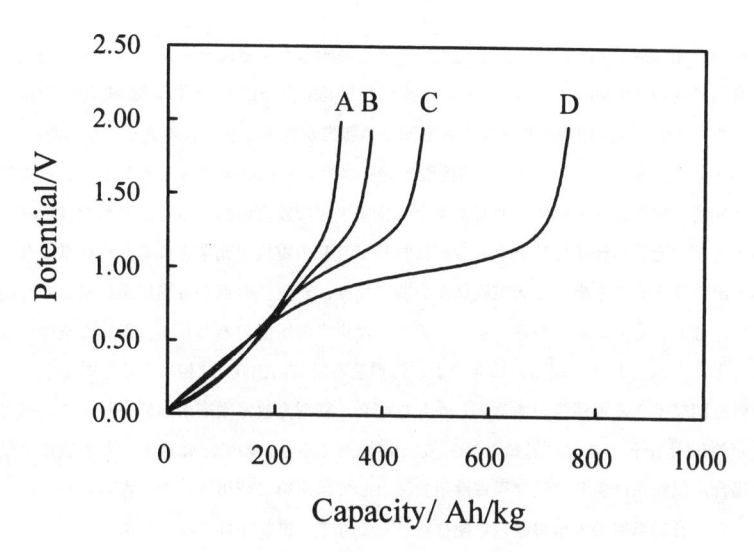

図8 低温焼成MCMBの負極特性
A：700℃, B：800℃, C：900℃, D：1000℃

ムイオンの取り込みに最適なサイズの空隙が形成されると，容量が高くなる。

一方，Zhengらは，ドープされたリチウム量と炭素中の水素含量の間に相関性があることから，リチウムは空隙にドープされるのではなく，炭素網面端に結合している水素と相互作用をしていると結論している[20]。図8からもわかるように，この系の特徴は，焼成温度の低下と共に放電容量が250〜800Ah/kgと非常に大きくなり，放電時に約0.8V付近に変曲点が認められ，それ以上の電位で電位平坦部が現れることである。こうしたことから，電極反応が2つの反応メカニズムからなるとされている。

徳満らは，0〜0.8Vの領域の放電容量は(1)式から見積もられる計算容量と比較的良い一致を示すことから，この領域はデインターカレーション反応によるもので，0.8〜1.2Vの領域は空隙からのリチウムのデドーピング反応であると結論している。この系では，放電時の過電圧が大きい，エネルギー変換効率が低い，サイクル劣化が激しい，充放電効率が低いなどの欠点があるため，実用化をめざした研究は次第になされなくなった。

4 難黒鉛系材料

以上，述べたような易黒鉛化性炭素材料とは全く異なる系の炭素材料として，園部らは石油系ピッチより疑似等方性炭素（層間距離0.38nm）と呼ばれる放電容量480Ah/kg，充放電効率80%

の新炭素材の開発に成功したことを報告した[21]。また高橋らも同様にタールピッチより合成した無定形炭素（層間距離0.38nm，$Lc=1.1$nm）が放電容量485Ah/kgでクーロン効率80.9%を示すことを報告した[22]。その後，他のグループからも同様の報告が数多くなされるようになった。

図9に例として，ピッチにペルオキソ2硫酸アンモニウムを添加後焼成することによって得た難黒鉛化性炭素の負極特性を示す。非常に卑な電位で平坦な放電曲線を示し，優れた放電特性であるといえるが，充電時後半でリチウム金属に対して0Vの電位で充電されるために常にリチウム金属の析出のリスクを考慮した充電制御が必要となり，安全性の点から黒鉛系材料よりも使いづらいという考え方もある。この系でも，リチウムは炭素の層間のみならず，微細な空隙にも吸蔵されると考えられており，黒鉛の場合のように理論容量372Ah/kgに相当するものがなく，高容量の材料を開発できる可能性がある。しかしながら，初期充放電効率が黒鉛系材料に比べて低く，比重が約1.6g/cm³であり，黒鉛の2.27g/cm³に比べて小さいので，体積あたりの放電容量で比較した場合に黒鉛系に劣り，民生用電池用負極としては次第に使用されなくなったが，一方ではハイブリッド自動車用の大型電池の負極材料として近年，再び注目されつつある。

難黒鉛化性炭素材料の容量改善の研究は，これまでにかなり行われている。Zhengらは，砂糖等の材料を焼成することによって764Ah/kgもの高容量を示す材料を報告しているが[23]，こうした材料は炭化収率が非常に低いために実用化には至らない。実用化を前提として原料を選定すれ

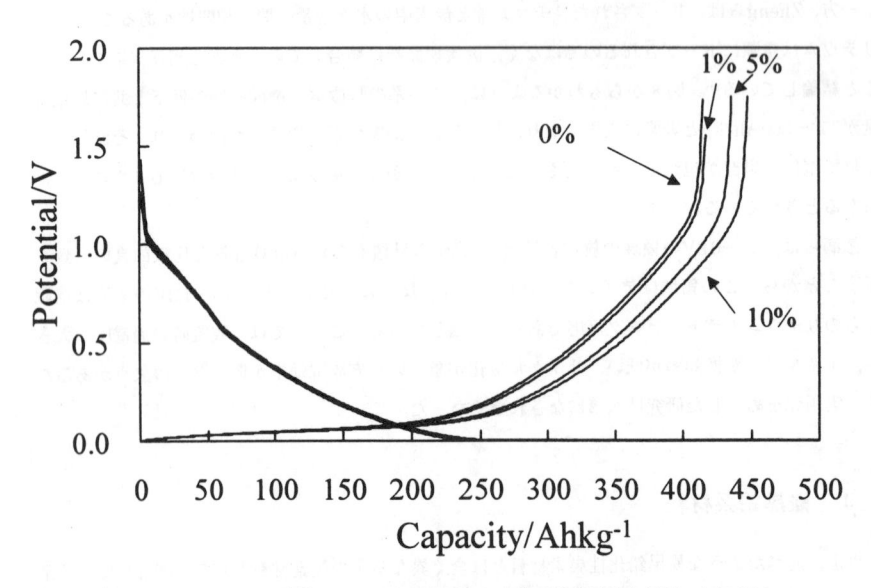

図9 ペルオキソ2硫酸アンモニウムを添加した難黒鉛化性炭素材料の負極特性

第8章 炭素系負極

ば,コールタールピッチや石油ピッチ,あるいはポリマーが有力な候補となるであろう。筆者らは,難黒鉛系材料の容量改善のために,コールタールピッチを原料として,炭素前駆体中の空隙構造を制御することを考え,ピッチ中にイオウ,五酸化リン,ヨウ素,ペルオキソ2硫酸アンモニウムのような酸化能を有する異種化合物をドープし,難黒鉛系材料を調製し,特性の向上を検討した[24]。図9に示すようにペルオキソ2硫酸アンモニウムの添加量の増加とともに放電容量が増加した。

表1 $(NH_4)_2S_2O_8$を用いて調製した難黒鉛系材料のブタノール浸液比重ρ_{Bu}とヘリウム比重ρ_{He}

$(NH_4)_2S_2O_8$	ρ_{Bu}	ρ_{He}	ρ_{He}/ρ_{Bu}
1%	1.95	1.61	1.21
3%	1.96	1.59	1.23
5%	1.95	1.59	1.23
10%	1.97	1.58	1.25

また,表1は,ペルオキソ2硫酸アンモニウムを用いて調製した難黒鉛系材料のブタノール浸液比重ρ_{Bu}とヘリウム比重ρ_{He}の測定結果を示している。両者の比(ρ_{He}/ρ_{Bu})は,ヘリウムは侵入し得るがブタノールは侵入し得ないサイズの入り口を有する空隙の存在割合を示しており,ペルオキソ2硫酸アンモニウムの添加量に依存して,炭素表面に生成するこのようなサイズの入り口を有する空隙量が変化するということを示している。充放電反応により,リチウム種がインサート/デインサートされるためには,こうしたサイズの細孔が表面に多く生成していることが重要であると考えられる。難黒鉛化性炭素材料は非晶質構造のため,通常のX線回折測定などではメカニズムの解析が困難である。それ故,詳細な充放電メカニズムは解明されていない。橋本らは,中性子線回折法でリチウムの吸蔵サイトを調べ,数nmオーダーの間隙にクラスターとして存在しているのではなく,層間に近い大きさの間隙に充填されている可能性があることを報告している[25]。また,辰巳らは,リチウム吸蔵された炭素の^{7}Li-NMR測定を行い,観測されるシグナルが低温になると2本に分裂し炭素の層間とそれ以外のサイトにもリチウム種が吸蔵されることを確認している[26]。

初回の充放電効率を改善する研究としては,黒鉛系材料と同様にCVDプロセスを応用した報告がある。エチレンガスを用いて粒子表面を改質する方法や単にアルゴンガスのような不活性ガス中で処理することによって90%以上の充放電効率が得られることが報告されている[27]。しかしながら,実用化レベルには至っていない。

5 おわりに

およそ10年にわたって,黒鉛系材料,難黒鉛系材料を中心に,高容量,高充放電効率でかつ比表面積が小さく安全性に優れた材料の開発が行われてきた。しかしながら,近年ではモバイル機器の高性能化に伴ってさらなる高容量化が要求されている。また,ハイブリッド自動車などへの応用をめざして電池が大型化する傾向があり,負極に要求される仕様はますます高まっている。今後はさらなる高容量化,ハイレートの充放電特性,高温・低温特性の改善などのために,炭素の範疇にこだわることなく,例えばシリコンやスズなどの金属との複合材料なども視野に入れ,開発を行う必要がある。

文献

1) 第34回,第35回電池討論会予稿集(1993年,1994年)例えば,**1 A04**,阿部浩史,K. Zaghib,辰巳国昭,樋口俊一,p.7 (1993);**3 A04**,高橋昌利,能間俊之,藤本正久,大下竜司,上野浩司,西尾晃治,斎藤俊彦,p.73 (1993);**3 A11**,玉木敏夫,p. 89(1993).
2) J.Yamaura, Y.Ozaki, A.Morita and A.Ohta, Extended abstract of the 6th International Meeting on Lithium Batteries 103-107(1992).
3) A.Mabuchi, K.Tokumitsu, H.Fujimoto, and T.Kasuh, *Journal of Electrochem. Soc.*, **142**, 1041-1046(1995).
4) A.Mabuchi, H.Fujimoto, K.Tokumitsu, and T.Kasuh, *Journal of Electrochem. Soc.*, **142**, 3049-3051(1995).
5) H.Fujimoto, A.Mabuchi, K.Tokumitsu and T.Kasuh, *Carbon*, **32**, 193-198(1994).
6) H.Fujimoto, A.Mabuchi, K.Tokumitsu and T.Kasuh, *Carbon*, **38**, 871-875(2000).
7) C.R.Houska, B.E.Warren, *J. Appl. Phys.* **25**:1503(1954).
8) C.E.Lowell, Solid solution of boron in graphite. *J.Am.Ceram.Soc.* **50**:142-144(1967).
9) A.OyaA, H.Marsh, Phenomena of catalytic graphitization. *J.Mat.Sci.* **17**:309-322 (1982).
10) 西村嘉介,高橋哲哉,玉木敏夫,遠藤守信,M.S.Dresselhaus,炭素,No.172, 89-94 (1996).
11) H.Fujimoto, A.Mabuchi, C.Natarajan, T.Kasuh, *Carbon*, **40**, 567-574(2002).
12) 原亨和,佐藤麻子,高見則雄,大崎隆久,炭素,No.165, 261-267 (1994).
13) M.Yoshio, H.Wang, K.Fukuda, Y.Hara and Y.Adachi, *J.Electrochem.Soc.*, **147**, 1245 (2000).
14) 特開平10-326611
15) C.Natarajan, H.Fujimoto, K.Tokumitsu, A.Mabuchi, T.Kasuh, *Carbon*, **39**, 1409-

第8章　炭素系負極

1413 (2001).
16) 江口邦彦ら，第41回電池討論会予稿集，288-289 (2002).
17) P.Biensan *et al.*, Extended Abstracts of the 10th IMLB, Como, Italy, ABS.No.286 (2000).
18) 大関克知，白髭稔，立薗信一，千代田博宜，第26回炭素材料学会年会予稿集，1 A07 (1999).
19) K.Tokumitsu, A.Mabuchi, H.Fujimoto, and T.Kasuh, *J.Electrochem.Soc.*, **143**, 2234-2239 (1996).
20) T.Zheng, W.R.Mackinnon, J.R.Dahn, *J.Electrochem.Soc.*, **143**, 2137-2145 (1996).
21) 園部直弘ら，第35回電池討論会講演要旨集，47 (1994).
22) 高橋護ら，第35回電池討論会講演要旨集，39 (1994).
23) T.Zheng, W.Xing, and J.R.Dahn, *Carbon*, **34**, 1501-1507 (1996).
24) H.Fujimoto, N.Chinnasamy, A.Mabuchi, T.Kasuh, Extended abstract of Lithium Battery Discussion N82 (2001).
25) 橋本知孝，森吉彦，山崎悟，大山研司，山口泰男，第38回電池討論会要旨集，231 (1997).
26) 辰巳国昭，澤田吉裕，樋口俊一，河村寿文，細坪富守，第38回電池討論会要旨集，241 (1997).
27) W.Xing, R.A.Dunlop and J.R.Dahn, *J.Electrochem.Soc.*, **145**, 62-70 (1998).

第9章　合金系負極材料

辰巳国昭[*]

1　はじめに

　リチウムは，電極としての基本特性である電極電位（$-3.045\,\mathrm{V}$ vs. NHE；25℃）及び重量当たりの電気化学容量（$3,861\,\mathrm{mAh/g}$）において，電池負極材料として今なお他の材料よりも極めて高い特性を示し，電池の高電圧化・高容量化，すなわち高エネルギー密度化を可能にする負極として，たいへん魅力的な材料である[1]。しかし，リチウム金属負極の充電反応（還元反応）において電析したリチウムは樹枝状結晶（デンドライト）になりやすいことから，リチウム金属負極は充放電効率が低くサイクル寿命が短い，電池の安全性を低下させるといった二次電池の電極としては深刻な課題があり[2]，その課題が十分に解決されたとは言えないのが現状である。

　このリチウムのデンドライト状析出の問題を解決するために，電解液や添加剤の研究が今なお進められている一方で，リチウムと金属間化合物を形成する金属（アルミニウム等）を負極として適用することが盛んに試みられ，コイン型電池ではあるものの，このような合金材料は1990年以前より実際に二次電池負極として用いられてきた実績を持つ[3〜5]。しかし，合金負極も充放電時の体積変化が大きく微粉化によってサイクル寿命が短いなどの課題があり，1990年代には，容量としてはリチウム金属や合金よりは劣るものの，サイクル寿命及び電極電位に優れる炭素・黒鉛材料を負極に適用したリチウムイオン電池が大きな発展を遂げてきた。ところが，リチウムイオン電池の主な適用先である携帯型電子情報機器の小型・軽量化の進展は今なお著しく，また駆動時間の長時間化など，エネルギー密度向上に対する要求は尽きることがない。そのため，エネルギー密度の観点で大きなメリットのあるメタノールを用いる直接メタノール形燃料電池の実用化研究もたいへん活発となってきている。したがって，二次電池においてもエネルギー密度の格段の向上は重要なテーマであり，炭素・黒鉛系材料より格段の高容量化を可能にする負極として，リチウム金属や合金系材料に対する注目が再び集まっている。

　本章では，リチウム金属及び合金負極の特徴と課題について触れるとともに，最近の約10年間の進展状況について述べる。また，最近の研究成果から見た合金系負極材料研究の今後の方向性

---

[*] Kuniaki Tatsumi　　（独）産業技術総合研究所　生活環境系特別研究体　次世代電池研究グループ　グループ長

について述べたい。

2　リチウム金属負極

　リチウムの電極反応式（1）は単純であるが，電析したリチウムを放電しても，電析に消費した電気量より低い電気量しか放電できない[6]。すなわち，電析リチウムの中には，化学的には金属リチウムであっても，集電体基板から電気的に遊離して，電気化学的には「死んだリチウム」となっているものがあることを意味する。

$$\text{Li}^+ + e^- \rightleftarrows \text{Li} \quad (-3.045\,\text{V vs. NHE}; 25℃) \qquad 式（1）$$

　電析リチウムの形態を観察すると，デンドライトが多数観察される（図1）。デンドライトの放電過程，すなわち溶解過程を考えると，必ずしもデンドライト先端から順次溶解するとは限らず，むしろ集電体に近い方が電子輸送の面では有利で，デンドライトの根元に近い方から溶解が進み，溶解の遅れた先端部の金属リチウムは集電体からの電気導通が切れ，「死んだリチウム」になってしまう。このため，デンドライトは充放電効率を低下させ，電池のサイクル寿命に直接的な影響を与える。さらに，デンドライトはセパレータを破損し内部短絡を生じる危険性も考えられる。このように，デンドライトの生成がリチウム金属を二次電池負極として利用する際の最大の問題点である。

　リチウムは活性が非常に高いため，現在知られているほぼ全ての有機電解液と反応し，リチウム表面は直接電解液と接しているとは考えられていない。実際には，電解液との反応生成物によ

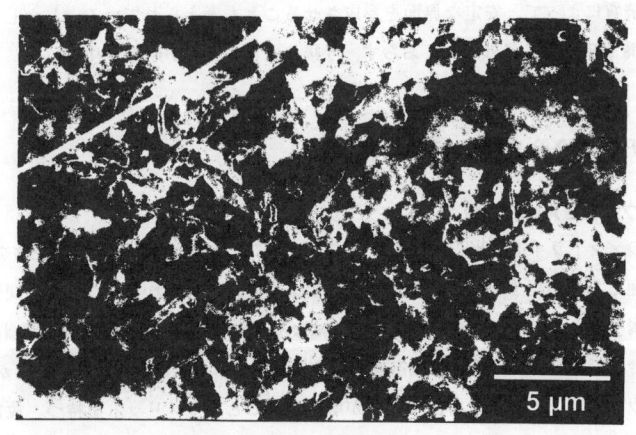

図1　デンドライト状に析出したリチウム金属

るナノメートルオーダーの厚さの層がリチウム表面で不動態化し、その後のバルクリチウムの反応を抑制するとともに、この表面層はリチウムイオン伝導性を持ち、バルクリチウムと電解液との界面相（Solid-Electrolyte Interphase；SEI）[7]となって、リチウムは一次電池負極として動作できると考えられている。最近10年の研究から、このSEIは大まかに二層構造となっており[8]、リチウムに近い層が酸化リチウム、その外側が有機溶媒の分解生成物であるアルキル炭酸リチウム塩（炭酸エステル系溶媒）やリチウムアルコキシド（エーテル系溶媒）から成ることが明らかとなっている。

このSEIの組成や厚み等の構造がリチウムの電析反応に影響を与えていることが十分に考えられることから、二酸化炭素（CO_2）[9]やフッ酸（HF）[10~12]を添加剤としてSEIを改質し、デンドライト析出の抑制を行う試みがなされている。後者は、安定なフッ化リチウムの層をSEIとしてリチウム表面上に生成させることに着目しているが、実際、リチウムの析出形態は粒状となり、充放電効率も80％を超える。しかし、HFの存在は長期的には電解液を劣化させることから、長寿命を要求される電池にそのまま適用することは難しい。その他のフッ素系の添加剤として、トリフルオロ酢酸エチルとカルボン酸エステルとの混合溶媒が極めて高い充放電効率（＞90％）を示すことが見出されている[13]。この系では、予めリチウム金属電極を仕込むことなく、銅基板上にリチウムを析出させる方法で析出／溶解を繰り返しても、300サイクルに渡って90％以上の充放電効率を示すという特徴がある。

また、リチウムイオン溶媒和の観点から、クラウンエーテル[14]や有機塩化アンモニウム[15]を添加することで、充放電効率の改善がなされるという報告もある。一方、電解液を用いた系では電解液との反応が問題になるため、リチウムイオン伝導性を持つ酸化ポリエチレン高分子などを用いた固体電解質によって、安定な界面を形成させることも考えられている。しかし、いずれも、100％の充放電効率を得るには至っておらず、今後の更なる展開が期待される。

3　リチウム合金負極の特徴と種類

3.1　リチウム合金負極の特徴

リチウムのデンドライト析出の問題を解決するために、リチウムと金属間化合物を形成する金属を代替負極として適用する研究が1990年代以前より盛んに行われてきた。金属間化合物とは、充電時に金属リチウムが析出し合金化するのではなく、金属中にリチウムが挿入されリチウム合金となる化合物である。この場合、充電過程に金属リチウムの析出を伴わないことから、前節で述べたリチウムのデンドライト析出の問題が解決されるというメリットを持つ。放電過程では、合金から電解質にリチウムイオンとして直接放出される。リチウム金属間化合物を形成する金属

第9章 合金系負極材料

表1 様々なリチウム合金負極の容量密度[4]

リチウム合金	理論容量密度（mAh/g）*
LiAl	790
LiZn	371
Li$_3$Bi	350
Li$_3$Cd	604
Li$_3$Sb	564
Li$_4$Si	1919
Li$_{4.4}$Pb	496
Li$_{4.4}$Sn	790
Li$_{0.17}$C（LiC$_6$）	340
Li	3861

＊取り出せる電気量(mAh)を満充電状態の活物質質量(g)で除した値。

は金属学の相図に詳しく記載されているが，代表的なリチウム合金負極とその理論容量密度について表1に示す。

また，リチウム合金負極の利点として，現在の炭素・黒鉛系負極よりも格段に比容量が大きい系が存在することが挙げられる。もちろん，金属間化合物の場合，最大容量は金属間化合物となり得るリチウム量に限定されるが，リチウム合金負極としてもっともよく研究されているアルミニウムの場合，最大吸蔵量はLiAl（アルミニウムの重量当たりで993mAh/g，LiAl合金の重量当たりで790mAh/g）であるものの，現在リチウムイオン電池で主流となっている黒鉛系負極材料（330～372mAh/g）に較べ，比容量は約3倍と格段に大きい。しかも，金属であることから製造時の組成制御や取り扱いも容易である。

ただし金属間化合物の場合，金属リチウムが金属成分と混じり合う共晶合金ではないため，金属析出を伴わないが，反面，酸化還元電位はリチウム金属の電位よりも高い。アルミニウムの場合，電極電位は約0.4～0.5V（vs. Li/Li$^+$，以下電位表示はリチウム金属極基準）であり，黒鉛系負極材料との比較では，約0.2V程高くなる（電池電圧が0.2V低くなる）。この0.2Vという差は，正極材料としてコバルト酸リチウムを用いた場合の電池電圧約4Vからすれば小さいが，用途によっては，例えば，リチウムイオン電池の主な用途である携帯電話用やパソコン用の電池としては，電池の放電末期において0.1Vでも必要な電圧より低くなれば機器が停止してしまうことから，無視し得ない差である。

さらに，合金負極ではリチウムの吸蔵にともなう体積膨張が大きく，充放電サイクルを繰り返すにしたがって微粉化しやすいという問題がある。アルミニウムでは，いわゆる満充電であるLiAl組成となると，その体積は約2倍となり，充放電サイクルを繰り返すことで，微粉化や電極の割れ・脱落が起こるため，サイクル寿命は短くなる。メモリーバックアップのような放電深度の浅い使い方をすれば，体積変化も小さく電極のサイクル寿命も長くなる。しかし，炭素・黒鉛

系負極はほぼ100％の深度の充放電を繰り返すことができるから，放電深度の浅い使い方では，合金負極の高比容量の特徴が生きてこない。後述するようにウッドメタル合金やInなどもリチウムと金属間化合物を形成するが，微粉化の問題は共通しており，このことが合金負極のもっとも大きな課題であると考えられる。

また，合金負極はリチウム金属に較べ脆く柔軟性に乏しいことから，円筒型電池への適用が困難という課題も克服する必要がある。

3.2　リチウム－アルミニウム合金

今までに開発されたコイン型電池において最も多用された合金は，リチウム－アルミニウム合金であり，その特徴については前項で触れたが，大きな利点としては，現在リチウムイオン電池負極として主流の黒鉛電極より約3倍の比容量を持つことであろう。一方，最も大きな欠点は，充放電に伴う微粉化によるサイクル寿命低減であることも上述したが，その対策として，最初からアルミニウムの微粉を用いる方法も検討されている。しかし，アルミニウムの微粉を用いると，アルミニウム表面の酸化物層が電気伝導度を落とすため導電助剤を添加若しくは増量する必要が生じ，また充放電サイクルによって更なる微粉化を招くことが指摘されている[3]。さらに，アルミニウムと集電体との間で電解質が反応して皮膜を形成するなど[16]，解決すべき課題は少なくない。

3.3　ウッドメタル合金

ウッドメタルはBi-Pb-Cd-Snの共晶合金（重量比50：25：12.5：12.5）で，リチウムと金属間化合物を形成する。比容量は，ウッドメタルの重量当たりで653 mAh/g，電解液中でのリチウム金属との電気的短絡によってリチウムが満充電されたウッドメタル－リチウム合金の重量当たりで557 mAh/gと比較的大きい。ウッドメタルを構成する各金属元素は，表1に示すとおりいずれもリチウムと金属間化合物を生成するが，何よりこの合金の特徴は，リチウムの吸蔵／放出にともなう体積変化があるものの微粉化が起きにくいことである。微粉化の起きにくい原因としては，カドミウムが重要であることが報告されている[3]。カドミウムはリチウムと金属間化合物を形成するものの，その生成速度は遅く，実用的な電流値ではリチウムをほとんど取り込めない。すなわち，カドミウムはほとんど不活性であり，微粉化を抑制する構造保持材のような働きをしている可能性が考えられる。

第9章　合金系負極材料

4 リチウム合金負極の今後の方向性について

4.1 複合化合金

　合金負極は，リチウムのデンドライト析出の課題を解決し，電極電位も負極として好適な範囲にあり，比容量も炭素・黒鉛系負極材料よりも格段に高いなど，利点も多い。そのため，合金の充放電にともなう微粉化の問題が解決されれば，合金負極の実用化に向けて大きく進展することが十分に期待できる。そこで，構造を保持するようなマトリックス中に合金負極を分散させる複合化手法がいくつか検討されている。

　まず，構造保持のためのマトリックスとして，弾性や電子伝導性・イオン伝導性に優れた導電性高分子をベースとして，結着剤樹脂や導電助剤（カーボンブラック等）を添加した材料が検討されている[17]。電極としての作成方法としては，合金粉末と導電性高分子，結着剤，導電助剤を混合し集電体上に圧着する方法や，金属粉末に重合触媒を組み合わせ金属表面でモノマーを重合させ導電性高分子を析出させる方法などが考えられている。この方法により，1,000サイクルを超える寿命も期待できることが報告されている。

　一方，ウッドメタルでのカドミウムの働きのように，最近では，リチウムと金属間化合物を生成しない合金（不活性合金）中に，リチウムとの金属間化合物を生成する合金（活性合金）をナノレベルで複合化した材料も報告されている。その一例が，体積あたりのリチウム比容量が約5,000 mAh/cm^{3}の活性合金Sn$_2$Feが，その約10分の1以下の比容量しかない不活性SnFe$_3$C合金のマトリックス中にナノレベルで複合化した電極材料である（図2）[18]。この材料は，スズ，鉄，炭素の粉末をアルゴン封入されたボールミル中で合金化するメカニカルアロイングと呼ばれる方法で合成される。得られたナノ複合電極（Sn$_2$Fe：SnFe$_3$C：Cの重量比は24：72：4）は，体積比容量で黒鉛負極の2倍以上，約1,800 mAh/cm^{3}の容量を示し，充放電サイクル劣化も小さいことが報告されている。

4.2 めっき法

　合金をめっきによって集電体上に析出させることにより，充放電サイクルにともなう合金の微粉化が抑制されることがいくつかの系で報告されている。Besenhardらはスズ－アンチモン系において，めっきによって析出する合金の粒径を2,000〜4,000 nmとした場合は，10サイクル程度で初期容量の半分程度まで劣化するが，粒径を200〜400 nmに制御することにより，200サイクル以上の寿命を持つ電極となることを示した[19]。この理由として，後者の条件でのめっきでは，粒子同士が十分な電気的接触を保つ一方，粒子間に隙間が多数存在する構造となっており，体積膨張によって粒子同士が押し合うことによる圧縮応力はかからず，微粉化の進行や電極の脱落が起

数10 nm

結晶粒

不活性$SnFe_3C$相　活性Sn_2Fe相

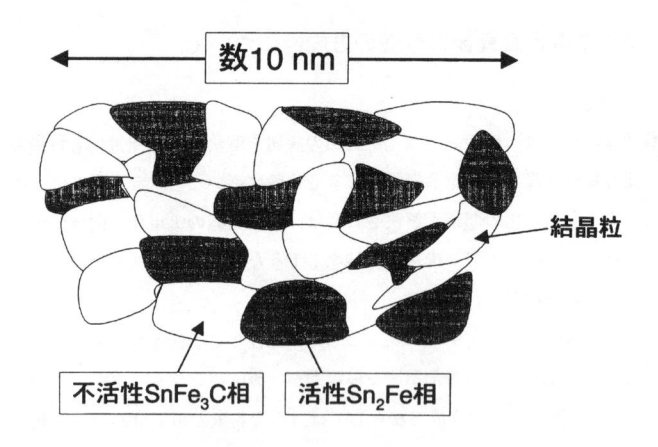

図2　活性（Sn_2Fe）／不活性（$SnFe_3C$）合金ナノ複合材料の構造模式図[18]

こりにくいためと考えられている．さらに，リチウムの吸蔵により膨張した粒子は，圧縮応力を受けないことから，リチウムの放出時には各粒子がスポンジのように粒子間に隙間が発生し，その後の充放電サイクルにおいては，粒子の見かけ上の体積膨張・収縮が抑制されているのではないかとの推測も出されている．

また，その他には，理論容量が高く（994 mAh/g）集電体との密着性に優れるスズにおいて，光沢めっきとすることでサイクル寿命が改善され，スズ－コバルト合金やスズ－鉄合金においては更なるサイクル寿命の改善が見出された[20]．まず無光沢めっきから光沢めっきとすることによるサイクル寿命の改善は，上述のスズ－アンチモン系と同様，粒径の違いによることが確認されており，粒径を光沢めっきにおけるサブミクロンとすることにより改善がもたらされたことが報告されている．次にスズ－コバルト合金，スズ－鉄合金においては，コバルトや鉄の存在によってスズ粒子間の導電性が改善され，サイクル寿命の更なる改善のもたらされたことが推測されている．

5　おわりに

リチウム金属の代替負極として炭素・黒鉛系材料の採用によって，Ahオーダーのサイズのリチウムイオン二次電池が実用化されて以来10年を経ないうちに，リチウムイオン二次電池は日本における販売額で電池全体の37%（2002年電池工業会統計）を占めるまでに急成長し，特に携帯型電子情報機器用の電源として主要な地位を占めるに至っている．しかし，電子機器側の小型・

第9章　合金系負極材料

軽量化の進展は今なお著しく、また駆動時間の長時間化など、エネルギー密度の向上に対する要求は尽きることがない。そのため、リチウムイオン電池より高いエネルギー密度を求めて、例えば、直接メタノール形燃料電池の開発研究がたいへん活発となっている。もちろん、蓄電池と燃料電池では、入力が電気と燃料という全く異なるものであることから、利用形態が異なることが考えられ、単純な比較にどれだけの意義があるかについて注意しつつ議論する必要がある。しかし、一般ユーザーから見ればどちらも電源であり、違いはないとの議論もある。

後者の視点に立った場合、現在の炭素・黒鉛材料を負極とするリチウムイオン電池では、エネルギー密度は不十分と言わざるを得ない。電池の高容量化のためには、負極の容量のみでなく、正極の容量向上も重要であり、特に電池の構造設計を考えると、両極がバランスよく容量向上することが望ましい。しかし、4V級電池を可能にする正極材料としては、現在のコバルト酸リチウムよりも容量の大きなものも存在するが、その向上率はせいぜい数十パーセントであり、2倍以上に達するものは見出されていない。そのため、電池の構造設計上の難しさは残るものの、炭素黒鉛負極の数倍の容量を持つ材料系が見出されている負極側でリチウムイオン電池の高容量化を図る以外にないと言っても過言ではないと思われる。したがって、直接メタノール形燃料電池が目標とするような高いエネルギー密度の電源として、リチウム電池若しくはリチウムイオン電池が発展していくためには、リチウム金属や合金をはじめとする高容量負極材料によるリチウム電池若しくはリチウムイオン電池の実用化は喫緊の課題であり、前節で述べたようなメカニカルアロイング法によるナノ複合合金やめっき法の応用による合金系負極材料の実用性向上の研究への期待は誠に大きいと言えよう。

文　　献

1) J.P.Gabano (ed.), *Lithium Batteries*, Academic Press (1983)
2) J.Yamaki, M.Wakihara, and O.Yamamoto (eds.), *Lithium Ion Batteries*, p.67, Kodansha (1998)
3) 豊口吉徳, 最新二次電池材料の技術, シーエムシー出版, p.91 (1997)
4) 藤枝卓也, まてりあ, **38**, 488 (1999)
5) 石川正司, 電池便覧第3版, 丸善, p.343 (2001)
6) R.Selim and P.Bro, *J.Electrochem.Soc.*, **121**, 1457 (1974)
7) E.Peled, *J.Electrochem.Soc.*, **126**, 2047 (1979)
8) D.Aurbach, I.Weissman, A.Zaban, and O.Chusid, *Electrochim.Acta*, **39**, 51 (1994)
9) D.Aurbach, Y.Ein-Ely, and A.Zaban, *J.Electrochem.Soc.*, **141**, L1 (1994)

10) K.Kanamura, S.Shiraishi, and Z.Takehara, *J.Electrochem.Soc.*, **143**, 2187 (1996)
11) 金村聖志, 電気化学, **65**, 722 (1997)
12) K.Kanamura, S.Shiraishi, and Z.Takehara, *J.Fluorine.Chem.*, **87**, 235 (1997)
13) 藤枝卓也, 小池伸二, 境哲男, 第39回電池討論会講演要旨集, 395 (1998)
14) Z.X.Shu, R.S.McMillan, J.J.Murray, *J.Electrochem.Soc.*, **140**, 922 (1993)
15) T.Hirai, I.Yoshimatsu, J.Yamaki, *J.Electrochem.Soc.*, **141**, 2300 (1994)
16) J.O.Besenhard, P.Komeda, A Paxinon, and E.Wudy, *Solid State Ionics*, **18&19**, 823 (1986)
17) M.Maxfield, T.R.Jow, S.Gould, M.G.Sewchok, and L.W.Shacklette, *J.Electrochem.Soc.*, **135**, 299 (1988)
18) O.Mao, R.L.Turner, I.A.Courtney, B.D.Fredericksen, M.I.Buckett, L.J.Krause, and J.R.Dahn, *Electrochem.Solid State Lett.*, **2**, 3 (1999)
19) J.O.Besenhard, J.Yang, and M.Winter, *J.Power Sources*, **68**, 87 (1997)
20) 園田司, 電池技術, **14**, 14 (2002).

第10章　その他の非炭素系負極材料

武田保雄*

1　はじめに

　現行のリチウムイオン電池の負極には，可逆電極としてはほとんど理想的といえる優れた特性のグラファイト材料が使われている。ただ，Li金属よりはるかに小さい理論容量（Liの3860mAh/gに対して372mAh/g）は，さらに大きなエネルギー密度を持った電池の開発のためには，不十分であるのは事実である。リチウムイオン電池は負極，正極ともリチウムの電気化学的インターカレーション反応を利用するものである。電極材料内にインターカレート出来るリチウム量が限られるため，$LiCoO_2$，黒鉛共々優れた電極ではあるものの，飛躍的なエネルギー密度の増加は望めない。また，電極反応の速度がホスト構造中のリチウム拡散で決まるのでハイレートの充放電が難しい。$LiCoO_2$に変わる正極材料では飛躍的に大きな容量を示す材料がいまだ見いだされていない現状では，バラエティにとみ，大きな容量を示す新しい物質が提案されている負極材料の分野で，今後新しい電極材料の発展が見られると思われる。中にはインターカレーション反応によらない新しい材料もあり，近い将来黒鉛に変わって採用されるようになると期待される。

　表1には第8章，第9章で述べられる炭素系負極，合金系負極も含めて最近話題になっている負極材料物質を大雑把に分類してその一部を示した。表1は便宜的に7つのグループに分けられている。現在リチウムイオン電池の負極として使われているのは，グループIVのグラファイトである。そのグラファイトの容量と比べ他に示されている物質はいずれも大きな値を持っているが，なにがしかの問題があり一部を除いて実用には至っていない。この章では，炭素系負極，合金系負極をのぞく，酸化物や化合物系の新しい負極候補について述べる。なお，VIIの$Li_4Ti_5O_{12}$は大阪市大の大槻らによって見いだされた負極で[1]，Liが挿入されても体積変化を示さず，可逆性の良い優れた電極として知られている。ただ，電位が高く容量が大きくないのが難点で一部にしか使われていないが，体積変化が大きく影響するような全固体二次電池には最適な電極と思われる。今後の改良が期待される電極である。

---

*　Yasuo Takeda　三重大学　工学部　分子素材工学科　教授

表1 負極材料の理論容量と電位（対Li）

負極物質	理論密度 (mAhg^{-1})	(mAhcc^{-1})	電位 (V vs. Li/Li$^+$)
I Li (metallic)	3860	2060	0.0
II LiC$_6$ (graphite)	372	855	0-0.5
Soft carbon* (>2000℃)	330	360-600	0-1.0
(MCMB**等) (<1000℃)	600	600-900	0-1.5
Hard carbon*	300-450	450-900	0-1.0
III LiAl	790	1280	0.36
Li$_{4.4}$Si	2010	1750	0.2
Li$_{4.4}$Sn	790	1000	0.5
Li$_{13}$Cu$_6$Sn$_5$	358 (200)*	1600*	0-1.2
IV SnB$_x$P$_y$O$_z$ (富士写真フイルム)*	>600	～2000	0-1.4
SiOx (SIIマイクロパーツ)*	1200	2700	0-1.0
V Li$_7$MnN$_4$*	210	460	1.2
Li$_{2.6}$Co$_{0.4}$N*	850	1780	0.0-1.4
VI CoO*	700mAh/g		0.0-1.8
MnV$_2$O$_6$*	600mAh/g		0.0-2.5
VII Li$_4$Ti$_5$O$_{12}$	175mAh/g		1.5

*: 観測値 **MCMB メソカーボンマイクロビーズ

2 新しい負極探索の流れ―非晶質SnO負極

1970年代，Whittingham，Rouxel，Murphy，Besenhardらによってインターカレーション正極（TiS$_2$，MnS$_2$など）を使ったリチウム二次電池が研究された時期，これら正極材料はLiCoO$_2$と違ってLiを構造中に含んでいないため，必然的に負極としてはLi金属が考えられていた。しかし，リチウム金属を用いた二次電池はいわゆるデンドライト（繊維状リチウム）の生成による充放電寿命や安定性における問題のため結局実用化には至っていない。デンドライトの生成のしやすさは，電解液中のリチウム表面被膜の構造や組成に関係しており，電解液，電解液添加剤など種々の検討がなされている。しかしまだ100％の解決はなされておらず，大きなエネルギー密度が期待できるが，リチウム金属が二次電池の負極として使われるには今しばらく時間を要するであろう（リチウム金属負極の最近の動向については都立大の金村氏の総説を参照されたい[2]）。

Li金属に変わる負極としてリチウムと合金を作る金属を負極として採用する研究は古くからなされてきた。Deyが電気化学的にリチウム金属が有機電解液中である金属と合金を作るという事象を見出して以来[3]，この合金（Al, Sn, Sbなど）をリチウム二次電池の負極に使おうとする努力がなされてきたが，ウッドメタル[4]のように一部に採用されただけで結局実用にはならなかった。その最大の理由は，アルミニウムやスズがリチウムと合金を形成する際，数倍の体積膨張を示すことにある。そのため剥離，接触不良など多くの不都合が電極に生じサイクル性が大きく劣化するためである（第9章参照）。

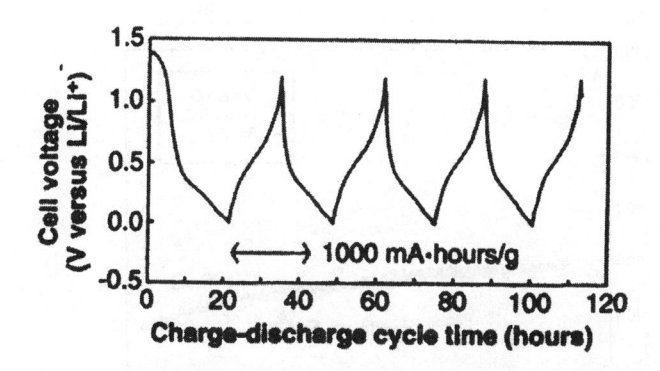

第10章 その他の非炭素系負極材料

図1 Sn複合ガラス（$Sn_{1.0}B_{0.56}P_{0.40}Al_{0.42}O_{3.6}$）のサイクル曲線[5]

ところが1997年，富士フイルムのIdotaらによって，スズ（2価）をベースにした非晶質酸化物が600mAh/g以上の容量で優れたサイクル性を示すことが報告された[5]（図1）。その反応機構は論文ではあまり明らかではないが，常識的に考えると以下の通りであろう。ガラスマトリックス中に分散したSnOがLiと反応して（$SnO+Li \rightarrow Sn+Li_2O$）微細な分散したSnが生じ，そのスズがLiと可逆的に（$Sn+xLi \rightarrow Li_xSn$）反応しているものと思われる。ナノサイズのSn粒子が不活性なガラスマトリックスに分散しているので，その体積膨張の効果が緩和されサイクル性が向上したものと思われる。酸化物の負極ではあるが本質的には第9章の合金系負極の範疇に入るものである。この論文はリチウム二次電池材料の研究者に大きなインパクトを与え，その後合金系負極のリバイバルと新たな酸化物負極の探索が始まることになる。

たとえば，少し古くなるが2000年5月にイタリアのComoで開かれた第10回リチウム電池国際会議では95件ほどの負極の発表のうち，炭素系40件に対しこれら新しい系の負極は（合金系を含む）40件以上になりほぼ同等の数になっていた。様々な合金あるいは酸化物系が提唱されており，列挙すると合金系ではSnを筆頭に，C-Sn コンポジット，Zn-Sn，C-Si，$SnMn_3C$，Sn/SnSb，Ni-Sn，Mg_2Sn，Li-Al，Al-Cu，$CaSi_2$，Mg，Sn-Ca，Si，Sn-V，Cu_6Sn_5，InSb，Cu-In-Snなどである。酸化物もSnOやSnO_2をはじめ，スピネル酸化物のZn_2SnO_4，Co_2SnO_4，Mn_2SnO_4，Mg_2SnO_4，あるいはV_2O_5から派生したMnV_2O_6，CoV_2O_6などが報告されている。表1で挙げたグループVIのCoOもこのとき報告されたが，やはり富士写真フイルムの論文に誘発された結果であろう。

確かに電極活物質の粒子サイズを小さくするとサイクル性は向上する。図2に我々が行ってサイズの異なる3種類のSnOに関するサイクル特性を示す。酸化物から出発することで，電極反応には不活性なLi_2Oに微粉のSn粒子を均一に分散させることが出来，合金系負極のサイクル性向上が図られることが明らかになった[6]。

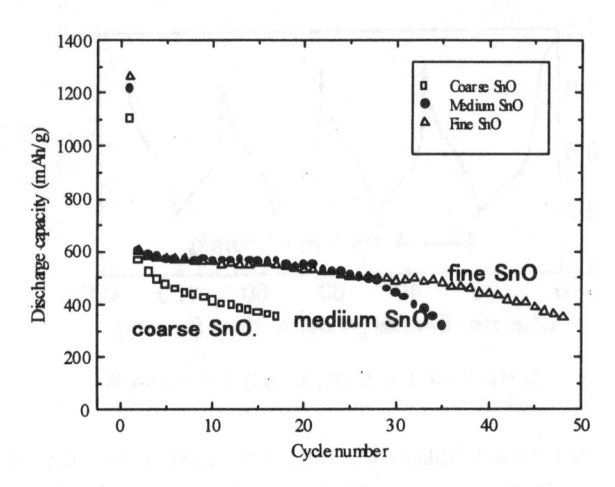

図2 異なった粒子サイズを持つSnOのサイクル特性[6]

Li-Si系合金は容量がさらに大きく大容量負極として昔から注目されてきたが，サイクル性が良くなかった。SIIマイクロパーツのグループが第38回電池討論会で発表したSiOに関する報告では，1200mAh/g以上の可逆容量を報告している[7]。SiOがどのような物質なのか議論のあるところであるが，SnO以上に大きな容量を示しており今後の発展が期待される。

結局，富士フイルムのSn非晶質酸化物ガラスは実用化されなかった。多くの合金系あるいは関連酸化物系の負極も本格的に実用化された例はまだない。そのもっとも大きな理由は，図1や図2を見ても分かるとおり，初期の大きな不可逆容量の存在である。図1では初期放電容量（リチウム挿入）が1200mAh/g近くあるのに，二回目以降600mAah/gになっている。これはSnO+Li→Sn+Li$_2$Oに消費されるLiが戻らないからで，避けることの出来ない現象である。SnやSiの単体元素でも粒子を小さくすると，相対的な表面積が大きくなり表面に生じた酸化物層が大きな不可逆容量の原因となる。

3 高容量窒化物負極—$Li_{2.6}Co_{0.4}N$

Li$_3$Nは高いリチウムイオン導電性を示す物質として有名である。層状構造をなし，Li$^-_2$N^{3-}層の間をつなぐようにLi$^-$イオン層間に存在している。後半の第一周期遷移元素Co，Ni，Cuはこの層間のLi$^-$（Li（2）位置といわれている）と一部置換して，固溶体Li$_{3-x}$M$_x$N（M＝Co,Ni,Cu）を形成する[8]（図3）。窒素ガス中，Li$_3$Nと各金属を混合して，650～750℃で焼成するとCoで$0 \leq x \leq$

第10章 その他の非炭素系負極材料

0.5, Niで$0 \leq x \leq 0.6$, Cuで$0 \leq x \leq 0.3$の固溶量のLi$_3$N型窒化物が得られる[9]。我々はこれら窒化物のLiイオン脱離挿入反応を検討し,特にLi$_{2.6}$Co$_{0.4}$Nは高い容量を示した。たとえば1M LiClO$_4$/PC+DME電解液を使用したLi/Li$_{2.6}$Co$_{0.4}$N電池をLi$_{2.6-z}$Co$_{0.4}$Nとしてz=0から1までサイクルさせると(480mAh/gの容量に対応), 0.0〜1.1Vの電位幅で優れた可逆性を示した[10]。1.1V以下の電位というのは酸化物電極よりはるかに低い値であり,高い電極電位を持つ正極物質と組み合わせると優れたリチウム二次電池用負極となり得ることが示唆された(図4は1.4Vまで電位幅を広げた場合)。

NTTグループの正代らは電位幅を0.0〜1.4Vに設定してサイクルさせると900mAh/gの大容量が得られ,50サイクル後も760mAh/gの高容量を保持することを報告した[11](図5)。この容量はLi$_{2.6}$Co$_{0.4}$NからLi$_{1.0}$Co$_{0.4}$NまでLiが脱離挿入されることを意味し,その容量はC$_6$Li(372mAh/g)の

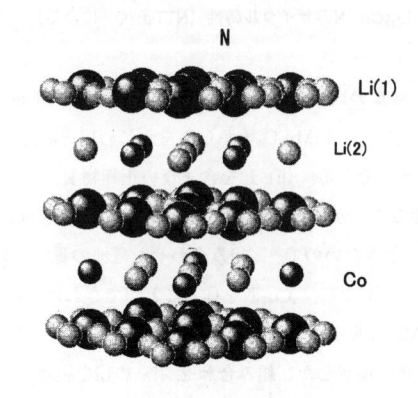

図3 Li$_{2.6}$Co$_{0.4}$Nの構造

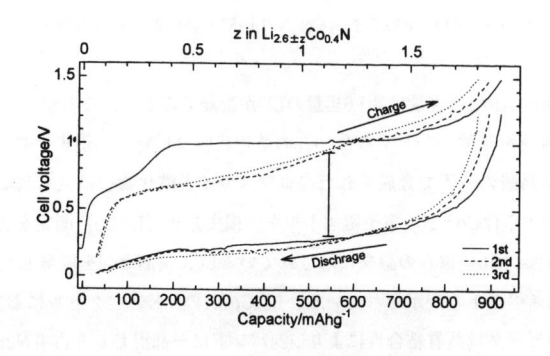

図4 Li$_{2.6}$Co$_{0.4}$Nの充放電曲線

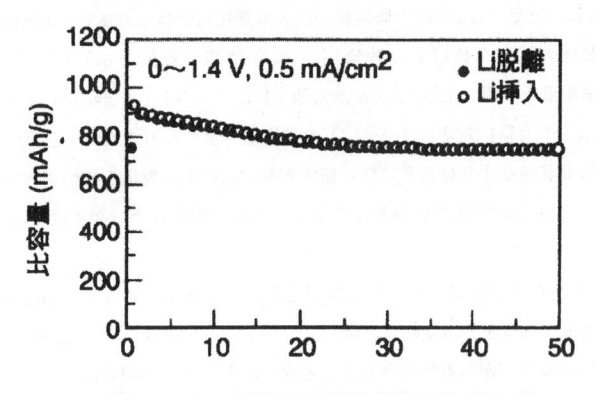

図5 $Li_{2.6}Co_{0.4}N$のサイクル特性（NTT正代[11]による）

理論容量の2倍以上である。

$Li_{2.6}Co_{0.4}N$はすでに構造内に多量のLiを含んでいるのでLiを含まない正極を使用する必要がある。(i) 高電位正極$LiCoO_2$, $LiNiO_2$, $LiMn_2O_4$等からあらかじめLiを除去することができれば，高電位リチウム電池を組むことができる。(ii) Liを含まない正極物質，たとえばV_2O_5, 非晶質a-Cr_3O_8, TiS_2と直接組み合わせることができる。しかしこの場合，a-Cr_3O_8のような高電位正極でもLiに対し4V以下の電位しか示さないので[14]，組み合わせた電池の電圧は低くなる。(iii) もし$Li_{2.6}Co_{0.4}N$からあらかじめLiを除去した$Li_{2.6-z}Co_{0.4}N$を作ることができれば，はじめからLiを含む正極である$LiCoO_2$, $LiNiO_2$, $LiMn_2O_4$をそのまま使うことができる。

我々は上記三つの組み合わせを検討した。組み合わせ(i)のLiを脱離した$Li_{1-y}Mn_2O_4$は，あらかじめBr_2を酸化剤として$LiMn_2O_4$から得た。組み合わせ(iii)では炭酸プロピレン（PC）に溶かしたI_2で$Li_{2.6}Co_{0.4}N$を酸化し$Li_{2.6-z}Co_{0.4}N$（$z=0.2\sim 2.2$）を得た。これら3種の電池，$Li_{2.6}Co_{0.4}N/Li_{0.64}Mn_{1.96}O_4$, $Li_{2.6}Co_{0.4}N/a$-Cr_3O_8, $Li_{1.37}Co_{0.4}N/Li_{1.1}Mn_{1.90}O_4$はいずれも優れた可逆性と高い容量を示した[12]。

$Li_{2.6}Co_{0.4}N$の場合，900mAh/gの容量は約1.6当量のLi^-が脱離することになるが，Coが1.6当量のLi^-に対応する全ての電荷を補償したとすると，Coの酸化状態は1価から5価まで変化することになる。Coの5価状態は高酸素圧下で合成されたペロブスカイト酸化物には見られるがまれなケースである。NTTの鈴木らはCoとNの電子線エネルギー損失分光（EELS）測定を行い，興味深い結果を報告している[13]。図6に彼らの論文に示されている$Li_{2.6}Co_{0.4}N$とLiを脱離した$Li_{1.0}Co_{0.4}N$のN-KスペクトルとCo-Lスペクトルが示されている。$Li_{2.6}Co_{0.4}N$のN-Kスペクトルにおける403.5eV付近のピークは，このピークは共有結合性によりLi2sバンドに一部混じる非占有N2p成分であるとしている。このことは，$Li_{2.6}Co_{0.4}N$が完全なイオン結合性でないことを示しているが，Liは，

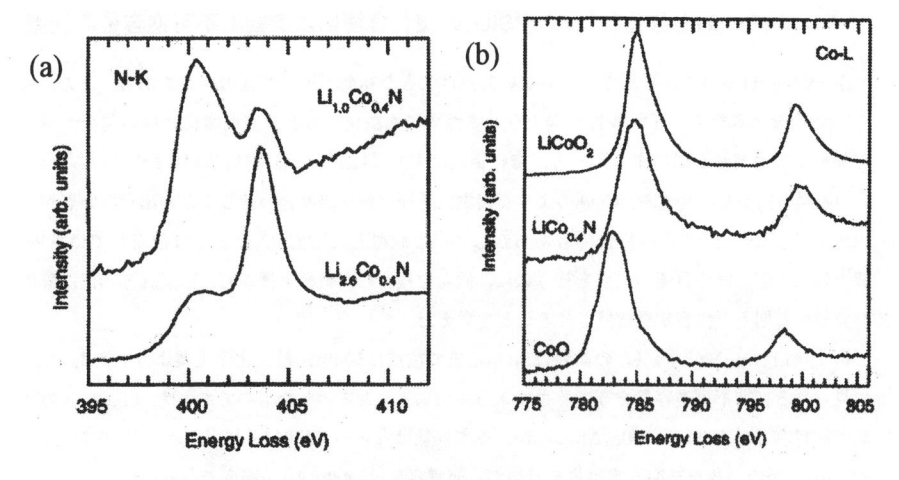

第10章 その他の非炭素系負極材料

図6 $Li_{2.6}Co_{0.4}N$と，Liを脱離した$Li_{1.0}Co_{0.4}N$のEELsのN-Kスペクトル（a）と
Co-Lスペクトル（b）（文献13より転載）

Li_3Nと同様に，金属状態ではなく，1価の状態で存在していると考えられる。この試料では，400eV付近に小さなこぶが認められるが，Co3dと混成するN2p成分に対応していると考えられる。

$Li_{1.0}Co_{0.4}N$のN-Kスペクトルでは，400.5eV付近には非常に大きなピークが成長していることがわかる。これは，$Li_{2.6}Co_{0.4}N$では電子に占有されていたN2p軌道の一部が非占有になったこと（大量のホールがN2p軌道に導入された）を意味しており，Li脱離に伴い，N2p軌道の占有電子数が大きく減少していることになる。言い替えれば，CoだけでなくNも電荷補償の大きな役割を担っていることを示している。$Li_{1.0}Co_{0.4}N$のCo-Lスペクトルでは，その組成から求められる価数が5価であるにも関わらず，スペクトルのピーク位置は3価の$LiCoO_2$の位置に非常に近かった。このことは，$Li_{1.0}Co_{0.4}N$のCoサイトの有効3d電子数は，3価の$LiCoO_2$に非常に近いことを示唆しており，電荷のバランスはN2p軌道が必要量非占有になることによって保たれていると考えられる。つまり，Nの電子がLi脱離に伴い酸化されたことを示している。

このEELsの結果は，電極材料探索の見地から非常に示唆的である。リチウムイオン電池の登場以来，インターカレーションを伴う電極の探索が進められてきた。Li挿入脱離に伴うホストの酸化還元は遷移元素が担ってきた。しかし上の例は，共有結合性の化合物においては，酸素や窒素が酸化還元に直接関係することを示すもので，遷移金属を含まない化合物においても有効な電極となり得ることを示している。

4 $Li_{2.6}Co_{0.4}N$と酸化物(SnOやSiO)の複合負極による初期不可逆容量の低減

SiOやSnO負極のまだ解決されていない欠点は大きな初期不可逆容量の存在である。また，SiやSnの合金系負極もサイクル性を向上させるために微粉化すると，表面酸化物層の割合が増えて初期不可逆容量が増加する。一方，窒化物にはすでにLiが十分に構造内に含まれているため，Liの脱離方向から出発する$LiCoO_2$のような高電位正極と直接組み合わせることが出来ない点が欠点である。松下とNTTの報告でもあらかじめLiを脱離したLi_xCoO_2を正極に使用している[15]。我々は，上記二種の負極の欠点を補うのに，両者を複合した負極を構成し，$Li_{2.6}Co_{0.4}N$のLiに酸化物負極の初期不可逆容量を補償させることを考えた。

図7は$Li_{2.6}Co_{0.4}N$がSiO（この試料は$SiO_{1.1}$組成で粒径は50nm，電気化学工業よりいただいた）に見られる初期不可逆容量をうまくキャンセル出来ることを示したものである[16]。$Li_{2.6}Co_{0.4}N$の初めの放電容量は小さい（100mAh/g）が，充電容量は大きい（約900mAh/g）。一方，$SiO_{1.1}$は約2200mAh/gの大きな初期放電容量を持つが，充電容量は1400mAh/g程度である。つまり，この二種の活物質を適当な比で混合すると，放電と充電の容量をうまくバランスさせ，初期サイクルにおいて100%の効率を実現できる。たとえば，$SiO_{1.1}$と$Li_{2.6}Co_{0.4}N$を3：1の重量比で混合した電極を作ると，表2に示すように放電と充電の容量をあわせることができ100%の効率が得られる。図7は$SiO_{1.1}$のみ，$Li_{2.6}Co_{0.4}N$のみ，及びそれらの複合電極における第1回目の放電，充電曲線を示す（対極Li，電解質1M $LiClO_4$/EC+DEC（1：1），複合負極では2回目も示している）。$SiO_{1.1}$電極は約63%の効率である。この大きな不可逆容量は$Li_{2.6}Co_{0.4}N$を加えることでほぼ完全に消滅している。(c)の場合がその例である。

5 CoOに代表される非挿入型酸化物負極

2000年5月，Comoで開かれた第10回リチウム電池国際会議でTarasconのグループが毛色の変わった負極の報告をした。つまり，インターカレーション材料でもなく，またSiOやSnO等のようにリチウム合金も作らないような，単純な3d遷移金属酸化物も負極として働くことを発表し

表2 $SiO_{1.1}$と$Li_{2.6}Co_{0.4}N$複合負極の充電，放電の容量バランス

	Discharge (mAh/g)	Charge (mAh/g)
$SiO_{1.1}$	~1100 (2200 x 0.5)	~700 (1400 x 0.5)
$Li_{2.6}Co_{0.4}N$	~50 (100 x 0.25)	~450 (900 x 0.5)
total	~1150	~1150

第10章 その他の非炭素系負極材料

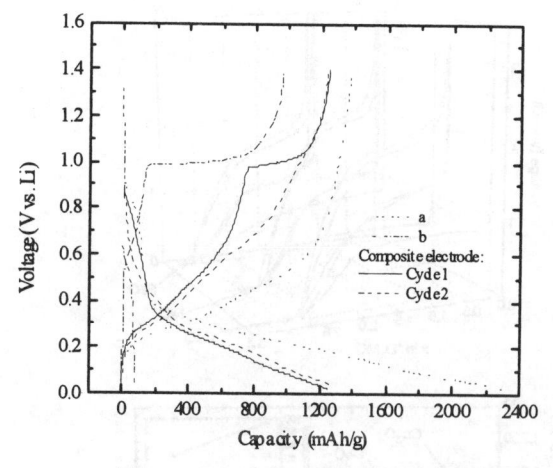

図7 $Li_{2.6}Co_{0.4}N$と$SiO_{1.1}$の複合負極の充放電曲線

た。その内容は9月号のNatureに発表された[17]。ナノサイズのFeO, CoO, Co_3O_4, NiO, Cu_2O, CuO等である。一番電位が低いのはCoOで, CoO/Liセルでの充電時に1.5V, 放電時2.5Vに平坦部を示しながら600mAh/gから700mAh/gでサイクルする（図8）。XRDからは次第に非晶質化するが, 磁性, TEMの観測からCoの金属が生じているのが分かった。つまり, 充放電反応は

$$CoO + 2Li \Leftrightarrow Co + Li_2O$$

と考えられる。小さな粒径の遷移元素酸化物特有の現象かもしれないが, これまでにない新しい充放電反応である。ただ, いずれも負極と言うには電位が高く実用性にはほど遠いかもしれない。

複合酸化物でもその反応機構ははっきりしないものの大きな容量を示す物質群が知られている。東工大の脇原教授のグループが報告しているブラネライト構造のMnV_2O_6（または$Mn_{1-x}Mo_{2x}V_{2(1-x)}O_6$）は, 図9にあるように初期充電容量が1200mAh/g（12Li移動に対応）, その後の充放電容量が800mAh/gの値を示す[18]。元々ブラネライト構造はLiイオンを挿入できるサイトは多くあるが, 組成あたり12個のLiの反応では遷移金属がすべて還元されて金属になっていなければならない量である。MnやV金属の存在は確認されておらず, 反応機構は不明であるがCoOと同じようなことが起こっているのかもしれない。いずれにせよ, 遷移元素の単純酸化物に限らず, 多くの複合酸化物のなかに思いも寄らない面白い材料が隠されているかもしれない。

139

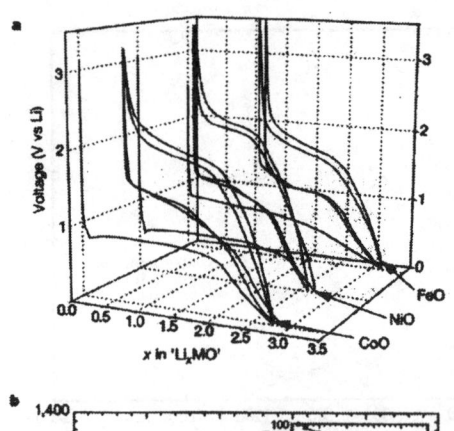

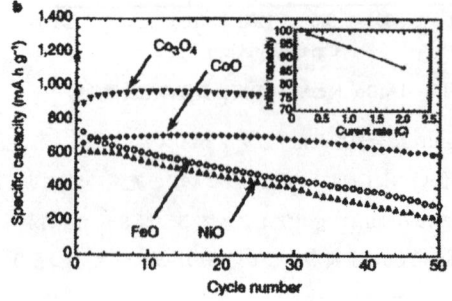

図8 MO/Li電池[18]
a：電位窓0.01〜3V，C/5，b：挿入図はCoO電極のレート特性

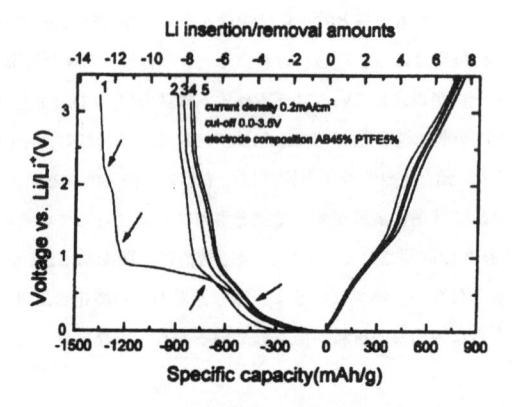

図9 MnV$_2$O$_6$/Liの充放電曲線
矢印はXRD測定の電位を示すが，1V以下の平坦部はすでに非晶質になっている

第10章 その他の非炭素系負極材料

文　献

1) T.Ohzuku, A.Ueda and N.Yamamoto, *J.Electrochem.Soc.*, **142**, 1431(1995).
2) 金村聖志「リチウム金属，合金及び非炭素系材料」, p.93, 季刊化学総説, No49 ; "新型電池の材料化学" 日本化学会編, 学会出版センター (2001).
3) A.N.Dey, *J.Electrochem. soc.*,**118**,1547 (1971).
4) 豊田吉徳, 南海史郎, 山浦純一, 松井徹, 飯島孝志, 第24回電池討論会予稿集, p.205-212, (1983).
5) Y.Idota, T.Kubota, A.Matsufuji, Y.Maekawa and T.Miyasaki, *Science*, **276**, 1395(1997).
6) J.Yang, Y.Takeda, N.Imanishi, J.Y.Xie and O.yamamoto, *J.Power Sources*, **97-98**, 216 (2001).
7) 田原謙介他, 第38回電池討論会予稿集, p.179(1997).
8) V.W.Sachsze and R.Juza, *Z.Anorg.Chem.*, **259**, 273(1949).
9) M.Nishijima, T.Kagohashi,Y.Takeda, M.Imanishi and O.Yamamoto, *J.Power Sources*, **68**, 510(1997).
10) M.Nishijima, T.Kagohashi,N.Imanishi, Y.Takeda O.Yamamoto, and S.Kondo, *Solid State Ionics*, **83**, 107(1996).
11) T.Shyodai, S.Okada,S.Tobishinma, and J.Yamaki, *Solid state Ionics*, **86-88**, 785(1996) ; T.Shodai, S.Okada, S.Tobishima and J.Yamaki, *J. Power Sources*, **68**, 515(1997).
12) Y.Takeda, M.Nishijima, M.Yamahata, K.Takeda, N.Imanishi and O.Yamamoto, *Solid State Ionics*, **130**, 61-69(2000).
13) S.Suzuki, T.Shodai and Y.Yamaki, *J.Phys. Chem. Solids*, **59**, 331(1997).
14) Y.Takeda, R.Kanno, Y.Tsuji and O.Yamamoto, *J. Electrochem. Soc.*, **131**, 2006(1984).
15) M.Hasegawa, J.Yamaura, S.Tsutsumi, Y.Nitta,T.Shodai, and Y.Sakurai, The 1999 Joint Int. Meeting,Hawaii, Oct.17-22, 1999.Abstract No.174
16) Y.Takeda, J.Yang and N.Imanishi, *Solid State Ionics*, **152-153**, 35(2002).
17) P.Poizot, S.Laruelle, S.Grugeon, L.Dupont and J-M.Tarascon, *Nature*, **407**, 496 (2000) ; Cu-O系については *J.Electrochem.Soc.*, **148**, A285(2001)にも発表している。
18) S-S.Kim, H.Ikuta and M.Wakihara, *Solid State Ionics*, **139**, 57(2001).

第11章 イオン電池用電解液

吉武秀哉[*]

イオン電池が初めて市場投入された当時の電解液と現在の電解液を比較した場合，使用される電解液の粘度・比重・伝導度などの物理的性質を比較してみても大きな違いを見付ける事は出来ないと思われるが，マーケット側からは明らかに電解液を従来型と分類する単語が使われるようになった。「機能性電解液」の出現はこの10年の歴史を省みる上で極めて重要な提案であったと考えている。そこでこの機会に機能性電解液の歴史と，その視点に付いて経時的にまとめてみることにする。

1 イオン電池用電解液の変遷

民生用イオン電池のこの10年の開発実績を容量トレンドとして再確認するために1991年から2002年までの18650サイズでの成長の様子を表記してみた。同じ体積の電池から充放電可能な電

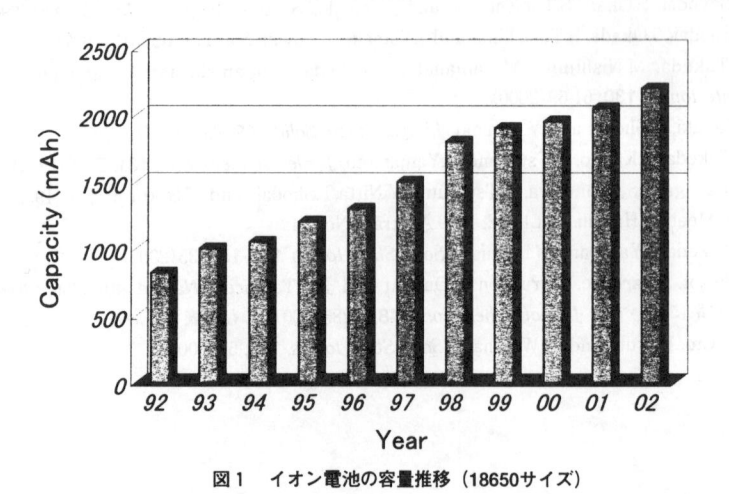

図1 イオン電池の容量推移（18650サイズ）

---

[*] Hideya Yoshitake　宇部興産㈱　機能品・ファインディビジョン　機能性材料ビジネスユニット　主席部員

第11章 イオン電池用電解液

気容量は800mAhから2200mAhへと2倍以上の改善が実現されている。

この成長の背景には活物質の性能向上が不可欠であり、確かに高容量負極活物質の到来が容量成長を支えてきた。

ところで現在のイオン電池の代表的電解液構成要素はPC（Propylene Carbonate），EC（Ethylene Carbonate）などの環状炭酸エステルとDMC（Dimethyl Carbonate），MEC（Methyl Ethyl Carbonate），DEC（Diethyl Carbonate）などの鎖状炭酸エステルとの混合物にLiPF$_6$を溶解しているものを主流とし，極少量ＧＢＬ（γ-Butyl lacton）をベースにLiBF$_4$を溶解した系が市場投入されている。

これについても理解を明快にするために市場投入された化学種を電解液構成溶媒と電解質に分類して，それぞれ表にまとめてみたい。

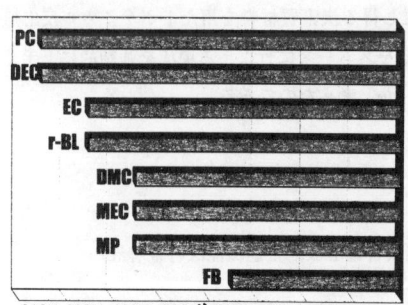

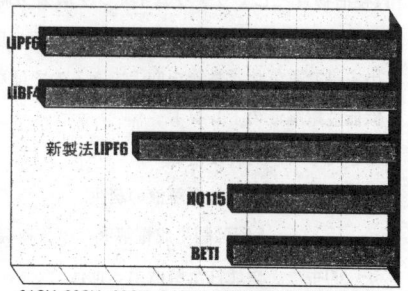

図2　イオン電池溶媒の市場推移　　　図3　イオン電池電解質の市場

まずは電解液構成溶媒についてであるが，イオン電池の上市2年後にMECおよびMP（Methyl Propionate）の2つの化学種が台頭したのみで，その後の新規溶媒開発は2000年までは実現されなかった。ところが2000年になりFB（Fuloro Benzene）が一部海外メーカーから市場提案されてきたのである。筆者はこの試みをこれからの5年後電解液トレンドを示唆する興味あるトライアルと考えている。

一方で電解質についてであるが，LiPF$_6$の新製法が94年に開発され，この事は後に述べる電解液開発を促進させる大きな基点にもなるものであった。2000年になるとHQ115およびBETIなどの有機リチウム塩の採用が実現されてきており，これも新しい展開の方向と思われる。

2　機能性電解液

先にも述べたがリチウムイオン電池は市場投入以来年率10%という速度でエネルギー密度の増

143

二次電池材料この10年と今後

加を示現した技術発展の目覚しい製品であった。しかしながらこの発展の過程で電池の容量密度が150%を超えた96〜97年頃になると設計面や要求性能の高度化により，初期の性能は確保出来るものの，その維持が困難になるような問題が顕在化してきた。

この要因を解析して行くと電解液の分解や支持塩のLi系化合物などの分解により生成するSEI (Solid Electrolyte Interface)と呼ばれる不導体化した表面比抵抗物質が電池性能維持を阻害する要因のひとつである事がわかってきたのである。このSEIは電池内で自然に生成されるものであり，電池反応には不適切ではあるが「やむを得ない」ものと考えられてきたが，当時の筆者は「積極的な電池エネルギー密度向上の為には積極的なSEIを強制的に合成設計」するという概念（機能性電解液の概念）を提供したのである。

発案のきっかけは，旭化成の吉野彰氏が提唱されたイオン電池の定義のなかにあったのである。「負極活物質としてリチウムイオンを吸着・脱離し得る炭素質材料を用いたトポケミカル反応原理に基づく非水系二次電池」このトポケミカル反応をスムーズに行なえる環境を強制的に上手く作り出す事で電気化学性能を向上できるのではないかと考えたのである。

機能性電解液のトレンド
1）93年〜　高純度溶媒
2）96年〜　機能性電解液の誕生
　　　　　　SEI強制生成電解液　（負極機能改善電解液，正極機能改善電解液）
3）00年〜　機能性電解液第二世代

2.1　高純度溶媒による耐酸化電圧の向上

機能性電解液の効果発現の基礎となるベース電解液の提供が市場投入されたのは1992年である。当時の電解液溶媒の純度と耐酸化電圧の関係（上段）は以下のようになっており殆どが5 V

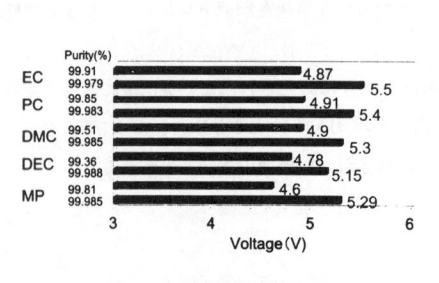

図4　溶媒純度と耐酸化電位
（純度向上により耐酸化電位の上昇を確認）

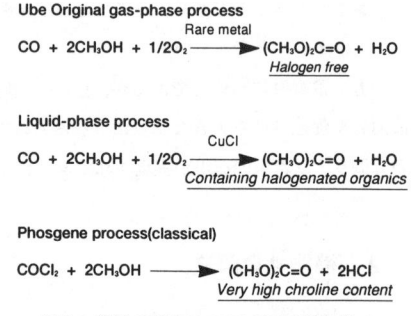

Ube Original gas-phase process
Rare metal
$CO + 2CH_3OH + 1/2O_2 \longrightarrow (CH_3O)_2C=O + H_2O$
Halogen free

Liquid-phase process
CuCl
$CO + 2CH_3OH + 1/2O_2 \longrightarrow (CH_3O)_2C=O + H_2O$
Containing halogenated organics

Phosgene process(classical)
$COCl_2 + 2CH_3OH \longrightarrow (CH_3O)_2C=O + 2HCl$
Very high chroline content

図5　製法の異なるDMCの不純物の違い

第11章　イオン電池用電解液

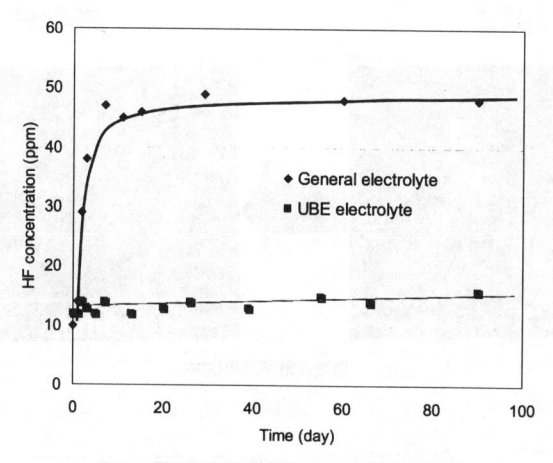

図6　電解液原料の品質による不純物挙動差

以下の状態であった。イオン電池は4V系であるために数値上は＋1Vの上位にあるが実は溶媒由来の不純物に起因する闇電流が流れるために高性能電池開発を阻害していたのである。一方で下段は新製法による高純度DMCの生産と，特殊精製技術による不純物の更なる除去によって大きな耐電圧の向上をもたらした例である。

ただこれも偶然の産物であり弊社は独自の製造技術により1992年日本で初めてDMCの商業生産を開始したが，その開発探索段階で製品の特長を探っているうちに電気化学的に極めて安定な製品を直接合成する手法を可能にしていたことに気がついたのである。そしてDEC，MECなどの溶媒もこのDMCを原料にする事で，製法由来の不純物の少ない溶媒を入手する事が可能になったのである。この精製技術はその他の溶媒にも応用され電気化学的に安定で，皮膜抵抗の小さい電解液を提供する事ができている。

溶媒を製造する場合の原料中の不純物や製法そのものに由来する製品の純度によって，耐電圧が変わることは周知の通りであるが測定条件によっては極めて大きな電圧差として確認ができており溶媒の品質選択情報を提供していることにもなっている。

2.2　低インピーダンス電解液

電解液のSEI皮膜構成要因としてもうひとつ重要なのは溶解される支持塩のリチウム系化合物の精製技術である。94年の新製法$LiPF_6$は劇的に電気化学純度が向上し95年末には機能性電解液の台頭を待ち構える準備ができていた様に思えるのである。

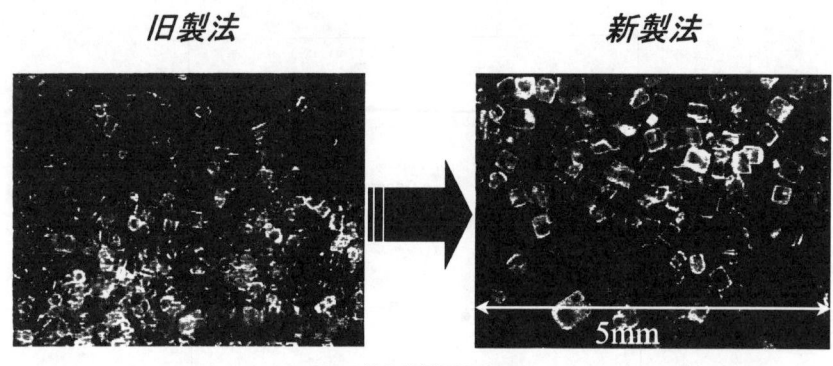

図7　機能性電解液用LiPF$_6$

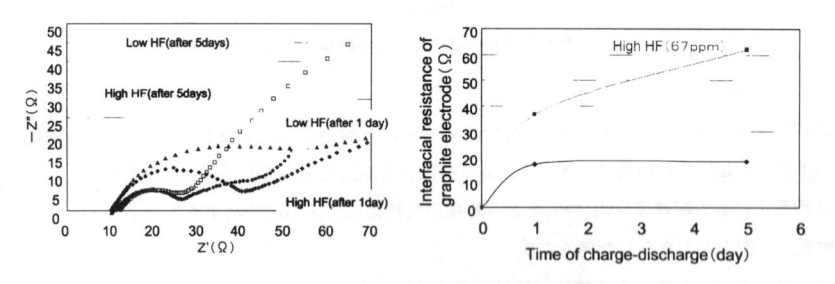

図8　グラファイト負極上でのHFの影響
（HF濃度により皮膜抵抗は顕著な差を示す）

　一方で電気化学環境下でこれらの電解液が負極に与える影響を負極の皮膜抵抗をパラメタにとってCCプロットとして測定を試みたところHF濃度と負極の皮膜抵抗の間には明確な相関があることが確認された。

2.3　機能性電解液の誕生（安定なポトケミカル場の創造）

　イオン電池の市場投入当時は負極活物質にはアモルファス系の炭素材料が使用されていたが，エネルギー密度の問題から技術発展が進むに連れて黒鉛系炭素負極材料を負極に使用するようになってきた。しかしアモルファス系で使用されていたPC系非水電解液を，黒鉛系炭素材料に転用すると充電時に電解液の分解が起こり，リチウムイオンのインターカレーションが不可能になる。この対策として黒鉛系炭素負極の場合，通常EC系非水電解液が用いられるようになったが，ECは融点36℃と高く，室温で固体であるために，たとえDMC，MEC，DECを混合した非水電

第11章　イオン電池用電解液

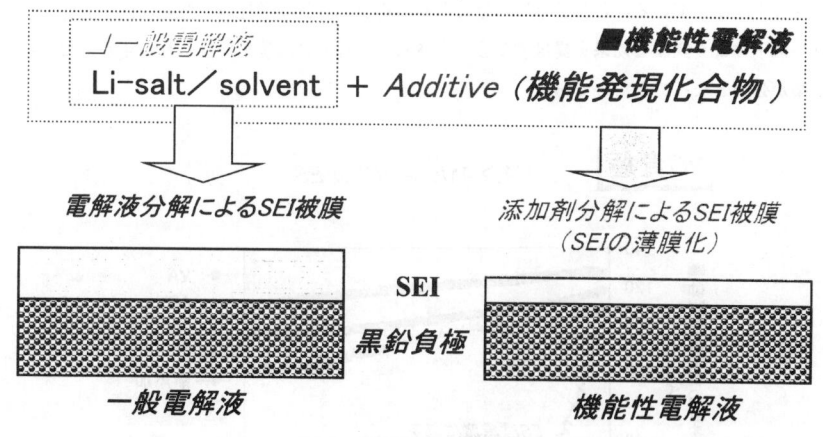

図9　機能性電解液の提唱

解液にしても，低温特性が劣るという欠点を有していた。そこで融点が-40℃以下であるPC系非水電解液をうまく活用しつつ，低温特性に優れた非水電解液を提供できるのではないかと考え，我々は負極表面に何らかの改質を行ない，良好な電気化学環境を保持することを目標に研究を開始し，これが現在の機能性電解液の基礎となった訳である。

黒鉛界面上に析出する不導体皮膜であるSEIに関する研究はAubachによるのが世界初の研究と思われるが，従来このSEI膜の生成は電解液を使用する限りは避けることはできないものと考えられていた。もしこの仮説が正しければ反対にAubachらのSEI膜の生成機構をより前向きに勘案して，電池充電時に電解液成分の黒鉛界面における分解またはSEI膜生成以前に電解液に添加剤を導入することで添加剤の分解とそれに伴う新規なSEI膜を強制的に生成させることで電解液成分の分解を抑制し，電解液成分と黒鉛の直接接触を断つことにより電解液成分の分解を制御し，活物質の効率的利用による電池のエネルギー密度の増大を始めとする各種電気化学特性の向上が期待出来ると確信したのである。

機能性電解液と言うと負極改善電解液とイメージする方も多いが，電池正極側にも黒鉛系炭素材料が使用されていることを再認識して戴ければ，当然正極側にも同様の効果を期待する概念が適用できることは御理解いただけると考えている。

3　機能性電解液：第二世代

第一世代は機能性電解液のコンセプトについての提案の時期であったが，第二世代はSEIの制

御の時代を向かえている。ここ数年における負極活物質の電気化学性能の急速な向上と化学反応活性の低下はより鋭敏な効果を提供する設計をされた電解液の出現を期待され，更なるコンセプト構築が必要となってきたのである。

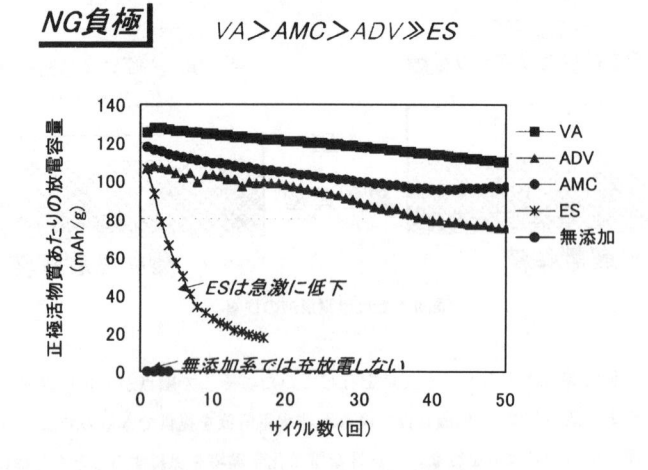

NG負極 VA＞AMC＞ADV≫ES

図10 NG上でのトポケミカル場機能発現

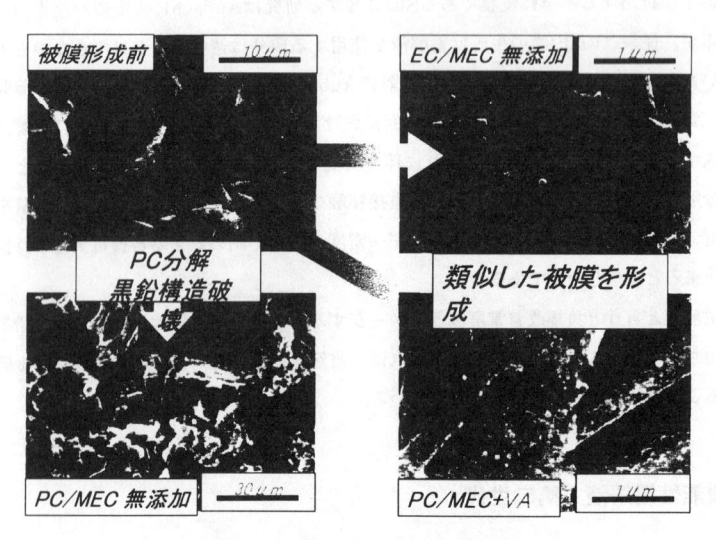

図11 NG上形成被膜のSEM観察結果

第11章　イオン電池用電解液

　第二世代の電解液イメージのキーワードは「負極活物質粒子へのナノサイズの皮膜コントロール技術」である。一般電解液を使用した電気化学系では数百nmもの厚さの皮膜が負極上に析出してトポケミカル反応を阻害してしまう。機能性電解液はその阻害要因を激減し低インピーダンス化を実現するものであったが，より高次な考え方をすれば，およそ20μm程度の粒径の負極活物質にナノレベルの皮膜を如何にコントロールして強制生成させるかという技術へと進化していったのである。

　ここでは既に機能設計がされた数種類の化合物を提供し第二世代の機能性コントロールの実態について説明していきたい。

　負極に天然黒鉛を用いた電池の電解液溶媒として，ＥＣを用いると，ECは黒鉛による分解が少ないという長所があるが，物質そのものは常温固体の物質で電気化学的には低温特性に問題がある。一方PCは黒鉛により触媒的に分解されると言う欠点があり，ほとんど充放電できない状態になってしまう。これはPCが黒鉛負極上で分解して抵抗成分になると同時に活物質の構造破壊をすることでトポケミカル反応をほぼ完全に阻害しているからである。

　そこで電解液との反応性が高く電気抵抗成分のできやすいＮＧ（天然黒鉛）を使用し，機能発現化合物としてはVA（Vinyl Acetate），ADV（Divinyl Adipate），AMC（Allyl Methyl Carbonate）を選択しこれを一般電解液に添加した材料の電気化学的特性を紹介していく。このとき機能発現物質添加なしの場合と，近年発表されたＥＳ（Ethylene Sulfite）を対照とした。

　機能発現物質のないPC系電解液の場合は活物質自体の構造破壊が確認され，添加剤ESの場合も10サイクル程度で容量が極端におち，サイクル不可能となっている。これに反してVA，ADV，AMCなどを用いると黒鉛界面にスムースなトポケミカル環境を作り出していることが理解できる。もちろんEC系電解液では，添加剤無しでも，ECの分解によるSEI膜が生成し，充放電は円滑に行われるが，特筆するのはPC系電解液にＶＡを添加するのみで充放電は，スムースに行われるようになり，VAの分解によるSEI膜は，あたかもEC溶媒を使用したかのような表面状態にコントロールされているのである。

　これらの化合物の黒鉛負極での電気分解電位（vs.Li）はPC＜EC＜AMC＜VA＜ADV＜ESの順に高い。つまり充電過程では電解液溶媒のＰＣやECが分解される電位より高い電位で，添加剤が還元分解され，SEI膜を生成させることになる。この電気分解される順はLUMOエネルギーの順と一致することも第一世代の機能性電解液で確認されている。

　一般にLUMOエネルギーは適切な添加剤選択のための指針として有効な指標ではあるが，実用上適切な添加剤の選択にはSEI膜の詳細な検討が必要となり，これが第二世代の機能性電解液の重要な技術である。

　添加剤による被膜の特性を解析する指標として被膜厚さと抵抗測定情報を提供するが，皮膜抵

149

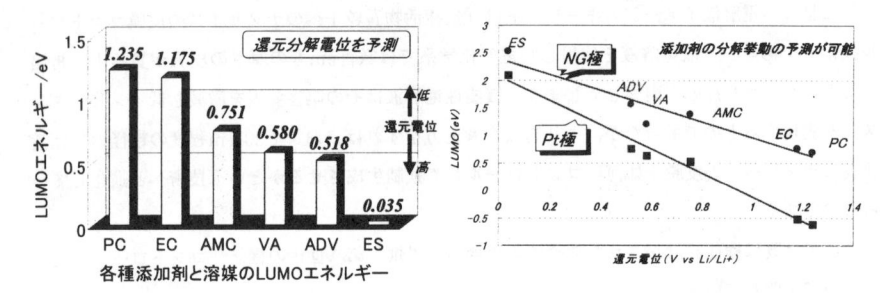

図12 機能発現化合物のLUMOエネルギー

図13 LUMOエネルギーと還元電位の相関関係

表1 NG上での機能発現化合物
～皮膜抵抗と厚みの制御の実現～

elestrolyte	NG (anode active materials)	
	Sei film thickness (A)	impedance (ohm)
EC/MEC no additive	266.7	0.34
EC/MEC no additive	—	—
EC/MEC + VA	211.8	0.15
EC/MEC + ADV	282.8	0.69
EC/MEC + AMC	136.9	0.24
EC/MEC + ES	330.3	1.83

抗が最も小さく，薄膜化されているのはAMCであり膜厚は100nm程度にまで薄膜化されている。しかし抵抗値はＶＡが最も小さく，このことは容量保持率がＡＭＣと比較して高いことを説明する材料になる。

ところでESとVAについて確認された現象を比較すると皮膜の厚みはわずか130～330nmレベルの差であるにも関わらず抵抗は約10倍にも増加し，これが電池特性の明らかな劣化につながっている。約100nmの制御が大きく電池の特性発現に関わっている事実が裏付けされる結果にもなっている。

このように皮膜の生成過程における厚みや，比抵抗，そしてより詳細には膜質をコントロールする技術は負極活物質が更に高次な性能開発を示現していくにしたがってより必要になってきており，電解液としては微量にて鋭い電気化学特性を発現する機能化合物の設計が求められていく方向にある。

4 機能性電解液：第三世代

今後の電解液の開発トレンドを機能性電解液第三世代として提案することをお願いされている

第11章 イオン電池用電解液

のであるが執筆中に残念なニュースが入ってきた。「MCF事業撤退」と言うものである。MCF負極はファイバー状の負極活物質であることは周知のことと思われるが，この活物質の特長は通常作動される電気化学領域において，適性な電気化学環境場（つまり電解液のことであるが）を提供した場合，適用される電池の安全性が極めて大きくなることにある。このことが議論されないままで市場を後にするのが残念でならない。本来であれば第三世代の目玉になるべく資質を備えていたものである。市場投入が早過ぎたために本当の意味での使われる場の提供がなく淘汰されたものであり，技術として無くしてはならないものを失ってしまったという悔しさがある。

　第三世代は電池の超ハイエンド化への追従を第二世代の機能性電解液の延長路線と機構部品による対応との両輪で克復する市場と，ハイエンドローの性能ではあるが機構部品に依存しない安全性を確保出来る電気化学環境の提供という二つの路線を想定したが後者については開発が数年単位で遅延することになるであろう。

　ところで安全・高性能と言えば，イオン性液体などが電気化学分野の適用について議論されているが，筆者の知見（イオン性液体のもつ根本的な短所）の限りではミッドエンド以上のイオン電池に搭載される当該化合物が市場提供されることはあり得ないと思っているので，コメントとして付け加えておきたい。電気化学純度を無視して化学純度のみを高純度化しようという試みは電池材料開発とは大きく乖離しているのではなかろうかと考えるのである。

第12章　電解液溶質材料

泉　浩人*

1　はじめに

　1995年を境にして，電池市場の中でリチウム二次電池の占める割合が急激に上昇してきた。図1にリチウム二次電池市場の推移を示す。リチウム二次電池の市場拡大に伴い，正極負極材料・セパレーター・電解液などの電池構成材料も様々な改良が加えられ高性能化を達成してきた。リチウム二次電池には，有機溶媒にリチウム塩を溶解した有機電解液が充填されており，用いられる有機溶媒，リチウム塩の種類が電池性能に大きく影響を及ぼす。現在，一般的に使用されている有機電解液は，有機溶媒としてエチレンカーボネートなどの環状炭酸エステルとジメチルカーボネートなどの鎖状炭酸エステルとの混合溶媒にリチウム塩として六フッ化リン酸リチウム（$LiPF_6$）を添加したものが用いられている。リチウム二次電池メーカーが構成材料を購入し電池を製造する際には，電解液溶質材料であるリチウム塩は既に電解液中に溶解しており目に触れることはないが，電解液の高性能化と共にリチウム塩も着実に高性能化（高純度化）してきた。本章では，リチウム二次電池開発当初から現在までの電解液溶質材料の開発経緯を，$LiPF_6$を中心に説明する。

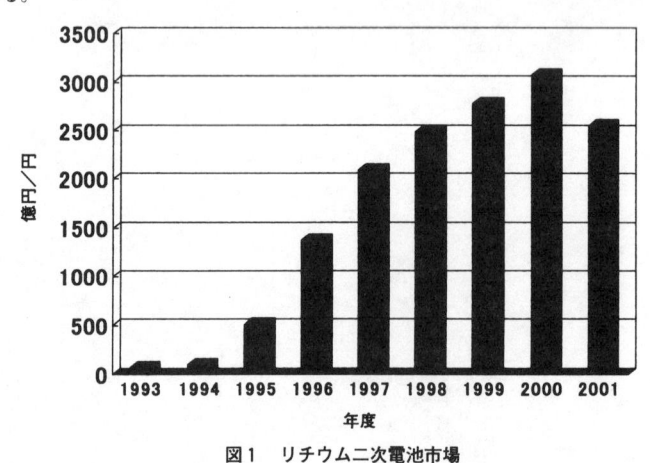

図1　リチウム二次電池市場

* Hiroto Izumi　ステラケミファ㈱　研究部　サブマネージャー

第12章　電解液溶質材料

2　電解液溶質材料

リチウム二次電池では電解液に非水溶媒を使用する。電解液溶質として要求される性質を以下に示す。

(1) 非水溶媒に可溶であること
(2) イオン伝導度が高いこと
(3) 電気化学的に安定な電位範囲（電位窓）が広いこと
(4) 熱的に安定であること
(5) 活物質など電池内の他の材料と化学反応しないこと
(6) 毒性がなく安定であること

リチウム二次電池用の電解液溶質材料は，無機リチウム錯体フッ化物と有機フッ素化合物に大別することができる。無機リチウム錯体フッ化物はルイス酸系のフッ素化合物（三フッ化ホウ素，五フッ化リン，五フッ化ひ素，五フッ化アンチモンなど）とフッ化リチウムの組み合わせによるものであり，有機フッ素化合物はトリフルオロメタンスルホン酸リチウムなどである。表1に主なリチウム塩を示す。$LiPF_6$ を除く各電解液溶質の製造方法を簡単に説明する。

$LiClO_4$　　　過塩素酸を水酸化リチウムで中和し，得られた3水和物の結晶を減圧下130℃で乾燥して得られる。

$LiBF_4$　　　非水溶媒中でフッ化リチウムと三フッ化ホウ素を反応させることで得られる[1]。

$LiAsF_6$　　　六フッ化ひ酸を水酸化リチウムで中和して得られる[2~4]。

$LiCF_3SO_3$　　アセトニトリル中で炭酸リチウムとトリフロロメタンスルホン酸とを反応させ，濾過後アセトニトリルを減圧で留去して得られる。

$LiN(CF_3SO_2)_2$　無水メタノール中で $(CF_3SO_2)_2NH$ と $LiOCH_3$ とを反応させて合成する[5,6]。または，CF_3SO_2F と $LiN((CH_3)_3Si)_2$ とをテトラヒドロフラン中で反応させ溶媒と $(CH_3)_3SiF$ を蒸発させて得られる[7]。

$LiC(CF_3SO_2)_3$　テトラヒドロフラン中で $CH_2(CF_3SO_2)_2$ に CH_3MgCl を添加反応させた後，CF_3SO_2F を添加反応させる。加水分解後，エーテル抽出し，エーテルを留去した後，LiOH で中和して得られる[8]。

3　$LiPF_6$

3.1　開発初期の状況

電解液溶質材料は，リチウム二次電池研究用として1985年頃から電池メーカーへのサンプル出

二次電池材料この10年と今後

荷が開始された。表1に示した化合物以外にも，様々な化合物が出荷されている。1986年から1988年にかけて，さらに活発な動きとなり，様々なリチウム塩が数十から数百g単位でサンプル出荷された。その中でも$LiPF_6$を溶解させた電解液が高い電気伝導度と電気化学的な安定性を有することから，年々その出荷量が増加してきた。図2に1986年から1992年までの$LiPF_6$出荷数量（ステラケミファ社）の推移を示す。1989年後半から$LiPF_6$の出荷数量が立ち上がっていく様子が伺える。当時リチウム二次電池は大きな問題を抱えていた。それは負極に用いられていた金属リチウムである。活性な金属リチウムは充放電の繰り返しにより，ある条件では針状の結晶（リチウムデンドライト）を析出し，セパレータを破って正極・負極間の短絡を引き起こすこともあるからである。1989年後半からの$LiPF_6$の出荷量増加分は，その大半が負極に金属リチウムではなくカーボンを使用した電池メーカーへ向けてのものであると考えられる。

表1 主なリチウム塩

リチウム塩	分子量	融点（℃）
$LiClO_4$	106.4	236
$LiBF_4$	93.7	307
$LiPF_6$	151.9	160
$LiAsF_6$	195.8	259
$LiCF_3SO_3$	156.0	423
$LiN(CF_3SO_2)_2$	285.1	236-237
$LiC(CF_3SO_2)_3$	418.2	271-273

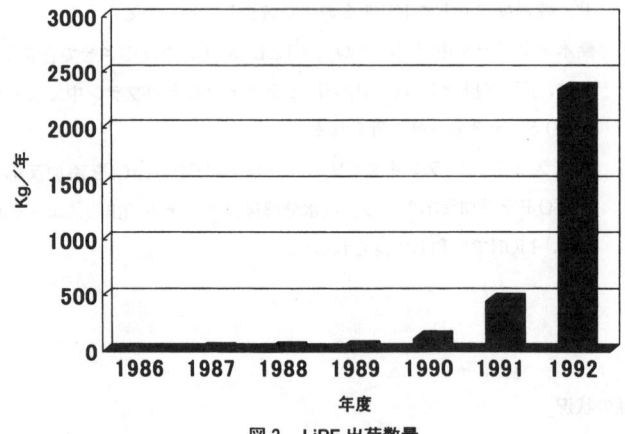

図2 $LiPF_6$出荷数量

第12章　電解液溶質材料

3.2　製　法

電解液溶質として現在主に使用されている$LiPF_6$は，非水溶媒中でフッ化リチウム（LiF）と五フッ化リン（PF_5）を反応させて得ることができる（式1）[9,10]。溶媒により過剰の五フッ化リンを吹き込むと結晶が析出する場合と溶媒と錯体を形成して析出する場合がある。

$$LiF\ (s)\ +PF_5\ (g)\ \rightarrow LiPF_6\ (s) \tag{1}$$

より高純度なものを得るためには，$LiPF_6$の溶解度が大きい無水フッ化水素酸（Anhydrous Hydrogen Fluoride：AHF）溶液中で合成されている。例えば式（2）に示したように，LiFと五塩化リン（PCl_5）をAHF中で反応させても得ることができる。AHF中にLiFを溶解させ，この溶液に五塩化リンを反応させた後，冷却して結晶を析出させた後，結晶を分離して乾燥する[11〜17]。

$$AHF\ (l)\ +LiF\ (s)\ +PCl_5\ (s)\ \rightarrow LiPF_6\ (s)\ +HCl\ (g) \tag{2}$$

$LiPF_6$のAHFに対する溶解度を図3に示す[18]。図3に示した溶解度差を利用して$LiPF_6$の結晶を得ることができる。

製造メーカー各社では，$LiPF_6$中の不純物を減らすため，結晶の析出方法や溶媒のフッ化水素（AHFを使用する場合）の除去方法にノウハウをもっている。

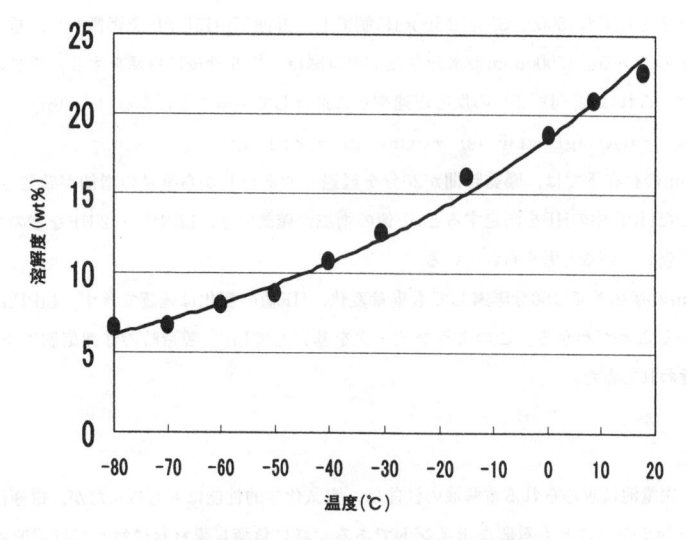

図3　$LiPF_6$の無水フッ化水素酸への溶解度

3.3　安定性

$LiPF_6$は熱と湿気に対して不安定であることが知られている。図4と図5にそれぞれ窒素中と

空気中で測定したLiPF$_6$のTG-DTA測定結果を示す。窒素中での測定では，160℃付近から吸熱が観察され，重量変化からは300℃で分解が完結していることがわかる。この熱分解は（1）式の逆の反応，即ち（3）式に基づいて起こっている。

$$\text{LiPF}_6\text{ (s) } \rightarrow \text{LiF (s) } + \text{PF}_5\text{ (g)} \tag{3}$$

一方，空気中での測定では70℃から100℃にかけて吸熱が観察されている。その後窒素中での測定と同様な吸熱が観察される。重量変化でも70℃から僅かずつ減少が確認された。この現象は，空気中の水分とLiPF$_6$が反応してオキシフッ化物を生成するために起こる。即ち，式（4）（5）に示したように，空気中の水分によりLiPF$_6$がLiPOF$_4$に変化し，LiPOF$_4$が分解する。

$$\text{LiPF}_6\text{ (s) } + \text{H}_2\text{O (g) } \rightarrow \text{LiPOF}_4\text{ (s) } + 2\text{HF (g)} \tag{4}$$

$$\text{LiPOF}_4\text{ (s) } \rightarrow \text{LiF (s) } + \text{POF}_3\text{ (g)} \tag{5}$$

LiPF$_6$を空気と接触させると白煙が生じるが，これは式（4）（5）で発生するHFとPOF$_3$によるものである。この分解反応により，水分の2倍当量の酸を発生させる。

上述したように空気中の水分と容易に反応してしまうLiPF$_6$を扱うにはどの程度雰囲気を制御すれば良いか調査している。図6に雰囲気中の水分濃度を変えてLiPF$_6$の重量変化を調べた結果を示す。水分をそれぞれ15000, 350, 2.5ppmに制御した雰囲気中にLiPF$_6$を曝露して，重量変化を測定したものである。15000ppmの水分存在下では曝露して5分後に白煙を生じ，重量の減少が確認された。これは式（4）（5）の反応が速やかに進行していることによる（式（6））。

$$\text{LiPF}_6\text{ (s) } + \text{H}_2\text{O (g) } \rightarrow \text{LiF (s) } + \text{POF}_3\text{ (g) } + 2\text{HF (g)} \tag{6}$$

水分350ppmの存在下では，曝露時間が20分を経過したあたりから重量の増加が確認された。重量が増加したLiPF$_6$中のHFを測定するとHF値の増加が確認でき，LiPOF$_4$・2HFなどのコンプレックスが生成していると考えられている。

水分2.5ppmの存在下では60分曝露しても重量変化，HF値の変化は確認できず，LiPF$_6$は安定に存在していることがわかる。このようなデータを基にしてLiPF$_6$製造時の雰囲気制御を行い，高純度化が行われてきた。

3.4 不純物

リチウム二次電池に求められる電解液の性能は，電気化学的性能はもちろんだが，電極に対してダメージを与えないことも重要なポイントである。特に負極炭素材料に対しては電解液中のHFが影響することが明らかになっている。電解液溶質に関しても，開発当初から不純物の低減が検討されてきた。

LiPF$_6$は高純度な原料を用いて製造されているため，例えばメタル不純物などが大量に混入することはまずありえない。問題となるのはHF分と非水溶媒に溶解させたときの不溶解分である。

第12章　電解液溶質材料

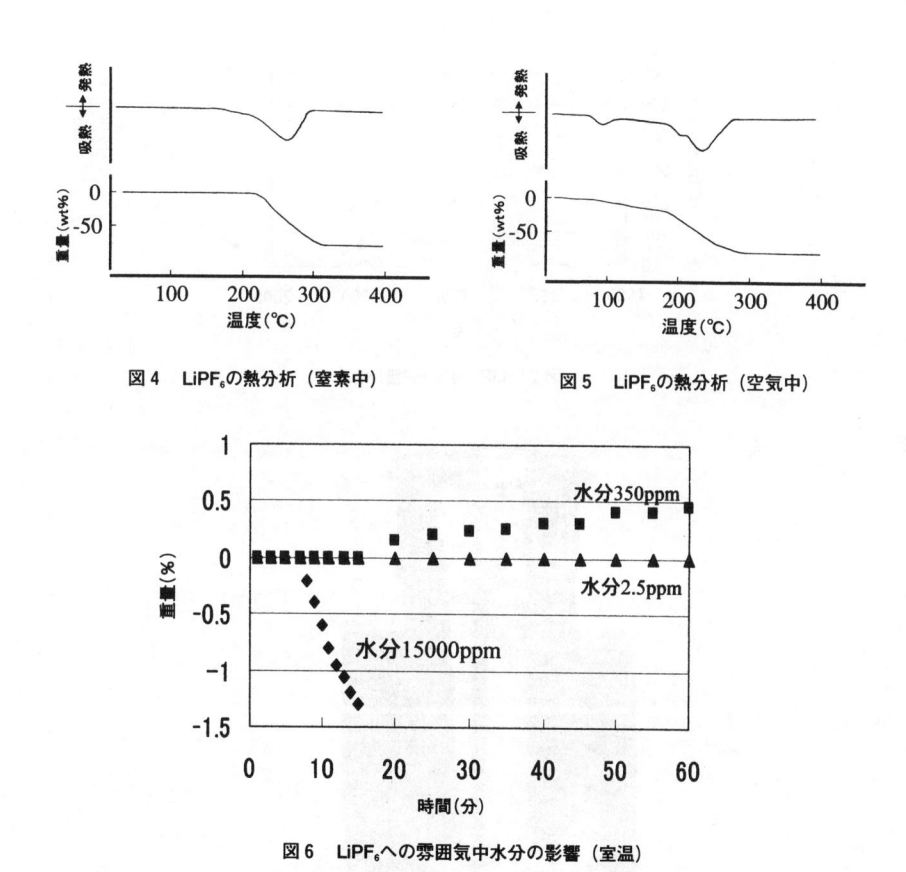

図4　LiPF$_6$の熱分析（窒素中）

図5　LiPF$_6$の熱分析（空気中）

図6　LiPF$_6$への雰囲気中水分の影響（室温）

HFはAHFを溶媒として製造した場合，結晶にとりこまれることがある。また上述したようにLiPF$_6$と水分とが反応しても発生する。取り扱いに注意さえしていれば後者は防ぐことができる。LiPF$_6$中のHF分は冷水に結晶を溶解させてアルカリ滴定で簡便に測定することができる。LiPF$_6$の希薄水溶液ではPF$_6^-$が比較的安定に存在することが報告されている[19]。不溶解分は，有機溶媒に結晶を溶解させた後，微細なフィルターで濾過し，フィルターの重量変化により測定できる。1986年当時は，HF分は500ppm以下と記載されていた。その後製造方法の検討等が加えられ，現在では数十ppmにまで減少している。不溶解分の正体はLiFである。これはLiPF$_6$の精製工程で発生すると考えられている。1986年当時の不溶解分はLiPF$_6$中に数百ppm程度混在していたが，現在ではかなり低いレベルにまで抑え込まれている。図7に年代ごとのLiPF$_6$中のHF量を示す。

　不純物が低下すればするほど，取り扱いには細心の注意が必要になってくる。そこで問題とな

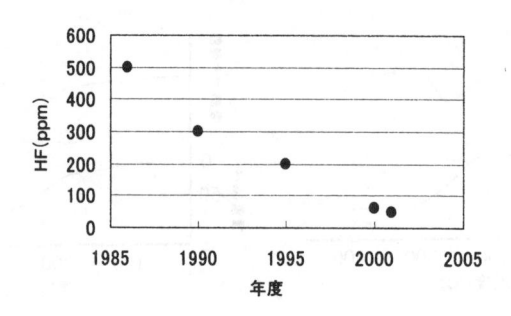

図7　LiPF$_6$中のHF量推移

図8　LiPF$_6$ステンレス製容器（100L）

るのは容器であった。当初は樹脂瓶に充填して瓶をアルミラミネートで密封し，大気と遮断した状態で輸送されていた。しかしながら1995年，使用量の増加に伴いステンレス製の大型容器の開発に着手し，1996年に正式に導入された。図8にステンレス製容器の外観写真を示す。この容器はLiPF$_6$の充填から排出まで，外気から完全に遮断して行えるように工夫されている。LiPF$_6$製造過程や出荷時での管理は当然だがLiPF$_6$ユーザーにおいても徹底した容器管理を行い，高純度な製品の品質維持に努めている。

第12章　電解液溶質材料

3.5 LiPF$_6$溶液の物性

電解液溶質は電解液となったときに電気化学的に安定でなければならない。特に充電終止電圧が高い正極材料が使われると、酸化に対する安定性が重要になる。図9にプロピレンカーボネートに溶解した電解液溶質の電気化学的安定性を示す。試験極に白金、対極および参照極にリチウムを用いて、3極式セルによる電位走査法により測定されている。酸化に対する安定性は、LiPF$_6$＞LiBF$_4$＞LiCF$_3$SO$_3$≧LiClO$_4$の順序である[20]。各種溶媒での電気伝導率も測定されている。表2に電気伝導率を示す[21]。どの溶媒を用いてもLiPF$_6$の伝導率が高いことがわかる。このようにLiPF$_6$は、電解液溶質として必要とされる電気化学的安定性と高伝導率を備えている。

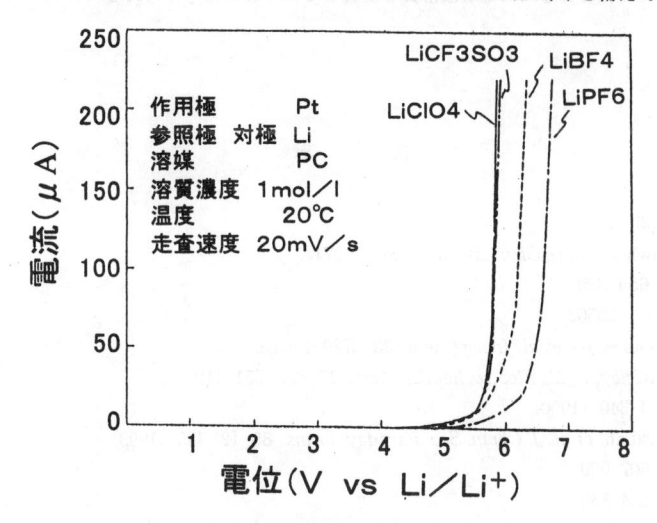

図9　種々の電解液系のI－Vカーブ

表2　有機電解液の電気伝導率

リチウム塩	PC	GBL	PC/DME (1：1 mol)	GBL/DME (1：1 mol)	PC/MP (1：1 mol)	PC/EMC (1：1 mol)
LiClO$_4$	5.6	10.9	13.9	15.0	8.5	5.7
LiBF$_4$	3.4	7.5	9.7	9.4	5.0	3.3
LiPF$_6$	5.8	10.9	15.9	18.3	12.8	8.8
LiAsF$_6$	5.7	11.5	15.6	18.1	13.3	9.2
LiCF$_3$SO$_3$	1.7	4.3	6.5	6.8	2.8	1.7
LiN(CF$_3$SO$_2$)$_2$	5.1	9.4	13.4	15.6	10.3	7.1

(1M－リチウム塩, mS/cm^{-1})

4 今後の方向性

電解液・電解液溶質・負極正極材料等の高機能化により年々電池容量が改善されている。また近年では、さらなる高機能化を目指し数々の研究が行われている。電解液に限れば、耐酸化性、耐熱性（高低温）、高電気伝導性（特に低温で）、難燃性の向上等が主な研究ターゲットとなっている。これらを達成するために新規溶媒や新規電解液溶質も提案されている[22~24]。$LiPF_6$ 一辺倒であった電解液溶質も、今後は用途別に最適なものを開発することが求められるであろうし、各構成材料の高性能化とともに、電解液溶質も変貌していくものと考えられる。

文　献

1) 特開昭56-145113
2) E.W.Lawless, *Inorg.Chem.*, **10** (5), 1085 (1971).
3) USP 3, **654**, 330
4) 特公昭57-25503
5) J.Foropoulos, Jr., et al., *Inorg.Chem.*, **23**, 3720 (1984).
6) L.A.Dominey, et al., *Electrochemica Acta.*, **37** (9), 1551 (1992).
7) EPC 364, 340 (1990)
8) D. Benrabah, et al., *J. Chem. Soc. Faraday Trans.*, **89** (2), 355 (1993).
9) USP 3, 607, 020
10) USP 3, 654, 330
11) 特開昭60-251109
12) 特開平4-175216
13) 特開平5-279003
14) 特開昭64-72901
15) 特開平6-56413
16) 特開平6-279010
17) 特開平6-298506
18) ЧАУКИНА Л В, et al., *Zh. Neorg. Khim.* **37** (9), 1994 (1992).
19) 竹原雅裕ほか、第41回電池討論会予稿集、2 C 03, p 282, 名古屋 (2000).
20) 小柴信晴ほか、*National Technical Report*, **37**, 64 (1991).
21) M.Ue., *Prog. in Batteries and Battery Materials*, **14**, 137 (1995).
22) X.Wang et al., *J. Electrochem. Soc.* **147**, 2421 (2000).
23) Y.Sasaki et al., *J. Fluorine Chem.*, **108**, 117 (2001).
24) K. Xu et al., *Electrochem. Solid-State Lett.*, **5**, A26 (2002).

第13章　バインダー材料

山本陽久*

1　はじめに

　リチウムイオン二次電池の電極バインダーは，本来，電池にとって不要物であるが，実際には電池の製造や電池性能に与える影響が非常に大きいため，電池の主要材料の一つと言われている。それだけに，この10年間に多数のバインダーが開発され，既に紹介もされている[1]。しかし，実用電池に耐えうるバインダーは単に結着性が良いだけではなく，多岐にわたる性能が同時に付与されていることが必要であるが，これらの性能がすべて満足されたバインダーは，未だにPVDFとゴム系以外に見当たらない。

　負極バインダーは，当初PVDFが多用されていたが，その後柔軟性が高く，また比表面積の大きい黒鉛に適しているジエン系ゴム（主にSB：スチレンブタジエン系ゴム）が多用される様になり[2]，現在では電池の70％近くを占めるようになった。

　一方正極バインダーは，要求性能が非常に厳しいためジエン系ゴムは正極に適さず，開発が遅れていた。このため，現在でもPVDFが多用されているが，近年，厳しい要求性能を満足できる柔軟性の高いアクリレート系ゴムバインダーが開発され[3]，角型電池に用いられ始めた。

　PVDF系バインダーは既にシーエムシー社の『リチウムイオン電池材料の開発と市場』[1]の中で詳述されているので，本稿では，ゴム系バインダーについて紹介する。

2　ゴム系バインダーの性能

　日本ゼオン㈱が開発したゴム系バインダーBM－400B（負極用）およびBM－500B（正極用）を例に，主な特性と電極塗料について表1に示した。BM－400Bはジエン系ゴム微粒子が水中に均一分散にしている分散体であり，BM－500Bはアクリレート系ゴム微粒子がNMP（N－メチル－2－ピロリドン）に均一に分散している分散体である。

　PVDFに対してゴム系バインダーの大きな特徴は，使用量が少ない，電極の柔軟性が大きい，高温でも安定である，ことである。

---

*　Haruhisa Yamamoto　日本ゼオン㈱　新事業開発部　部長

表1　ゴム系バインダーの特性

項目	BM-400B（負極用）	BM-500B（正極用）
バインダーの内容		
ゴム系ポリマー種	ジエン系ゴム	アクリレート系ゴム
ガラス転移温度（Tg，℃）[*1]	-5	-40
粒径（nm，乾燥時）	130	170
熱分解開始温度（℃）[*2]	248（空気中）	308（空気中）
	342（窒素中）	363（窒素中）
バインダーの製状		
分散媒	水	NMP
濃度（wt%）	40	8
粘度（mPa・s）	12	150
pH	6	—
バインダーの性能		
耐電解液性[*3]		
膨潤度（重量，倍）	1.6	1.6
化学的反応性	変色なし	変色なし
電気化学的安定性	耐還元性に優れる	耐酸化性に優れる
電極塗料配合例（重量部）	BM-400B（固形分）　1.5	BM-500B（固形分）　0.53
	CMC　1.0	増粘剤-A（固形分）[*4] 0.27
	黒鉛（MCMB）　100	アセチレンブラック　2
	（SSA　0.9m²/g）	LiCoO₂　100
	水　52.25	NMP　25.7
電極塗料特性例		
固形分（wt%）	66.7	80
粘度（60rpm，mPa・s）	3000	2000
保存安定性	沈降なし（7日）	沈降なし（1日）
電極性能例		
集電体との結着性（g/cm，未プレス柔軟性）[*5]	3	2
Stiffness（g, H=10mm）	2	4
Cracking Point（mm）	1	2
電極表面粗さ（Ra，μm，未プレス）	3	0.8

* 1）DSC法で測定
* 2）TGA（10℃/min）で測定
* 3）使用した電解液（EC/DEC=1/2, LiPF₆　1M/L）
　　　バインダーフィルムを60℃×72HR浸漬
* 4）増粘剤-A：ニトリル系ポリマーのNMP溶液
* 5）図-11参照

　ところで，バインダーの性能は，単に結着性が優れているだけでは不十分であり，表1に例示しているように電池使用環境下での電気化学的安定性等，色々な性能が同時に付与されていなければならず，かつ電池製造工程で要求される種々の条件をも満たされていなければならない。電極塗料の製造に際しては，使用する活物質や添加助剤の種類によって電極塗料の特性や電極性能が変わってくるので，電極塗料を集電体に塗布する条件に合わせて配合組成を最適化することが必要である。

3　ゴム系負極バインダー：BM-400B

　PVDFとBM-400Bでは，結着機構が違うと考えている。PVDFは，活物質（黒鉛）表面への

第13章　バインダー材料

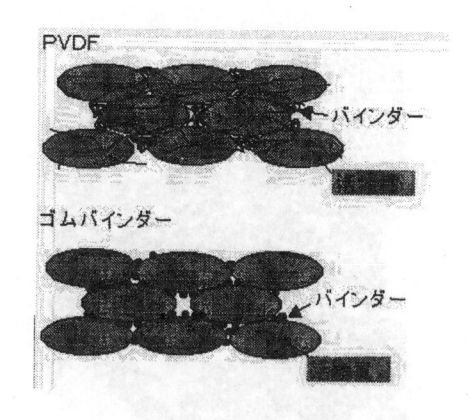

図1　バインダーと活物質の結着イメージ

吸着力が弱いため，図1に示すようにPVDFが作る網の中に黒鉛を保持しているような構造をとると推測している。一方，BM-400Bは黒鉛への吸着力が強いため，ゴム微粒子が黒鉛表面に点接着している構造をとっていると思われる。従ってBM-400Bを多量に用いると，ゴム粒子が活物質表面を覆ってしまい十分な電池特性が発揮されない場合も出てくると思われる。ゴム使用量が黒鉛に対して3wt%以下であればこうした問題はなく，更に負極塗料を上手に調整すれば1wt%程度でも結着性は保たれる。バインダーは本来電池には不要物であり，使用量を少なくすれば，その分活物質を高充填させることができるので，高容量の電池が作れる。バインダー量が少なく，しかも良好な負極塗料を製造するためには，BM-400Bの使いこなしの技術が重要である。

　正極，負極にかかわらず，良好な電極を製造するためには，良好な電極塗料を作る必要がある。良好な電極塗料とは，①活物質の沈降がなく，かつ塗工ムラができないように適度な粘性を有していること，②活物質の二次凝集が認められない程度まで十分にほぐされていること，③ゴム粒子が全ての活物質表面に均一に分散していること，の3点を満たしていることである。

　実際に電池メーカーがどんな方法で電極塗料を製造しているか不明であるが，日本ゼオンが開発したBM-400Bの使いこなし技術を以下に紹介する。

　BM-400Bは主に粒径0.13μmの微細なゴム粒子の水分散体である（図2参照）。粒子分散型なので，BM-400Bと黒鉛に必要にあわせて水を加えて攪拌しただけでは流動性の良い負極塗料を得ることはできず，増粘剤となる水溶性ポリマーを併用する必要がある。併用する水溶性ポリマーはCMC（カルボキシメチルセルロース）が最適である。

図2　BM-400B電子顕微鏡写真

　負極塗料を製造するうえでの注意点は，①活物質に適したCMCを選定すること，②予め活物質とCMCを適切な条件で均一混合し，しかる後ゴムバインダーを混合することの2点である。以下に，負極塗料の製造方法について具体例をもって説明する（図3参照）。

　負極塗料の製造手順としては，まず所定量のCMC水溶液を数回に分けて黒鉛に加えて固練り混練する。次いで適度な流動性が得られるまで水で希釈した後（図3では，水は加えていない），BM-400Bを加えて十分に混合し，最後に適度に水を加え（図3では，水は加えていない）負極塗料の粘度を調整し，図4の写真ような流動性の良好な電極塗料を得る。

　CMCは用いる黒鉛に合わせて選定する。CMCやバインダーは，電池には不要物であるから必要最小限の量に抑えるべきで，そのために前もって活物質が効果的に分散できる条件や流動性の良い負極塗料を得る条件を知っておくことが肝要である。その簡易的な方法として日本ゼオンが開発した方法を紹介する。

　黒鉛（活物質）粉末10gを秤量し，これに低粘度CMC（セロゲン7A：第一工業製薬）の1wt％水溶液を少しずつ添加しながら混合する。表2の目視観察による流動レベルが得られる固形分濃度をプロットし，図5の吸液カーブを得る。ここで注目すべきはレベル-2とレベル-8で，レベル-2は黒鉛が効果的に均一分散できる固練りポイントを与える固形分濃度の目安であり，レベル-8は目的とする流動性の良い負極塗料の固形分濃度の目安である。

　上記方法で，負極活物質である各種黒鉛を用いてレベル-2とレベル-8をプロットした吸液挙動マップを図6に示す。図6中に記名のないプロットは電池メーカー各社から依頼された実用

第13章 バインダー材料

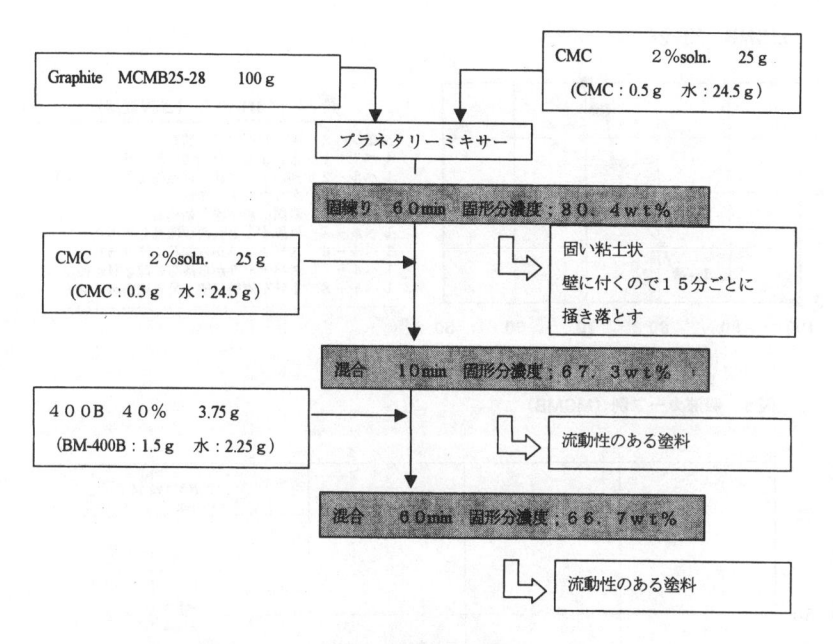

```
┌─────────────────────────────┐     ┌─────────────────────────────┐
│ Graphite MCMB25-28  100 g   │     │ CMC    2%soln.    25 g      │
│                             │     │ (CMC：0.5 g  水：24.5 g)    │
└──────────────┬──────────────┘     └──────────────┬──────────────┘
               └─────────────┬─────────────────────┘
                             ▼
                    ┌─────────────────┐
                    │ プラネタリーミキサー │
                    └─────────┬───────┘
                              ▼
            ┌────────────────────────────────────────┐
            │ 固練り 60min 固形分濃度；80．4wt%     │
            └────────────────────────────────────────┘
                                    ↳  ┌─────────────────┐
┌─────────────────────────────┐        │ 固い粘土状      │
│ CMC    2%soln.    25 g      │───▶    │ 壁に付くので15分ごとに │
│ (CMC：0.5 g  水：24.5 g)    │        │ 掻き落とす      │
└─────────────────────────────┘        └─────────────────┘
                              ▼
            ┌────────────────────────────────────────┐
            │ 混合 10min 固形分濃度；67．3wt%      │
            └────────────────────────────────────────┘
                                    ↳  ┌─────────────────┐
┌─────────────────────────────┐        │ 流動性のある塗料 │
│ 400B  40%   3.75 g          │───▶    └─────────────────┘
│ (BM-400B：1.5 g 水：2.25 g) │
└─────────────────────────────┘
                              ▼
            ┌────────────────────────────────────────┐
            │ 混合 60min 固形分濃度；66．7wt%      │
            └────────────────────────────────────────┘
                                    ↳  ┌─────────────────┐
                                       │ 流動性のある塗料 │
                                       └─────────────────┘
```

図3　負極塗料の作製例

図4　負極塗料写真

二次電池材料この10年と今後

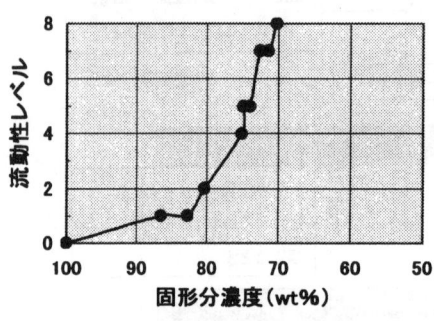

図5 吸液カーブ例（MCMB）

表2 流動レベル（目視観察）

流動レベル	塗料状況（目視観察）
レベル-1	まとまりのない塊（粒）状
レベル-2	硬いケーキ状（最適固練りポイント）
レベル-3	柔らかいケーキ状
レベル-4	表面に液が浮き始める
レベル-5	放置すると表面が流動し平滑化
レベル-6	スパチェラから塊状で滑り落ちる
レベル-7	スパチェラから落ちる時塗料が伸びる
レベル-8	十分な流動状態（最適流動ポイント）

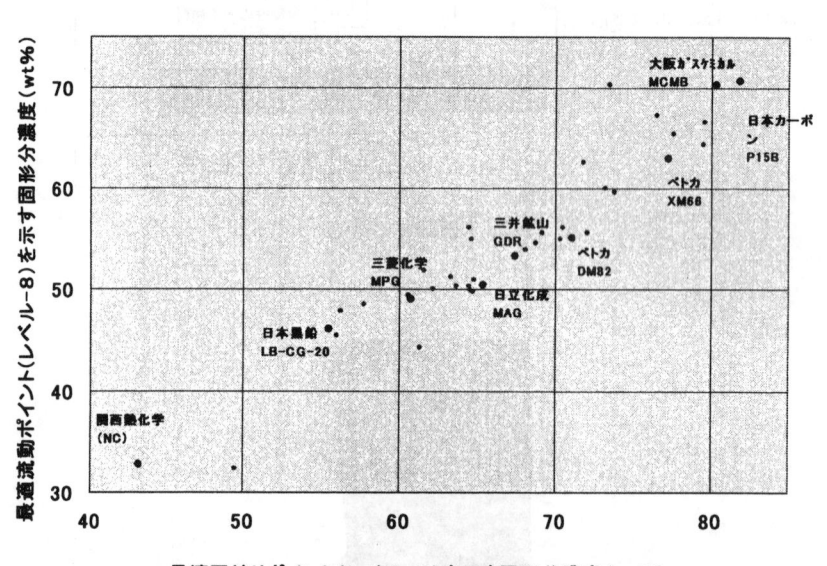

図6 各種Graphiteの吸液挙動マップ

黒鉛を用いた結果であり，記名されたプロットは，黒鉛メーカー各社の代表的な黒鉛での結果である。

レベル-8の目的とする負極塗料の固形分濃度は，黒鉛の種類によって30～70wt％と広い範囲で異なる。そしてレベル-8の固形分濃度が55％以上となる黒鉛の場合は，バインダーとして

第13章　バインダー材料

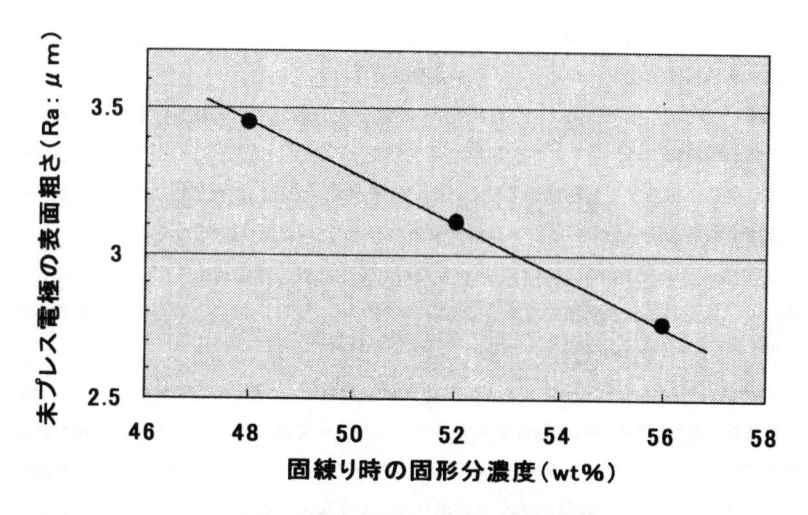

図7　固練り時の固形分濃度と電極表面粗さ

PVDFでも使用可能であるが，55％以下となる黒鉛の場合では，PVDFは不適でありBM-400Bが適している。CMC選定のおおよその目安は，レベル-8の固形分濃度が60％以上となる黒鉛を使用する場合は低分子量CMC（1％粘度で100〜500mPa・s）を，60％以下となる黒鉛を使用する場合は高分子量CMC（1％粘度で1000〜2000mPa・s）を選ぶとよい。

レベル-2の固形分濃度での固練りが活物質を分散するのに最も適している。固練りの固形分濃度と電極表面粗さの関係を図7に示した。電極表面粗さは電極塗料中の黒鉛分散状態の指標として用いることができる。表面粗さが小さいほど分散が進んでいると判断しているが，図7のようにレベル2における固練り濃度が高いほど分散は良くなっている。

4　ゴム系正極バインダー：BM-500B

正極バインダーは，負極バインダー以上に非常に厳しい性能が要求される。例えば，負極の場合と同様に，なるべく少量でも結着を維持する必要があり，角型電池の薄型化のために鋭角に折り曲げても電極にクラックが入らない程の柔軟性が必要であるが，特に60℃満充電下での酸化雰囲気において，長期にわたって電気化学的に安定でなければならない。

この10年間，正極バインダーも多く提案され特許出願されているが，このような厳しい条件を全て満たす実用性のあるバインダーはPVDF以外に見当たらず，現在も正極はPVDFが多用されている。

二次電池材料この10年と今後

近年，日本ゼオンが開発したゴム系バインダーBM-500Bは，上記の厳しい条件を満足しており，特にガラス転移温度が-40℃と低いため柔軟性にすぐれている。

なお，BM-500Bも，NMP中にゴム系ポリマー微粒子が分散している粒子分散型のため，バインダー自体の増粘作用が小さく，単独使用では十分な塗料特性が得られないので，水系負極で使用されるCMCに相当する増粘剤が必要である。日本ゼオンでは，正極活物質の種類にあわせて各種正極用増粘剤も開発しているが，詳細は紙面が不足のため今回は割愛する。

BM-500Bのような粒子分散型バインダーを使用して活物質，導電性カーボンを均一に分散するためには，負極の場合と同様，溶解型であるPVDFバインダーとは異なった塗料調整が必要である。以下にBM-500Bの特徴とその使い方について述べたい。

BM-500Bは，ゲル構造をもったアクリレート系ゴム微粒子をNMP溶媒に分散したものであり，耐電解液性，NMP溶剤への分散性を両立させたポリマーである。バインダーの正極での電気化学的安定性は，バインダーとカーボンの混合電極でのサイクリックボルタンメトリーの測定によって，4.6V付近まで酸化電流値の小さいポリマーが正極バインダーに適していると判定している。

ポリマーの耐酸化性については，分子軌道エネルギー計算から予測できることが報告されているが[4]，BM-500Bは炭素-炭素飽和結合を主鎖とした低いHOMOエネルギー準位のポリマーであり，酸化されにくい構造を有していると考えられる。

さて，活物質の性能を十分発揮させるためには，正極塗料中の活物質，導電性カーボン，バインダーおよび増粘剤をいかに均一分散するかがポイントとなる。また，塗料の安定性を高めるためには，正極活物質の比重が大きいので，負極以上に塗料中の活物質の沈降防止を考えねばならない。BM-500Bは，活物質や導電性カーボンとの親和性，凝集性がPVDFの場合よりもはるかに強いため，活物質，バインダー，増粘剤，および導電性カーボンを同時に加えてゆるい状態で混練したのでは活物質，導電性カーボンの分散不良が発生しやすい。このため，日本ゼオンでは図9のような塗料製造方法を提案している。

すなわち，導電性カーボンの分散と活物質の分散をそれぞれ独立して行ない，カーボンおよび活物質単独のペーストを調整した後，両者を混合し正極塗料とする方法である。この方法により，均一かつ安定に混合された正極塗料を容易に製造することができる。また，この方法では導電性カーボンを高分散することができるため，従来より少ないカーボン量で導電性を維持できる。

導電性カーボンの高分散化技術は公知であるが[5]，本方法では導電性カーボンと増粘剤を固練り状態で混練して調整するのが好ましい。例えば，プラネタリーミキサーを使用し，カーボンと増粘剤を固形分約35wt%程度の粘土状態で混練することにより，粒径1μm以下の分布が60～70%のカーボンペーストが得られる（図8参照）。また，混練を二本ロールで行うと，粒径1μ

第13章　バインダー材料

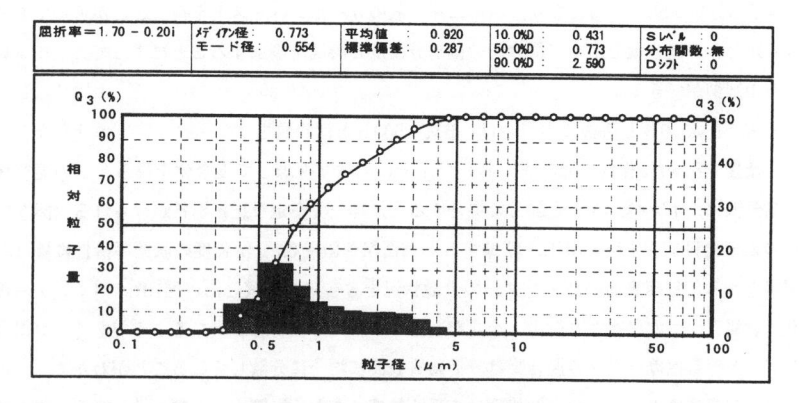

屈折率＝1.70－0.20i	メディアン径： 0.773	平均値： 0.920	10.0%D： 0.431	Sレベル： 0
	モード径： 0.554	標準偏差： 0.287	50.0%D： 0.773	分布関数：無
			90.0%D： 2.590	Dシフト： 0

図8　カーボンペーストの粒径分布

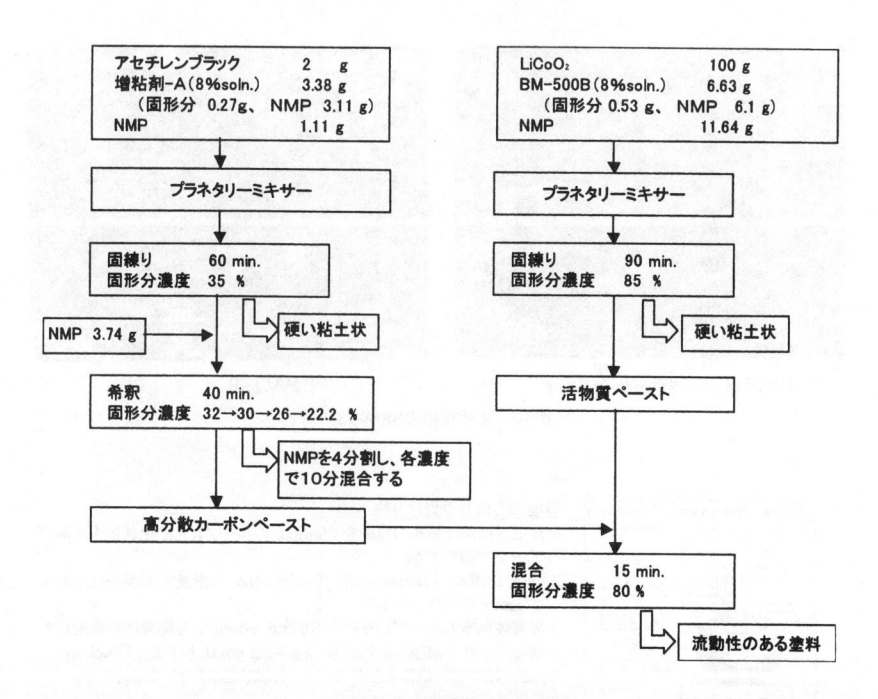

```
アセチレンブラック    2 g              LiCoO₂           100 g
増粘剤-A(8%soln.)    3.38 g            BM-500B(8%soln.)  6.63 g
 (固形分 0.27g、NMP 3.11 g)             (固形分 0.53 g、NMP 6.1 g)
NMP                  1.11 g            NMP              11.64 g
        ↓                                      ↓
   プラネタリーミキサー                    プラネタリーミキサー
        ↓                                      ↓
   固練り    60 min.                      固練り    90 min.
   固形分濃度 35 %    →  硬い粘土状       固形分濃度 85 %  → 硬い粘土状
        ↓                                      ↓
NMP 3.74 g →                              活物質ペースト
   希釈     40 min.
   固形分濃度 32→30→26→22.2 %
        → NMPを4分割し、各濃度
          で10分混合する
        ↓
   高分散カーボンペースト  ──────────→
                                          混合     15 min.
                                          固形分濃度 80 %
                                              ↓
                                          流動性のある塗料
```

図9　正極塗料の製造例

169

m以下の分布が80〜90%となり，さらに高分散のカーボンペーストを得ることが可能である。固練りができる混合機を用いて混合時の固形分濃度と時間を調節することによってカーボンの粒径分布の制御ができる。

　一方，BM500Bと活物質の混合は，BM-500Bと活物質をプラネタリーミキサーなどで高固形分濃度（85wt%程度：硬い粘土状）で十分に固練り混練して混合体を得る。この混合体に先の高分散カーボンペーストを加えて混合すると，均一で安定な正極塗料が得られる（図9参照）。この正極塗料をAl箔に塗工，乾燥すると表面粗さ$Ra=0.7\mu m$程度の表面平滑性に優れた電極が得られる。電極表面のバインダーの分散状況をSEMで観察した（図10）。バインダー種により活物質表面への導電性カーボンを含むバインダーの分散状態が異なるようである。ゴム系バインダーと導電性カーボンの混合物は，活物質表面に均一に分散していることがわかる。バインダーおよび導電性カーボンの分散状態は，電池特性に大きく影響すると推測されるが，現在のところどのような状態が電池性能上，最適な分散状態であるかは明確ではない。

BM-500B／増粘剤-A　　　　　　　PVDF

図10　正極電極のSEM写真

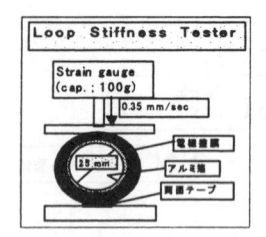

電極の柔軟性の測定方法
1. 片面又は両面塗布の電極を25mmφのループにし，金属板上に両面テープで固定する。
2. Loop Stiffness Testerを用い0.35mm/secの速度で電極ループを厚さ1mmまで押しつぶす。
3. 集電体電極のループの厚みとStiffness dataから集電体の変極点を求め，これを電極が割れた点Cracking pointとする。Cracking pointは小さい値ほど割れにくい（柔軟性に富む）事を示す。

図11　Loop Stiffness Testerによる柔軟性の測定

第13章　バインダー材料

ところで，電極の柔軟性は，電極を捲回する際に電極の割れや巻きやすさに影響するので，特に角型電池の薄型化には電極の柔軟性が重要な条件の一つと考えられる。図11は，Loop Stiffness Testerを用いた電極の柔軟性評価の例である。図12は，図11の装置で得られた電極リングの厚みとStiffness値（アルミ集電体のStiffness値を差し引いた値）との関係をグラフにした

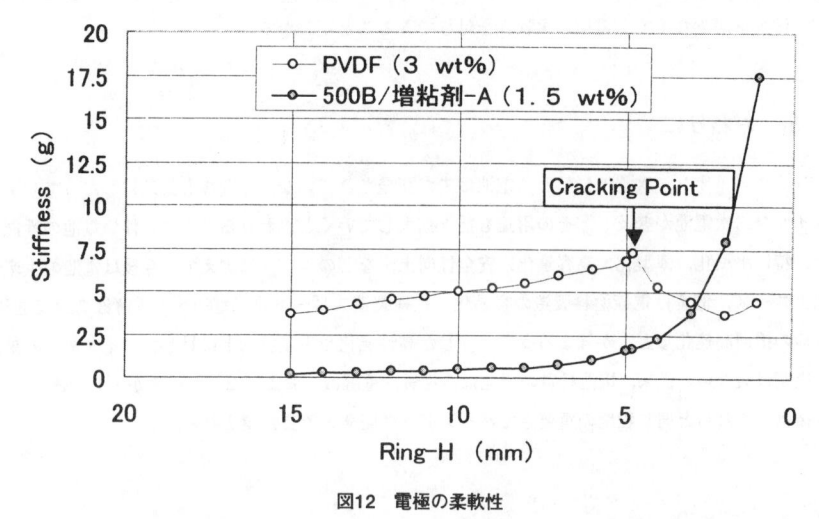

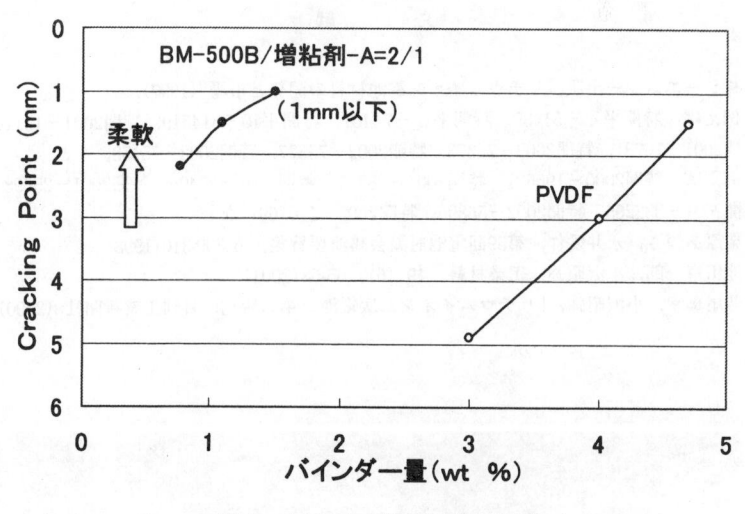

図12　電極の柔軟性

図13　バインダー添加量と電極の柔軟性

171

ものである。電極の割れる時点のリングの厚みと，Stiffness値の大きさで電極の柔軟性を判断できる。BM-500Bを用いた電極は，1mmまで押しつぶしても電極の割れは認められず，Stiffness値も小さい（柔らかい）ことが判る。

図13はバインダーの添加量と電極の柔軟性を示したものである。BM-500BはPVDFと比較して，添加量が少なくても電極の柔軟性を付与できることがわかる。

5 おわりに

リチウムイオン二次電池に替わる電池は未だ開発されていない。今後も長期にわたってリチウムイオン二次電池が普及し，その用途も益々拡大していくと思われる。これに伴い電池の性能向上，特に小型化，薄型化，高容量化，安全性向上，などのニーズに加えて，今後は電池の生産性向上ニーズ，例えば電極塗料製造の容易化，電極製造スピード化，電極への電解液高速浸透化，電極の捲回高速化など，が強まろう。こうした高性能化や生産性向上に対してバインダーの果たす役割は大きい。従来，電池材料の開発は活物質，電解液，およびセパレータが中心であった[6]。今後は，これらと同じ程度の重要さでバインダーの開発・改良が望まれる。

文　献

1) ㈱シーエムシー出版，リチウムイオン電池材料の開発と市場 (1997).
2) 例えば，特開平4-51459，特開平5-74461，特開平10-814519，特開2001-15116，特開2001-76731，特開2002-75373，特開2002-75377，特開2002-75458，など
3) 例えば，特開2000-195521，特開2001-28381，特開2001-35496，特開2001-256980，特開2001-332265，特開2002-56896，特開2002-110169，など
4) 栗原あづさ，永井愛作，第39回電池討論会講演要旨集，p.309-310 (1998).
5) 池田章一郎，小沢昭弥，工業材料，**49** (6)，65-68 (2001).
6) 芳尾真幸，小沢昭弥，「リチウムイオン二次電池（第二版）」，日刊工業新聞社 (2000).

第14章　ポリマー電解質

世界孝二[*]

1　緒言

　携帯電子機器の高機能化に伴い，二次電池の性能向上の要求が益々高まり，さらなる小型・軽量・薄型化が期待されている。リチウムイオン二次電池は，1991年にソニーによって商品化されて以来，高エネルギー密度化，および充放電サイクル特性，負荷特性，温度特性，保存性などの特性向上を目的として，電極活物質，バインダー，導電材，集電体，電解質（液系，固体系），セパレータ，およびセル構造を中心に活発な研究開発がなされてきた。当初，約220Wh/L（18650円筒形セル：直径9 mm×長さ650mm）であった体積エネルギー密度は，現在では，約2倍以上の約500Wh/Lに達しており，ノート型PC，セルラー電話およびPDAへの用途を中心として需要が拡大している。これらのポータブル電子機器は薄型化される傾向があり，このニーズに応えるため，1999年，ソニーはゲル状ポリマー電解質を応用した薄型リチウムイオンポリマー二次電池を商品化した（厚さ3.8mm×幅35mm×高さ62mm）[1]。

　リチウムイオン二次電池は，正極にコバルト酸化物（$LiCoO_2$），負極に黒鉛を用い，平均放電電圧が高く（約3.7V），高エネルギー密度であり，充放電サイクル寿命が長い，自己放電率が小さい，使用温度範囲が広い（-20℃～60℃），メモリー効果がないなどの利点がある。この内，高い作動電圧は，直列接続セル数を少なくできるため，多セル組み電池パックの制御が容易であるなどの利点もある。電解質としては，エチレンカーボネート（EC）系の有機溶媒にリチウム塩（$LiPF_6$）を溶解させた有機電解液が用いられ，組成制御により優れた充放電サイクル特性，負荷特性，温度特性，および保存特性（自己放電など）を達成させている。また，セルの信頼性向上のために，金属缶ケースのシール技術確立や，安全弁（開裂弁，電流遮断弁）および保護回路などの開発がなされてきた。

　ここで，電解液を固体化することにより，万が一セルが破損した際にも，原理的に液漏れがないためシステム構築が可能であり，また，アルミラミネートフィルムを用いたソフトなパッケージング技術が応用できるため，セルデザインの形状自由度を飛躍的に高めることができる。これ

---

[*] Koji Sekai　ソニー㈱　コアテクノロジー＆ネットワークカンパニーエナジーカンパニー開発部門　応用開発部　担当部長

により，薄型化などのポータブル電子機器形状トレンドに最適な電池パック設計が可能となり，リチウムイオン二次電池の用途範囲をさらに拡大させることができる。固体電解質としては，酸化物や硫化物系ガラスに代表される無機固体電解質，およびポリエーテル系ポリマー電解質が挙げられ，特に，ポリマー電解質は機械的強度が高く，かつ柔軟なフィルム状電解質が形成できるため有用な材料である。さらに，密着性も良好であることから，電極－ポリマー電解質界面のインピーダンス低減が可能となり，良好な充放電特性が得られる。電解質フィルムの機械的強度は，イオン伝導性と相反する傾向があり，二次電池への応用のためには，これらの両立が重要な課題である。

　ポリマー電解質（高分子固体電解質）は，①ポリエーテル系に代表されるポリマーとリチウム電解質塩から成る溶媒フリーな純正のポリマー電解質（完全固体型），②ポリマーと電解液（有機溶媒，リチウム電解質塩）を可塑剤によりゲル化させたゲル状ポリマー電解質，および③ポリマーをイオン性液体中に相溶化させた室温溶融塩型ポリマー電解質に大別され，イオン伝導性の向上，電解質フィルムの機械的強度，柔軟性，弾性および成膜性など，多くの研究開発がなされてきた[2]。従来のポリエチレンオキシドにリチウム塩を溶解させたポリマー電解質のイオン伝導率は低く，室温作動の二次電池への応用は困難とされてきたが，最近になり再びイオン伝導性の改良がなされ，特に，ポリマーと有機電解液をゲル化させたゲル状電解質の高性能化により，実用化が可能となった。本項では，ポリマー電解質に関わる材料設計の基本的指針に関連し，これまでの開発状況と今後の展望について概説する。

2　ポリマー電解質（高分子固体電解質）

2.1　完全固体型（純正；有機溶媒フリー）

　ポリマー電解質の研究は，1970年代後半からポリエチレンオキシド（PEO）とリチウム塩を複合化した溶媒フリーな高分子固体電解質が有用であることが報告されて以来，活発な研究がなされた。これらは有機溶媒を含まないポリマー電解質であり，ポリマー中のイオン伝導性，および成膜性などの機械的強度の向上がなされてきたが，検討されてきた材料の殆どは室温でのイオン伝導率が10^{-4} S/cmオーダー以下に留まり，二次電池への応用にはさらなるイオン伝導性の向上が必要であった[3~9]。

　リチウムイオン系二次電池においては，10^{-3} S/cmオーダー以上のイオン伝導率が必要であるが，ポリマー中のリチウムカチオン輸率が比較的小さい材料が多いこともあり，これまで良好な電池特性が得ることは困難とされてきた。ポリマー中のイオン伝導は，ガラス転移温度Tg以上で高い伝導率が得られ，基本的に高分子鎖の局所運動に大きく影響する。ポリマー材料は，Tg

第14章 ポリマー電解質

以上の温度域では粘弾性を示し，ミクロ的には液体状態であるが，マクロ的には固体状態を保持する。ポリマー中の高分子セグメント運動の緩和時間は，自由体積モデルから導かれるWilliams–Landel–Ferry（WLF式）に従い，低温域でのイオン伝導率は顕著に低下する傾向がある[2,9]。PEO系では結晶化が起こり易いことも，イオン伝導率が低い要因であるが，ポリプロピレン（PPO）等との共重合，化学架橋，およびポリマーセグメントの長さを短くすることで結晶化温度を低下させ，イオン伝導性を向上させることができる。ここで，電解質濃度を増加させると，高ポリマー中の過渡的架橋点が増加してT_gが上昇し，イオン伝導性は低下する傾向にある。これらを改良するため，これまでに，ポリビニルアルコール系の導入によりリチウム塩の溶解性を向上させる試みや[10]，リチウム塩のアニオンをポリマー鎖に固定しカチオンだけを移動させたシングルイオン伝導性ポリマーが検討されているが[11]，現在のところ，室温で10^{-3}S/cmオーダーに達する完全固体型ポリマー電解質は得られていない。

ポリマー電解質中のイオン伝導は，ポリマー主鎖と電解質の相互作用が支配的であり，高いイオン伝導率を得るためにはT_gを低くすることが重要である。しかし，マクロ的に固体状態を保持し，ポリマー主鎖のT_gを低くすることは非常に困難である。そこで，ポリマー主鎖に低分子量の側鎖を導入することにより，ポリマー主鎖の結晶化T_gに影響されにくい分子設計が検討された[12-21]。その代表例として，エチレンオキシドと2-（-2-メトキシエトキシ）エチルグリシジルエーテルの共重合体（P(EO/MEEGE)）が提案された。$LiN(CF_3SO_2)_2$（LiTFSI）などのリチウム塩を複合させると，電子求引基である$(CF_3SO_2)_2^-$が$N(CF_3SO_2)_2^-$の負電荷を非局在化して，ポリマー中での解離度が高くなり，室温で約3×10^{-4}S/cm以上の高いイオン伝導率が得られることが報告されている[2,12]。

一方，高いイオン伝導性を有するエーテル側鎖型ポリジメチルシロキサン(SLX/EO)を架橋構造ポリマーとポリマーアロイ化することにより，高いイオン伝導性と機械的強度に優れたポリマー電解質が得られる[21,22]。一般に，シロキサン系ポリマーは，Si-O間結合エネルギーが大きく高い熱的安定性とT_gが低く（ポリジメチルシロキサン；$T_g = -123$℃）。エーテル系側鎖を導入することにより，イオン伝導性を向上させることができる。そのイオン伝導率は室温で約3×10^{-4}S/cm以上に達し，低温域においても高い分子運動性能を維持できるため，高い値が得られる。このポリマー電解質の機械的強度は極めて高く成膜性も良好であり，今後，さらなる高性能化が期待できる[22~24]。

2.2 ゲル状ポリマー電解質

完全固体型ポリマー電解質のイオン伝導は上述のように，高分子セグメント運動の緩和時間がWLF式に従い，低温域でのイオン伝導率は顕著に低下する傾向にあり[2]，これを克服するため，

ポリマーと有機電解液をゲル化させたポリマー電解質の研究開発も盛んに行われてきた[25]。

ゲル状ポリマー電解質は、ポリマー、有機溶媒およびリチウム塩を複合化し、高い電気化学的安定性とリチウムイオン伝導性を両立させることができ、現在、二次電池用電解質として実用化されている。その特性は架橋構造や均質性により異なり、①ポリマー鎖の結晶化により架橋点を生成させる物理架橋型ゲル、②可塑剤、光照射、および加熱などにより化学架橋させ三次元架橋構造をとる化学ゲルに大別できる。また、中間的な性質を有するゲルの合成も可能であり、これらポリマー鎖の相互作用、架橋形態、架橋点の数の制御が、ゲル状電解質のイオン伝導性、フィルム強度に大きな影響を与え、材料設計において重要である。

物理架橋型ゲルとして、ポリフッ化ビニリデン（PVdF）系、およびポリアクリロニトリル系（PAN）が代表的であり、温度制御や希釈溶剤を用いることにより、比較的容易にゲル状ポリマー電解質フィルムの合成が可能である。これらのゲル状電解質は、10^{-3} S/cm以上の高いイオン伝導率が得られ、物理架橋型であるがフィルム強度が高く、良好な電池特性が得られるとともに、保液性も高いため有利である。ここで、高いイオン伝導性を発現させるためには、溶媒組成は約80〜90%以上含有させる必要があり、ポリマー鎖の分子の絡み合いや、水素結合、結晶化などで三次元網目構造を形成される。この際、ポリマー鎖ユニットあたり数十個程度の溶媒分子を保持し、基本的には膨潤状態である。イオン伝導パスは、ポリマー鎖の相互作用を受けにくい溶媒分子が多く存在する箇所から成り、電解液類似のイオン伝導機構に制御することが可能であり、電解液と同等の高いイオン伝導性が得られる。一般に膨潤体は機械的強度が低いが、上記ゲル状ポリマー電解質は、マクロ的に固体状態を保持した状態で機械的強度とイオン伝導性の両立ができ、この点が大きなメリットである。また、ポリマー鎖の相互作用はイオン伝導性に大きな影響を与えるため、優れた電池特性とセル信頼性を両立させるためには、①含有する有機溶媒成分に蒸気圧を可能な限り低減され、溶媒が完全にゲル化されており、セル内圧の上昇や漏液が抑制されていること、②広い温度範囲（-20℃〜60℃）で高いイオン伝導率を保持し、また電極との接着性制御による電極・電解質界面インピーダンスが低いことなどが必要である。これにより、優れた負荷特性、低温特性および安全性を確保することができ、セルのパッケージングも簡素化され、アルミラミネート材などの成形自由度の高いソフトなセル外装材を応用することが可能となる。また、ポリマー鎖の制御により、ゲル状ポリマー電解質の難燃性を付与させることができる等、安全性に関わる機能を付与させることも可能である。

PVdF系ポリマーは結晶性が高く低減させる必要があるが、PVdF主鎖にヘキサフルオロプロピレン（HFP）を共重合させると（P (VdF-HFP)）、電解液の保液性やゲルの高温安定性が向上し、良好な電池特性が得られる[1, 26〜32]。PVdFの融点は、約175℃であるが、HFPを共重合させると融点が低下し、ポリマーの柔軟性が向上する（$Tg = -35$℃）。ポリHFPの含有率が増加すると

第14章　ポリマー電解質

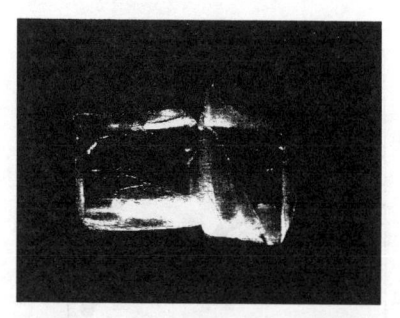

図1　ソニー製ゲル状ポリマー電解質

保液性は増加するが，フィルム強度は低下するため，イオン伝導性と機械的強度が両立できるようゲル組成を最適化する必要がある。一例として，PHFP重量含有率が約3～7.5%に制御されたゲル電解質を図1に示したが，比較的強度の高いゲル状ポリマー電解質が得られ，P（VdF-HFP）共重合体の中では，比較的高い融点を保持している（約150℃）。このゲル状ポリマー電解質は，ある程度の荷重を掛けても，有機溶媒成分がゲル外部に分離しないように設計されている。ここで，低分子量ポリマーでは粘着性が乏しく，分子量は55,000以上であることが必要であるが，55,000以上の高い分子量ポリマーに，これよりも少し分子量が小さいポリマー（分子量30,000～55,000程度）を混合することにより，ゲルの粘性を最適化できる。また，分子量の高いポリマーの混合比が約30%以上で良好なゲル状ポリマー電解質が得られ，これにより，電極-電解質界面のインピーダンス低減が可能となる。

ゲル電解質中の有機溶媒およびリチウム塩は，電極活物質の性能に影響を与え，プロピレンカーボネート（PC）やエチレンカーボネート（EC）などの高誘電率を有する溶媒は，可塑剤の役割を果たしている。負極に黒鉛系材料を用いる際には，還元分解が抑制されるエチレンカーボネート（EC）が必要であるが，ECは室温で固体であるため，十分なイオン伝導性が得られない。しかし，プロピレンカーボネート（PC）をゲル中に含有させることにより，イオン伝導性が向上し，室温で約10^{-3}S/cmオーダー以上の高いイオン伝導性が得られる。例として，P（VdF-HFP）共重合体/PC，EC混合溶媒/LiPF$_6$のイオン伝導性は良好であり，ポリマーの分子量や含有率，溶媒の組成，リチウム塩濃度の最適化により，室温で約9×10^{-3}S/cmと，電解液同等の高いイオン伝導率が得られる。また，イオン伝導性は，ほぼアレニウスの式に従い，-20℃の低温域においても10^{-3}S/cmオーダーのイオン伝導率を有している（図2）。また，この系のゲル状ポリマーは，比較的高い温度まで安定であり，ゲル中の溶媒が分離しにくい性質を有しており，優れた負荷特性，低温特性が得られる。ここで，ゲルポリマー中のPCは，黒鉛負極上で分解反応が起こり，電池特性劣化の要因になるが，グラファイト表面をアモルファス化することで分解

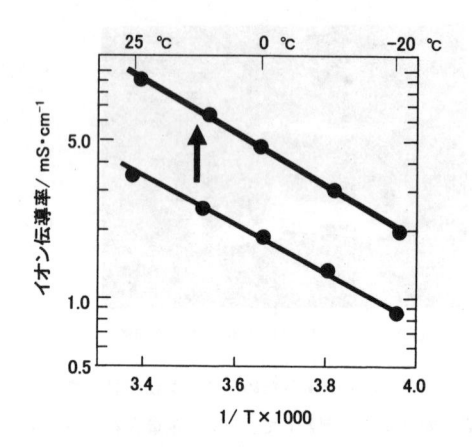

図2 ソニー製ゲル状ポリマー電解質のイオン伝導率

反応を抑制させることができる。これにより，黒鉛負極材料の初回充放電効率は90％以上の高い値が得られ，リチウムイオン系二次電池への応用が可能となる。

物理架橋型ゲルの代表例PAN系ゲルにおいては，ポリマー主鎖と溶媒分子の相互作用が小さく，リチウムイオンの溶媒和状態は電解液中の状態に近く，高いイオン伝導性を示す。また，ゲル組成の制御により，難燃性あるいは自己消火性を発現させることが可能である[33~41]。これは，PAN系ゲルが加熱されると約200℃付近で炭化反応が進行し，内部の有機溶媒の気化を抑制されることに起因している。特に，PAN/EC/PC/LiPF$_6$系ゲル電解質で効果が大きく，LiPF$_6$は炭化反応を促進させる触媒的な働きをしているものと推定される。

一方，化学架橋型ポリアルキレンオキシド系ポリマーは，電解液の保液性に優れ，高いイオン伝導性が向上することが報告されている。ポリアルキレンオキシド系ポリマーと電解液（EC／ジエチルカーボネート（DEC）／LiTFSI系）との相溶性が良好であり，加熱による三次元架橋構造の導入方法により，電極，セパレータ部に均質にゲル状ポリマー電解質を形成させることができる[42~44]。

以上のように，ゲル状ポリマー電解質は，ポリマーの種類や架橋形態，およびゲル組成（ポリマー，溶媒，電解質）の制御により，高いイオン伝導性と機械的強度を両立させた材料設計が可能であり，今後，さらなる高性能化が期待でき有用な材料である。

3　リチウムイオンポリマー二次電池

負極に黒鉛系材料，正極にLiCoO$_2$として，電解質にゲル状ポリマー電解質を用いることによ

第14章 ポリマー電解質

り，高エネルギー密度，優れた特性（充放電サイクル特性，負荷特性，温度特性，保存特性など）のリチウムイオンポリマー二次電池が得られる。前述のように，電池の外装材としてアルミラミネートフィルムでのパッケージングが可能であるため，ポータブル電子機器で許容される電池パックサイズを，最大限有効利用できるセルデザイン設計が可能となる。ここで，スペースを有効利用するためには，セル内への水分侵入を抑制させるための熱融着シール部分を少なくすることが必要である（図3）。水分の浸入は，シール部分のポリマー層から起こり，このポリマー層を改良することにより，シール部分を減少させても十分にシール性を確保できる。

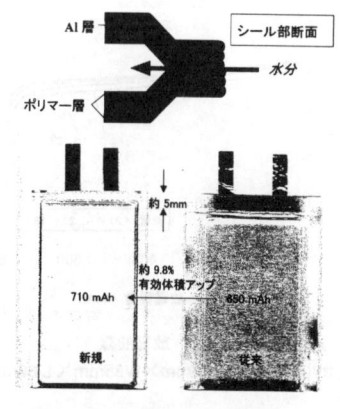

図3 ラミネート外装

リチウムイオンポリマー二次電池（厚さ3.8mm×幅35mm×高さ62mm；図4）の放電曲線は，電解液を用いているリチウムイオン二次電池と同等であり，充放電サイクル特性，重負荷特性，低温特性も優れている（図5〜8，表1）。これらの特性は，ポリマー電解質／電極界面インピーダンスに大きく依存しており，セル作製プロセスの最適化も重要である。このため，生産プロセスを考慮した材料設計（機械的強度，粘度，化学的安定性など）も不可欠であり，さらなる高性能化が期待できる。

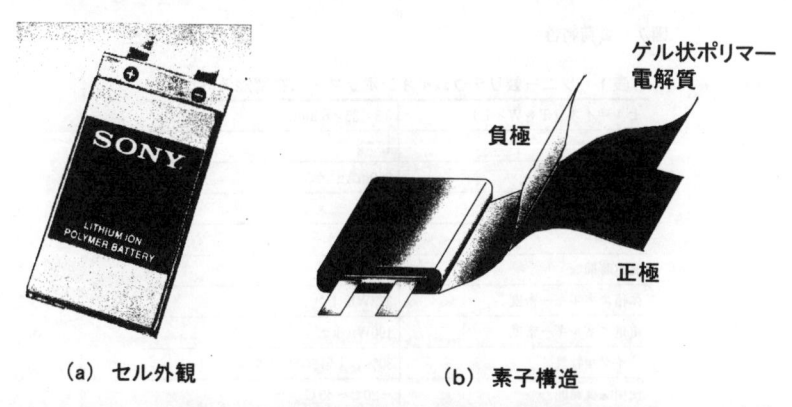

(a) セル外観　　　　(b) 素子構造

図4 ソニー製リチウムイオンポリマー二次電池

二次電池材料この10年と今後

図5　放電曲線
（セルサイズ；T 38mm×W 35mm×L 62mm）

図6　充放電サイクル特性

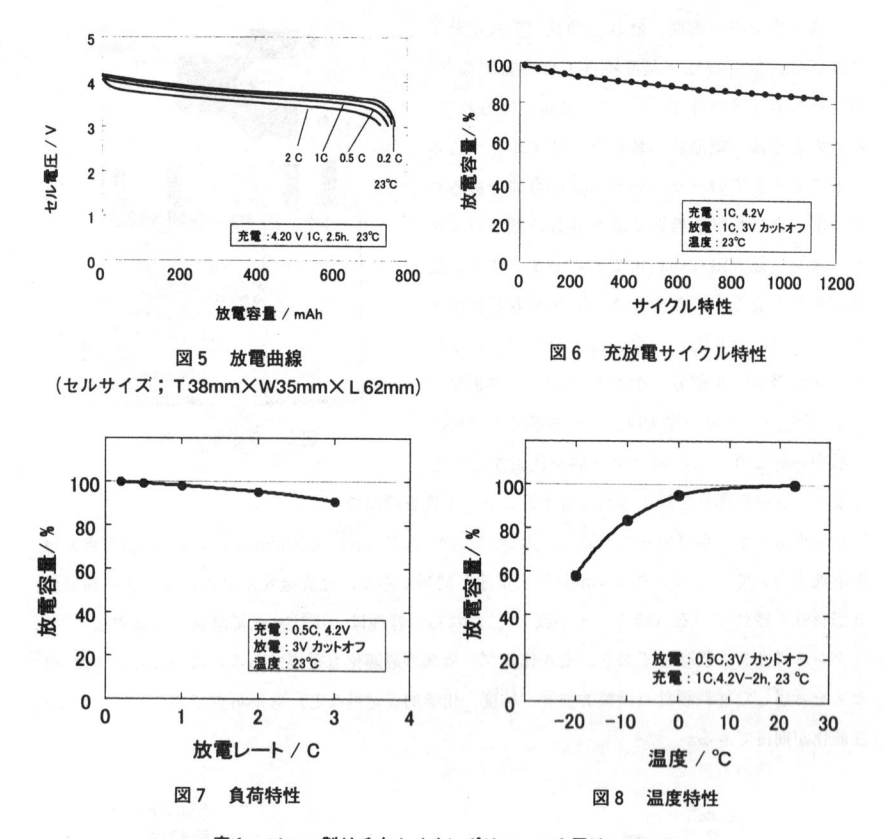

図7　負荷特性

図8　温度特性

表1　ソニー製リチウムイオンポリマー二次電池スペック

セルサイズ（T×W×L）	3.8×35×62mm
重量	15.7 g
公称容量	760mAh
平均作動電圧	3.7 V
充電電圧	4.2 V
充電時間	90min.
体積エネルギー密度	375Wh/L [*1]
重量エネルギー密度	190Wh/kg
サイクル特性	80%以上@500サイクル
使用温度範囲	−20℃〜45℃
正極	LiCoO$_2$
負極	黒鉛

*1）セル上部テラス部体積を除いた場合

第14章　ポリマー電解質

文　献

1) Y. Nishi, "Advanced in Lithium-Ion Batteries" p.233, Kluwer Academic/Plenum Publishers, New York (2002).
2) 渡辺正義, *Denki Kagaku*, **65**, No.11, p.920 (1997).
3) P. V. Wright, *Br. Polym. J.*, **7**, 319 (1975).
4) J. M. MacCallum, C. A. Vincenteds., Polymer Electrolyte Reviews 1‐2, Elsevier Appl. Sci., London (1987, 1989).
5) M. A. Rantner, D. F. Shriver, *Chem. Rev.*, **88**, 109 (1988).
6) C. A. Vincent, *Prog. Solid State Chem.*, **17**, 145 (1988).
7) M. B. Armand, *Ann. Rev. Master. Sci.*, **16**, 245 (1986).
8) M. Watanabe, N. Ogata, *Br. Polym. J.*, **20**, 181 (1988).
9) 渡辺正義, 緒方直哉, 導電性高分子, 講談社サイエンティフィック, pp.95-150 (1990).
10) T. Yamamoto, M. Inami and T. Kanbara, *Chem. Materi.*, **6**, 44 (1994).
11) G. B. Zhou, I. M. Khan and J. Smid, *Polym. J.*, **18**, 661 (1986).
12) M. Watanabe, A. Nishimoto, *Solid State Ionics*, **79**, 306 (1995).
13) 遠藤貴弘, 西本　淳, 渡辺正義, 三浦克人, 柳田政徳, 肥後橋弘喜, 電気化学会第64回大会講演要旨集（横浜）, **1 A29**, p.12 (1997).
14) 渡辺正義, 西本　淳, 電気化学会第64回大会講演要旨集（横浜）, **1 A30**, p.12 (1997).
15) 最先端電池技術－2000（電気化学会主催）要旨集, p.25 (2000).
16) Y. Ikeda, H.Masui, S.Shoji, T. Sakashita, Y. Matoba and S. Kohjiya, *Polym. Int.*, **43**, 269 (1997).
17) A. Nishimoto, M. Watanabe, Y. Ikeda and S. Kohijiya, *Electrochim. Acta*, **43**, 1177 (1998).
18) S. Kohijiya Y. Ikeda, *Mater. Sci. Res. Int.*, **4**, 73 (1998).
19) Y. Ikeda, *J. Appl. Poly. Sci.*, **78**, 1530 (2000).
20) Y. Ikeda, Y. Matoba, S. Nurakami, and S. Kohjiya, *Elctrochem. Acta*, **45**, 1167 (2000).
21) Y. Matoba, Y. Ikeda and S. Kohjiya, *Solid State Ionics.*, **147**, 403 (2002).
22) K. Noda, T. Yasuda and T. Horie, Proceding of 8th international symposium on polymer electrolytes "Siloxane based polymer electrolytes for room temperature operation of lihium-polymer battery" (2002).
23) 安田壽和, 野田和宏, 堀江　毅, 第42回電池討論会講演要旨集（横浜）, **2 C18**, p.422 (2001).
24) 西　美緒, 野田和宏, 安田壽和, 第4回公開シンポジウム講演要旨集, p.38 (2003).
25) G. Feuillade, Ph. Perche, *J. Appl. Electrochem.*, **5**, 63 (1973).
26) T. Hatazawa, T. Kondo and Y. Iijima, Japanese Patent Kokai, 11-312536 (1999).

27) T. Hatazawa, K. Kezuka and Y. Iijima, Japanese Patent Kokai, 11-312535(1999).
28) 渋谷真志生，第30回高分子錯体研究会講座要旨集 (1999).
29) 畠沢剛信，西　美緒，任田正之，電子材料，4月号，p.29(2001).
30) 小島秀明，畠沢剛信，任田正之，第12回コロイド界面実用講座要旨集 (2000).
31) 畠沢剛信，中島　薫，高分子材料，**49**, 452(2000).
32) 中島　薫，最先端電池技術-2000（電気化学会主催）要旨集，p.41(2000).
33) M. Watanabe, M. Kanba, K. Nagaoka, I. Shinohara, *J. Polym. Sci., Ed.*, **21**, 939(1983).
34) K. M. Abraham, M. Alamgir, *J. Electrochem. Soc.*, **106**, 1657(1990).
35) M. Alamgir, M. Abraham, *J. Power Sources*, **54**, 40(1995).
36) 明石寛之，田中浩一，世界孝二，化学工業，48 (1), 1 (1997).
37) H. Akashi, K. Seakai, K. Tanaka, *Elecrochim. Acta*, **43**, 1193(1998).
38) H. Akashi, T. Tanaka, K. Sekai, *J. Electrochem. Soc.*, **145**, 881(1998).
39) 明石寛之，田中浩一，世界孝二，化学工業，**48** (1), 1 (1997).
40) 明石寛之，世界孝二，生山清一，工業材料，**47** (2), 56 (1999).
41) H. Akashi, M. Shibuya, K. Orui, G. Shibamoto, K. Sekai, *J. Power Sources*, **577**, 112 (2002).
42) 生川　訓，中根育朗，工業材料，**49** (6), 29 (2001).
43) 生川　訓，中根育朗，福岡　悟，渡辺浩志，藤井孝則，山崎幹也，電気化学会第69回大会講演要旨集（仙台），**2 A09**, p.21(2002).
44) 福岡　悟，中根育朗，最先端電池技術-2000（電気化学会主催）要旨集，p.41(2000).

第15章 無機固体電解質

高田和典[*1], 近藤繁雄[*2], 渡辺 遵[*3]

1 はじめに

リチウムイオン電池が1991年に実用化されて以来,この10年でリチウム電池を取り巻く環境は大きく変わってきた。それまでは,カメラ用,あるいはメモリーバックアップ等の限られた用途に用いられていたリチウム電池が,携帯電話,ノート型パソコン等,広い分野で用いられるようになった。それにともない,次世代のリチウム電池材料として注目されている無機固体電解質においても研究が加速されるとともに,それまでは学究的な研究が中心であったが,実用化を見据えた研究が数多く見られるようになってきた。たとえば,無機固体電解質に関するいくつかの論文[1~4]では,研究の主題である固体電解質の特性とともにそれを用いた固体電池の特性についても言及される状況となっている。本章では,リチウムイオン伝導性の無機固体電解質の研究がこのように活発化した背景について筆者なりの考えを述べるとともに,ごく最近行われた研究結果を総説する。

2 リチウムイオン電池の実用化がもたらした変化

次世代のリチウム電池と目されている無機固体電解質リチウム電池ではあるが,実際には1980年代にすでに実用化されている。この電池は,負極に金属リチウム,正極にポポリビニルピリジン-ヨウ素錯体を用いた電池であり,これら正極と負極が接触することによりその界面で生成するヨウ化リチウムが固体電解質として作用する。また,1983年には既に固体電解質に$Li_{3.6}Si_{0.6}P_{0.4}O_4$のスパッタ蒸着膜を用い,正極に$TiS_2$,負極に金属リチウムを用いた薄膜電池が報告されており,この電池では2000サイクルものサイクル寿命が確認されている[5]。さらにその10年後にはJonesらによりLi/TiS_2薄膜電池で20000サイクルもの寿命が示され[6,7],固体電解質リチウム電池の優れた潜在能力は示されていた。しかしながら,ポリビニルピリジン-ヨウ素錯体/リチウム電池は,ヨウ化リチウムのイオン伝導性が低いため取り出せる電流が小さなものであり,

---

[*1] Kazunori Takada （独）物質・材料研究機構 物質研究所 主幹研究員
[*2] Shigeo Kondo （独）物質・材料研究機構 物質研究所 特別研究員
[*3] Mamoru Watanabe （独）物質・材料研究機構 物質研究所 所長

二次電池材料この10年と今後

心臓ペースメーカー用の電池として実用化されたのみであった。また、薄膜電池は活物質量が少なく、容量の小さな電池しか構成することができない。これらの理由により、10年前までは、無機固体電解質を用いたリチウム電池は、汎用電池とはなりえず特殊な用途に用いられるであろうとの認識が強かったものと思われる。

一方の有機溶媒電解質を用いたリチウム電池も、10年前のリチウムイオン電池の実用化まではリチウム電池はコイン型等の小型のものが中心であり、どちらかというと特殊な電池として認識されていた。リチウムイオン電池の実用化により、リチウム電池は携帯電話、ノートパソコン、ビデオカメラ等の身近な携帯電子機器に組み込まれる汎用の電池となった。リチウム電池の汎用化は、市場の拡大とともに、電池の大型化とそれにともなう電池に含まれる電解質量、さらに電極活物質量の増大をもたらした。リチウム電池の電解質にはいうまでもなくエステルあるいはエーテルなどの有機溶媒が用いられており、高いエネルギー密度を有する活物質量の増大とあいまって安全性を確保することが極めて重大な課題となってきた。最近10年間の無機固体電解質に対する関心の高まりには、この課題に対する抜本的な解決法を提供することができるものとして、その研究に対して明確な駆動力が与えられたことが大きく寄与している。また、研究のインフラとしても、リチウム電池の研究に研究費が投入された結果、不活性雰囲気で扱う必要がある材料を研究できるような設備が多くの機関に導入されたことが大きな役割を果たしていると考えられる。

さらに1995年にIwamotoらによりバルク系、すなわち薄膜系ではない固体電解質リチウム電池[8]の報告がなされた結果、実用化に対しては高分子固体電解質に一歩譲る感のあった無機固体電解質が、実用化材料としても高いポテンシャルを持つことが示されたことが、ひとつの契機となっている。先に述べたように、1990年以前の固体電解質リチウム電池の研究は、電解質層の抵抗を下げるために薄膜系を中心として行われていた。電池がエネルギーを化学エネルギーの形で蓄えるものである限り、高いエネルギーを達成するためには化学エネルギーを蓄える物質量を多くする必要があり、その結果高エネルギー電池はバルク状のものとならざるを得ない。しかしながら、それまでに報告されたバルク系の電池は出力密度がきわめて小さく[9]、また$300\mu A/cm^2$の出力密度を達成したと報告されたバルク系のLi/TiS$_2$電池[10]においても高率放電時にはLi負極と固体電解質層との接合が失われるなど、バルク系の固体電解質リチウム電池では大電流を取り出すことができないと考えられてきた。それに対してIwamotoらは正極にLiCoO$_2$、負極にインジウム-リチウム合金を用いることでバルク系固体電解質電池において$1 mA/cm^2$の出力密度を達成し、バルク系固体電解質電池が実用電池となりうることを示した。

無機固体電解質電池は、不燃性材料から構成されることによる高い安全性をもつ。さらに、無機固体電解質中でリチウムイオンのみが拡散するという特性により副反応が少なく、その結果サ

第15章 無機固体電解質

イクル寿命が長い，あるいは自己放電が少ないなど，元来潜在的な優れた特性を持っている。この特性に加え，上記の背景により，無機固体電解質ならびにそれを用いた固体電解質電池の研究が活発化してきたものと考えられる。以下，近年行われた研究により見出された無機固体電解質のいくつかを紹介する。

3 最近のリチウムイオン伝導性無機固体電解質に関する研究

酸化物系固体電解質

Goodenoughらによって$Na_{1-x}Zr_2P_{3-x}Si_xO_{12}$（NASICON）[11]において高い$Na^+$イオン伝導性が見出されて以来，同型のリチウム化合物の探索が行われ，$Li_{1.3}Al_{0.3}Ti_{1.7}(PO_4)_3$において$10^{-3}$S/cmのイオン伝導度が達成されたのは約10年前のことである[12]。その後，ペロブスカイト型構造を有する$La_{0.51}Li_{0.34}TiO_{2.94}$[13]においても同程度の高いイオン伝導性が確認されたが，これら固体電解質は構成元素にTiを含有するため，電気化学的な還元を受けやすく，NASICON型のものの場合はリチウム基準で約2.5V[14]で，ペロブスカイト型のものの場合には約1.5V[15]で結晶格子間にLi^+イオンが挿入されるとともにTi^{4+}からTi^{3+}への還元反応が生じる。この還元反応は，固体電解質にあってはならない電子伝導性をもたらすため，これらの固体電解質を用いてリチウム電池を構成する際には，負極の電位が高いものとなるため電池電圧は低下するが還元力の小さな負極を用いるか，あるいは負極と接触する部位に別種の電解質を用いる必要がある。前者の方法を取ったものとして，負極に$Li_4Ti_5O_{12}$を用い，固体電解質にペロブスカイト型のものを用いた研究[16]，負極は同じく$Li_4Ti_5O_{12}$を用い，固体電解質としてNASICON型のものを用いた研究[17]が報告されている。また後者の例としては，図1に示した負極との接触面には高分子固体電解質を用いた全固体型電池の研究が報告されている[18]。

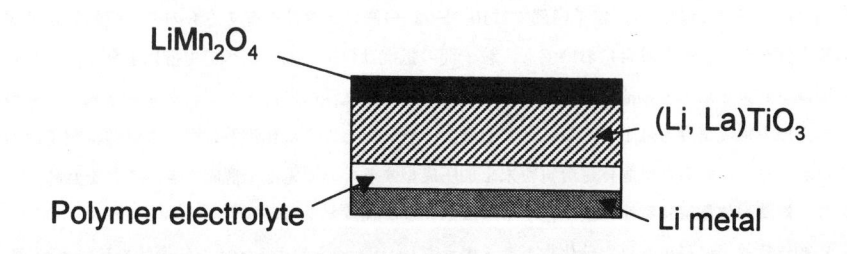

LiMn$_2$O$_4$

(Li, La)TiO$_3$

Polymer electrolyte

Li metal

図1 文献18で提案された全固体リチウム電池の構成

二次電池材料この10年と今後

遷移金属元素を含有しない酸化物系固体電解質のイオン伝導度は、10^{-6}S/cm前後の低いものであるが、蒸着法による薄膜化で電池の内部インピーダンスを下げた固体電解質電池の研究も引き続き行われている。リン酸リチウム（Li_3PO_4）はほとんどイオン伝導性を示さないが、この物質を窒素雰囲気下でスパッタすると酸素の一部が窒素により置換され、$2×10^{-6}$S/cmのイオン伝導性を示すようになる[19]。この電解質はLiponと呼ばれ、主に薄膜電池への応用が検討されている[19-21]。薄膜電池は、その小さな体積のゆえに蓄えることのできるエネルギーが小さく、汎用の電池としては実用化が困難であると考えられてきた。しかしながら、高度情報化社会の到来にともない、ICカード等の消費電力は少ないが超小型の情報素子が誕生するに到り、その用途が確立されつつある。

硫化物系固体電解質

$Li_2S-P_2S_5$[22]、$Li_2S-B_2S_3$[23]、Li_2S-SiS_2[24]に代表される硫化物ガラスは、1980年台前半に相次いで見出され、精力的に研究されてきた。これらのガラスは、硫化物イオンが大きな分極率を持つため、10^{-3}S/cmを超える高いイオン伝導性を有すること、さらに還元されやすい遷移金属元素を含まないことからリチウム電池用の無機固体電解質としては最も適当なものと考えられる。これらを用いた固体電池もほぼ同時期に報告されているが[9]、その性能は汎用電池とはかけ離れたレベルのものであった。しかしながら、リチウム電池研究において優れた電極活物質が見出され、それらを無機固体電池系に応用した結果、実用レベルに近い特性を持つ電池が構成できることが明らかとなってきた。筆者の知る限りにおいて、特にここ数年に最も多くの無機固体電解質電池の研究[8, 25, 26]がなされた系であろう。

高いイオン伝導性、遷移金属元素を含まないことの他に、この系の特徴は固体電解質粒子間の抵抗（粒界抵抗）が小さく、焼結過程を経ることなしに高いイオン伝導性を示す成型体を作製することができることである。酸化物系あるいは窒化物系の固体電解質では、粉末を成型するのみでは粒子間の抵抗が高く、電池を構成することが困難である。他の系で高いイオン伝導性を示す$LiTi_2(PO_4)_3$[27]やLi_3N[28]は、粒子内部では10^{-3}S/cmの高い伝導性を有するものの、焼結し粒子間の接合性を向上させた場合においても、粒子間の抵抗は粒子内部に比べて1桁以上高く、これらの固体電解質を用いて電池を構成した際にはこの抵抗が電池の内部インピーダンスを大きなものとし、出力電流密度を低下させることになる。それに対して、硫化物系の固体電解質は粒子間の抵抗が低く、このことは固体電解質粉末を加圧成型するのみで電池を構成できることを意味しており、無機固体電解質電池を量産化する際には大きな利点となる。

1980年代前半に見出された硫化物ガラスのうち10^{-3}S/cmを超えるイオン伝導性を示すものは、$LiI-Li_2S-P_2S_5$、$LiI-Li_2S-B_2S_3$などLiIを含むもののみであった。このI^-イオンが電気化学的に酸化されるため、これら固体電解質の分解電圧は約3Vであり、今日のリチウムイオン電池に用い

第15章 無機固体電解質

られているLiCoO$_2$などの4V系の正極活物質を用いることはできなかった。この課題を解決するため硫化物イオンの一部を酸化物イオンで置換したオキシ硫化物ガラスが提案され[29~32]、高電圧固体電解質電池の構成が可能となったものの、硫化物ガラスの発見の後、高イオン伝導性を有する新規な硫化物系固体電解質は見出されていなかった。近年、Kanno、Murayamaらにより一連のチオリシコンと呼ばれる固体電解質群が発見され[3,33]、中でもLi$_2$S－GeS$_2$－P$_2$S$_5$系の室温の伝導度は図2に示したように2.2×10^{-3} S/cmと高いイオン伝導性を示すことが報告された[34]。このイオン伝導度は硫化物ガラスに比べやや高い程度であるが、イオン伝導に対する障壁に対応する伝導の活性化エネルギーは、同じく10^{-3} S/cmのイオン伝導性を示す硫化物ガラスの0.3eV程度に比べてきわめて低い0.2eVの値を示している。そのため、この物質における高いイオン伝導性は、今後の高イオン伝導性固体電解質探索の上で重要な指針を与えるものと考えられる。中性子線回折によりLi$_4$GeS$_4$の結晶構造が決定された結果、Li$_2$S－GeS$_2$－P$_2$S$_5$系の端成分であるLi$_4$GeS$_4$とLi$_3$PS$_4$[35,36]が類似構造をとっていることがわかり、さらにこのいずれもリチウムイオン伝導性を示すことから、リチウムイオンは図3に示したようにb軸に沿って八面体位置と四面体位置を通って伝導するものと考えられている[37]。

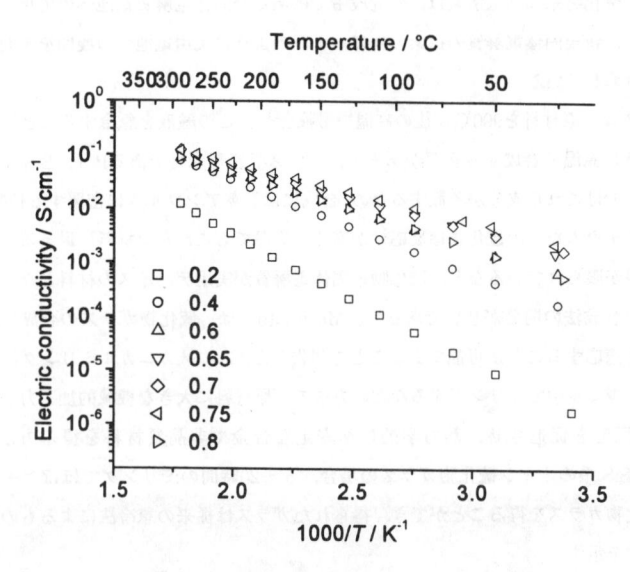

図2　チオシリコンLi$_{4-x}$Ge$_{1-x}$P$_x$S$_4$のイオン伝導度

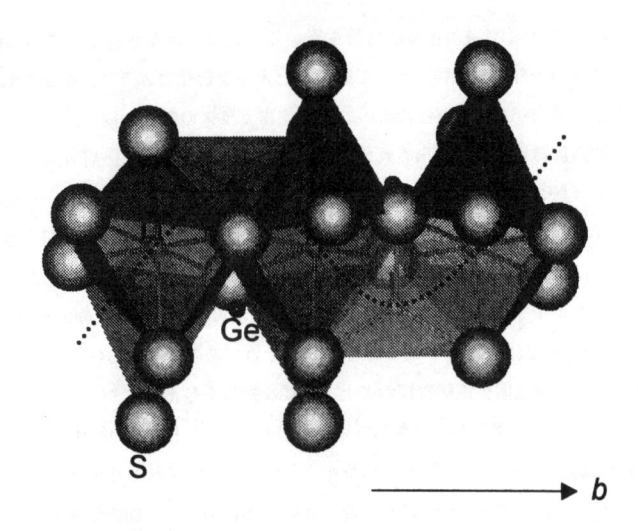

図3　チオシリコン$Li_{4-x}Ge_{1-x}P_xS_4$におけるイオン伝導経路（点線）
（Dilamian, Izum作成のVENUSによる描画）

　先述のように硫化物系固体電解質は，研究段階ではあるが固体電解質電池への応用可能性が示された系であり，新規固体電解質の探索の他に，下記のように実用電池への展開を志向したいくつかの研究も行われている。

　硫化物ガラスは，原材料を900℃前後の高温で融液とし，この融液を急冷することにより得られる。このように高温で合成する必要がある上，ガラス骨格形成材であるP_2S_5，B_2S_3などの蒸気圧が高く高温下ではこれら成分が蒸散するため，合成には石英アンプル等に密閉する必要がある。さらに，硫化リチウムなどの硫化物は反応性が高く，高温でもこれら原材料に耐えることができる反応容器材料が限られているなど，硫化物系固体電解質が実用デバイスの材料となるためには量産性に優れた合成法の開発が必要であった。Morimotoらは，硫化物ガラスの合成にメカニカルミリング法を適応することが可能であることを報告した[38, 39]。メカニカルミリング法は，原材料を遊星型ボールミル中でミリングするなどの方法で，原材料に大きな機械的加工力を加えることにより化学反応を促進させ，熱力学的に準安定な合金や非晶質材料を得る方法である。$Li_3PO_4-Li_2S-SiS_2$系のオキシ硫化物ガラスの場合，5〜20時間のミリングでほぼアモルファス状となった硫化物ガラスを得ることができ，得られたガラスは従来の急冷法によるものに匹敵するイオン伝導性を示す。

　このようにして得られる固体電解質は，ミリングの過程を経るため微細な粉末状である。無機

第15章 無機固体電解質

固体電解質を用いて電池を構成する場合には電極活物質粒子との接触が問題となる。従来の液体電解質系では，活物質粒子の表面は液体の電解質に覆われ，その界面のほぼ全てで電極反応を起こすことができる。それに対して無機固体電解質系ではこの界面が固体粒子同士の接触によって形成されるため，反応面積が小さなものとなりやすく，出力電流密度が小さなものとなりがちであり，反応面積を大きなものとするためには，固体電解質を微粒子化し，活物質粒子の表面を覆いやすくする必要がある。低温過程で固体電解質を得ることが可能な点に加えて，このような電池構成の面からも，メカニカルミリング法は固体電解質合成にとって有利な方法であると考えられる。

電池の内部インピーダンスを低下させ，大電流を発生させるためには，電解質層を薄く，しかも大面積にする必要がある。固体電解質はその優れた電気化学的な潜在能力に反して，粉末状であり，このような薄く大面積の電解質層を形成することが困難である。そのため，電池への応用に際してはその加工性を向上させる必要がある。リチウムイオン伝導性無機固体電解質を用いたこのような複合化の先駆的な研究としては，1988年に固体電解質としてLi_3Nを用いたものがあげられる[40]。Li_3Nは粒子間のイオン伝導を確保することが困難であるため，この研究においては高分子として粒子間のイオン伝導を助けるため$LiCF_3SO_3$－ポリエチレンオキサイド（PEO）の高分子固体電解質が用いられている。それに対して硫化物系固体電解質は，元来粒子間の接合性に優れたものであるため，多様な高分子を用いて複合化することができる。このような例としてくし型PEOを用いた研究[41, 42]，汎用のポリスチレンを用いた研究[43]などが報告されている。

4 今後の可能性－結びに代えて－

メカニカルミリング法により合成された$Li_2S-P_2S_5$系ガラスは，図4に示したように結晶化温度（Tc）まで加熱し結晶化させると非晶質状態よりも高いイオン伝導性を示す[44]。これまで高いイオン伝導性を示す硫化物は非晶質状態のものに限られると考えられてきたが，先のチオリシコンの例とあわせ，結晶質の物質も高いイオン伝導性を示すことがわかったことは，最近の大きな進展である。

Ag^+イオン，Cu^+イオンは固体中でも移動しやすく，固体電解質の研究はこれら高イオン伝導性の物質について精力的に行われ，数多くのAg^+イオン伝導性，Cu^+イオン伝導性の無機固体電解質が発見されてきた。その結果，Ag^+系では$RbAg_4I_5$[45]，Cu^+系では$Rb_4Cu_{16}I_7Cl_{13}$[46]が10^{-1}S/cm台の水溶液にも匹敵するイオン伝導性を有することが知られている。一方，Ag^+イオン伝導性ならびにCu^+が伝導するガラスも数多く見出されてきたが，そのイオン伝導度は10^{-2}S/cm台にとどまっている。この事実は，非晶質構造中では構造の乱れからイオン伝導経路を確保することが

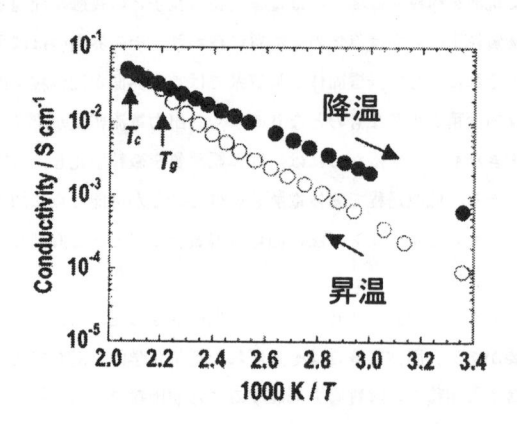

図4 メカニカルミリング法により得られた
$Li_2S-P_2S_5$系ガラスのイオン伝導度

表1 新規チオリシコン型化合物とそのイオン伝導性[3]

化合物	結晶系	格子定数 a, b, c /Å			イオン伝導度/ $S \cdot cm^{-1}$
Li_2S-GeS_2系					
Li_2GeS_3	斜方晶	5.90,	17.95,	6.81	9.7×10^{-5} (125℃)
Li_4GeS_4	斜方晶	14.07,	7.75,	6.15	2.0×10^{-7}
Li_2S-GeS_2-ZnS系					
Li_2ZnGeS_4	斜方晶	7.83,	6.53,	6.21	1.4×10^{-5} (50℃)
$Li_{4-2x}Zn_xGeS_4$	斜方晶	14.05,	7.75,	6.16	3.0×10^{-7}
$Li_2S-Ga_2S_3$系					
Li_5GaS_4					5.1×10^{-8} (100℃)
$Li_2S-GeS_2-Ga_2S_3$系					
$Li_{4-x-δ}(Ge_{1-δ-x}-Ga_x)S_4$	斜方晶	6.89,	6.20,	7.96	6.5×10^{-5}

容易であることは確かではあるが,高いイオン伝導性を得るためには非晶質状態まで構造を乱すことは必須ではなく,かえって結晶質の物質中に高いイオン伝導性を示す物質が存在する可能性を示唆するものであると考えられている。

表1にKannoらが新たに見出したチオリシコン型固体電解質の一部を抜粋した。Li_2GeS_3やLi_4GeS_4などの単純な組成の化合物が新物質であることには驚くばかりである。この事実は,硫化物系固体電解質,特に結晶質のものに関する研究はごく最近始まったばかりであり,数多くの新物質が存在するであろうこと,今後より高いイオン伝導性を示す化合物の発見が期待できることを意味しているものと思われる。

いくつかの固体電解質電池が優れた特性を示してはいるものの,固体電解質電池が現行のリチ

第15章 無機固体電解質

ウムイオン電池を凌駕したものとして実用化されるためには材料探索の域を脱していない感は否めない。上記の結晶質材料に対する研究もそのひとつではあるが，さまざまな携帯機器が普及した今日では，現状の性能でも，その特長を生かした用途を考えることも可能であろう。そのためには，固体電解質の合成プロセス，電池の作製プロセスを含めた周辺技術にまで研究が広がらなければならない。メカニカルミリング，高分子材料との複合化などはその現れであると考えられ，今後固体電解質に関する研究は，基礎研究に加え，応用研究の二分化が進んでいくものと思われる。

文　　献

1) A. Hayashi, H. Yamashita, M. Tatsumisago,and T. Minami, *Solid State Ionics*, **148**, 381 (2002).
2) A. Hayashi, R. Komiya, M. Tatsumisago,and T. Minami, *Solid State Ionics*, **152-153**, 285 (2002).
3) R. Kanno, T. Hara, Y. Kawamoto, and M. Irie, *Solid State Ionics*, **130**, 97 (2000).
4) M. Murayama, R. Kanno, M. Irie, S. Ito,T. Hata, N. Sonoyama, and Y. Kawamoto, *J. Solid State Chem.*, **168**, 140 (2002).
5) K. Kanehori, K. Matsumoto, K. Miyauchi, and T. Kudo, *Solid State Ionics*, **9 & 10**, 1445 (1983).
6) S. D. Jones and J. R. Akridge, *Solid State Ionics*, **53-56**, 628 (1992).
7) S. D. Jones and J. R. Akridge, *Solid State Ionics*, **86-88**, 1291 (1996).
8) K. Iwamoto, N. Aotani, K. Takada, and S. Kondo, *Solid State Ionics*, **79**, 288 (1995).
9) JP. Malugani, B. Fahys, R. Mercier, G. Robert, JP. Duchange, S. Baudry, M. Broussely, and JP. Gabano, *Solid State Ionics*, **9 & 10**, 659 (1983).
10) J. R. Akridge and H. Vourlis, *Solid State Ionics*, **18 & 19** (1986).
11) J. B. Goodenough, H. Y-P. Hong, and J. A. Kafalas, *Mat. Res. Bull.*, **11**, 203 (1976).
12) H. Aono, E. Sugimoto, Y. Sadaoka, N. Imanaka, and G. Adachi, *J. Electrochem. Soc.*, **136**, 590 (1989).
13) Y. Inaguma, L. Chen, M. Itoh, and T. Nakamura, *Solid State Ionics*, **70/71**, 196 (1994).
14) C. Delmas, A. Nadiri, and J. L. Soubeyroux, *Solid State Ionics*, **28-30**, 419 (1988).
15) Y. J. Shan, Y. Inaguma, and M. Itoh, *Solid State Ionics*, **79**, 245 (1995).
16) T. Brousse, P. Fragnaud, R. Marchand, D. M. Schleich, O. Bohnke, and K. West, *J. Power Sources*, **68**, 412 (1997).
17) P. Birke, F. Salam, S. Doring, and W. Weppner, *Solid State Ionics*, **118**, 149 (1999).
18) Y. Kobayashi, H. Miyashiro, T. Takeuchi, H. Shigemura, N. Balakrishnan, M. Tabuchi, H.

Kageyama, T. Iwahori, *Solid State Ionics*, **152-153**, 137 (2002).
19) J. B. Bates, G. R. Gruzalski, N. J. Dedney, C. F. Luck, and X. Yu, *Solid State Ionics*, **70/71**, 619 (1994).
20) B. J. Neudecker, R. A. Zuhr, J. D. Robertson, and J. B. Bates, *J. Electrochem. Soc.*, **145**, 4160 (1998).
21) Y.-S. Park, S.-H.Lee, B.-I.Lee, and S.-K.Joo, *Electrochem. Solid State Lett.*, **2**, 58 (1999).
22) R. Mercier, J-P. Malugani, B. Fahys, and G. Robert, *Solid State Ionics*, **5**, 663 (1981).
23) H. Wada, M. Menetrier, A. Levasseur, and P. Hagenmuller, *Mat. Res. Bull.*, **18**, 189 (1983).
24) J. H. Kennedy and Y. Yang, *J. Electrochem. Soc.*, **133**, 2437 (1986).
25) M. Machida, H. Maeda, H. Peng, and T. Shigematsu, *J. Electrochem.Soc.*, **149**, A688 (2002).
26) K. Takada and S. Kondo, *Ionics*, **4**, pp.42-47 (1998).
27) H. Aono, E. Sugimoto, Y. Sadaoka, N. Imanaka, and G. Adachi, *Solid State Ionics*, **47**, 257 (1991).
28) B. A. Boukamp and R. A. Haggins, *Mat. Res. Bull.*, **13**, 23 (1978).
29) S. Kondo, K. Takada, and Y. Yamamura, *Solid State Ionics*, **28-30**, 726 (1992).
30) K. Hirai, M. Tatsumisago, and T. Minami, *Solid State Ionics*, **78**, 269 (1995).
31) M. Tatsumisago, K. Hirai, T. Hirata, M. Takahashi, and T. Minami, *Solid State Ionics*, **86-88**, 487 (1996).
32) A. Hayashi, M. Tatsumisago, T. Minami, and Y. Miura, *J. Am. Ceram. Soc.*, **81**, 1305 (1998).
33) M. Murayama, R. Kanno, M. Irie, S. Ito, T. Hata, N. Sonoyama, and Y. Kawamoto, *J. Solid State Chem.*, **168**, 140 (2002).
34) R. Kanno and M. Murayama, *J. Electrochem. Soc.*, **148**, A742 (2001).
35) P. R. Mercier, J.-P. Makugani, B. Fahys, and G. Robert, *Acta Cryst.*, **B 38**, 1887 (1982).
36) M. Tachez, J.-P. Malugani, R. Mercier, and G. Robert, *Solid State Ionics*, **14**, 181 (1984).
37) M. Murayama, R. Kanno, Y. Kawamoto, and T. Kamiyama, *Solid State Ionics*, **154-155**, 789 (2002).
38) H. Morimoto, H. Yamashita, M. Tatsumisago, T. Minami, *J. Am.Ceram. Soc.*, **82**, 1352 (1999).
39) H. Morimoto, H. Yamashita, M. Tatsumisago, T. Minami, *J. Ceram. Soc. Jpn.*, **108**, 128 (2000).
40) S. Skaarup, K. West, and B. Zachau-Christiansen, *Solid State Ionics*, **28-30**, 975 (1988).
41) A. Hayashi, T. Kitade, Y. Ikeda, S. Kohjiya, A. Matsuda, M. Tatsumisago, and T. Minami, *Chem. Lett.*, **8**, 814 (2001).
42) S. Kohjiya, T. Kitade, Y. Ikeda, A. Hayashi, A. Matsuda, M. Tatsumisago, and T. Minami, *Solid State Ionics*, **154-155**, 1 (2002).
43) T. Inada, K. Takada, A. Kajiyama, M. Kouguchi, H. Sasaki, S. Kondo, and M. Watanabe, *Proc. 18th International Japan-Korea Seminar on Ceramics*, 76 (2001).
44) M. Tatsumisago, S. Hama, A. Hayashi, H. Morimoto, and T. Minami, *Solid State Ionics*,

第15章　無機固体電解質

154-155, 635 (2002).
45) B. B. Owens and G. R. Argue, *Science*, **157**, 308 (1967).
46) T. Takahashi, O. Yamamoto, S. Yamada, and S. Hayashi, *J. Electrochem. Soc.*, **126**, 1654 (1979).

第16章　セパレータ材料

辻岡則夫[*1]，妻藤陽子[*2]

1　はじめに

　電池セパレータには，紙，不織布，微多孔膜，ガラスマットなど，多種多様な材料が使用されている。その中でもリチウム電池用のセパレータとしてはポリオレフィン製微多孔フィルムが電池開発当初から使用されている。リチウムイオン二次電池（以下LIB）が市場に現れてから10年余り，携帯電話等のモバイル機器の爆発的な普及とともに，それらの電源としてLIB生産量も急激に拡大したが，それに伴いセパレータの需要も飛躍的に伸びた。この間セパレータの特性向上，あるいは生産技術の開発改良が精力的に行われ，LIB発展に寄与した。本章では，LIBの性能や安全性に深く関与しているセパレータについて，この10年の技術開発の流れと，今後の方向性について概要を述べる。

2　電池技術変遷とセパレータ

2.1　セパレータに要求される基本特性

　LIBは，負極活物質にカーボンあるいはグラファイト，正極活物質にコバルト酸リチウムやスピネルマンガンなどの各種セラミック，電解液にリチウム塩，および極性有機溶剤を使用して構成されている。LIBはリチウムイオンが正・負極に吸蔵・脱離されて充放電する，いわゆるロッキングチェアー型の電池であり，従来のニッケルカドミウム二次電池やニッケル水素二次電池に比較して，高電圧，高エネルギー密度，優れたサイクル特性を有する。一方電解液に有機溶媒を使用するため，従来の水系電解液を使用する二次電池に比べて内部抵抗が高くなる。このためできる限りLiイオン移送距離を短くして内部抵抗を小さくする必要があり，これを解決する手段として，金属箔集電体に活物質を薄く塗布したフィルム電極と，微多孔フィルムをセパレータに使用した，スパイラルセル構造という特徴的な構造が採用された。また可燃性の有機電解液を使用するため，安全に対する種々の配慮[1]がなされた。とくに温度が上昇した場合の安全対策として

[*1] Norio Tsujioka　旭化成㈱　機能膜事業部　新事業開発グループ　グループ長
[*2] Yoko Saito　旭化成㈱　機能膜事業部　ハイポア技術開発部

第16章 セパレータ材料

セパレータの素材にポリエチレンを主体とするポリオレフィン[2]が採用された。これは電池温度が上昇した場合，セパレータを溶融閉塞により無孔化させて，イオンの流れを遮断（シャットダウン）し，電池の安全を保つためである。

LIBセパレータとして要求される基本特性には，一般的に電池セパレータに要求される特性[3]と，上記したLIB固有の要求特性がある。以下箇条書きで示す。

(1) 優れた電気絶縁性材料であること。
(2) 薄くて均一で，目付斑，透過性斑のないこと。ピンホールなど欠陥のないこと。
(3) 突き刺し強度などの機械特性に優れ，電極間の短絡を防止できること。
(4) 電解液に対する濡れ性，保持性が良好で，化学的，電気的に安定であること。
(5) 設定温度で迅速にシャットダウンし，リチウムイオンの流れを遮断できること。
(6) シャットダウンした後も，膜が収縮や破膜して電極間導通（ショート）を発生させないこと。

2.2 電池技術変遷とセパレータ
2.2.1 液系LIB

1990年代初頭に発売されたLIBは瞬く間に二次電池の主役になり，折からの携帯電話の爆発的普及に乗る形で，2003年には世界で10億セル以上の生産販売が予想されるまでに急拡大した。LIBは他の二次電池に比較しエネルギー密度が高いことが携帯電話などのモバイル機器の主力電源となった主因であり，小型高容量化への技術追求は開発当初から一貫して続いており，2003年には500Wh/L超の円筒型電池販売も予測されているが，電池容量を上げるために，薄くて高強度のセパレータに対するニーズが継続している。

開発初期から一貫して続いているもうひとつのセパレータに対するニーズに，安全性の向上がある。近年自動車搭載用や電力貯蔵用として大型大容量LIB開発が精力的に進められ，実用化間近となっているが，こうした大型大容量LIBになるほど，セパレータに対し安全性向上要求が高まる。具体的にはセパレータのシャットダウン温度の低下，ショート温度の向上，および高温領域での低熱収縮や強度保持といったセパレータの熱的特性向上への要求である。通常シャットダウン温度とショート温度はトレードオフの関係にあるが，これを兼備させるために，様々な取り組みがなされている。

一方2000年頃までは世界で消費されるほとんどのリチウムイオン二次電池が日本国内で生産されていたが，近年の韓国・中国メーカーの台頭により電池価格が急激に低下しており，それに伴ってセパレータをいかに低コストで生産するかの対応が迫られている。さらには環境に配慮した材料，生産プロセスなども，時代のニーズとしてますます重要になってきている。

2.2.2 リチウムイオン・ポリマー二次電池（以下LIP）

電池の安全性向上および小型軽量薄型化の流れの中でLIPが開発され，注目を集めた。当初は固体電解質を用いたLIPの開発が中心であったが，現在市販されているほとんどのLIPは，液系LIBのセパレータに使用されている微多孔フィルムにゲル電解質を含浸担持させる構造[4]である。LIPはたとえ筐体が破損しても有機液体が流出しないため電池安全性にすぐれており，微多孔フィルムのシャットダウンを電池の安全機構として組み込んでいないものもある。LIP用に使用される微多孔フィルムに対しては，LIBに比べてより薄くて且つ電解液に濡れやすいものなどが要求されているようである。また小型LIPの筐体には，金属缶でなく金属メッキフィルムが使用されており外形が変形しやすいことから，微多孔フィルムの寸法安定性，例えばそりねじれが生じないことなども要望されている。

3 セパレータ製造技術

微多孔フィルム製造の要素技術は，押し出し機によるポリマー溶融混練押し出し技術，フィルム化技術，および多孔化技術で構成されるが，ここでは特に重要な多孔化技術とフィルム化技術について，技術内容変遷を記す（なお関連技術特許公報については第5節に記載した）。

3.1 多孔化技術

一般的な高分子材料多孔化技術の分類を図1，各種技術で製造された微多孔フィルムの電顕写真を図2に示す。セパレータの孔径が大きい方がサイクル特性や低温特性に有利といった声や，孔径はシャットダウンの速度やデンドライト生成に影響があるとの見解もあり，最適孔径や孔径分布，また微多孔の量（空孔率）などは必ずしも特定の最適値といったものは存在しないようで，電池メーカー各社がそれぞれ固有の基準で決定しており千差万別である。図1に示すように多孔形成技術は多種多様存在するが，現在LIBセパレータとして市販されている微多孔フィルムは，相分離法，延伸開孔法，溶媒膨潤開孔法の3つの方法が利用されているようだ。

3.1.1 相分離法

相分離による微多孔形成法として，熱誘起相分離法（Thermally Induced Phase Separation,TIPS法），圧力誘起相分離法（Pressure Induced Phase Separation, PIPS法），非溶媒誘起相分離法（Non-solvent Induced Phase Separation, NIPS法）等がある。そのうちLIBセパレータにはTIPS法が利用されている。TIPS法に関する高分子多孔膜は1981年にまとまった特許[5]が出願された比較的新しい手法であり，ポリマーと溶剤（可塑剤）を押し出し機等で混練均一溶解し，その後冷却して相分離を誘起する方法であり，ここでは便宜上二成分相分離法と称す。

第16章　セパレータ材料

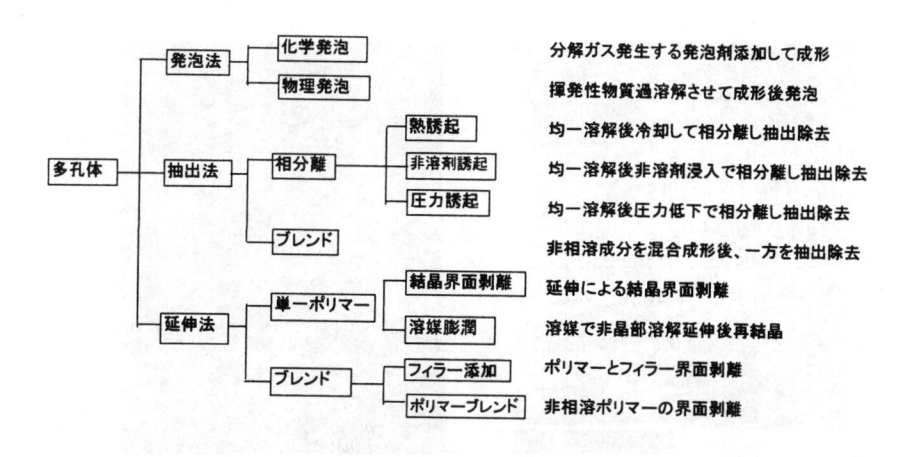

```
多孔体 ─┬─ 発泡法 ─┬─ 化学発泡         分解ガス発生する発泡剤添加して成形
        │          └─ 物理発泡         揮発性物質過溶解させて成形後発泡
        │
        ├─ 抽出法 ─┬─ 相分離 ─┬─ 熱誘起       均一溶解後冷却して相分離し抽出除去
        │          │          ├─ 非溶剤誘起   均一溶解後非溶剤浸入で相分離し抽出除去
        │          │          └─ 圧力誘起     均一溶解後圧力低下で相分離し抽出除去
        │          └─ ブレンド            非相溶成分を混合成形後，一方を抽出除去
        │
        └─ 延伸法 ─┬─ 単一ポリマー ┬─ 結晶界面剝離    延伸による結晶界面剝離
                   │                └─ 溶媒膨潤      溶媒で非晶部溶解延伸後再結晶
                   └─ ブレンド ┬─ フィラー添加        ポリマーとフィラー界面剝離
                               └─ ポリマーブレンド    非相溶ポリマーの界面剝離
```

図1　一般的な高分子材料多孔化技術分類

　本製法によるセパレータは旭化成，東燃化学等が製造販売している。また相分離溶剤とともにシリカなどの無機粉体をポリマーに混合し，相分離後溶剤および無機粉体を除去する方法があり，便宜上三成分法相分離と称する。本法で作られる微多孔フィルムは，前者に比較して大孔径微多孔を形成できること，空孔率を高くできることなどに特徴があり，イオン透過性やサイクル特性の向上に有利である。本製法によるセパレータは旭化成が製造販売している。

　相分離法によって製造されるフィルムは，物性が等方的，空孔率や孔径の制御などが容易で，かつ厚みの制御など工程制御性にも優れていることから，LIB用セパレータとして最も多く使用されている。一方相分離法においては，相分離溶媒（可塑剤）を低沸点溶剤で洗浄除去しているのが一般的であり，また洗浄剤に不燃性の塩素系やフッ素系溶剤が使用されることが多いことから，工程の完全クローズド化，あるいは非ハロゲン系溶剤への転換等による環境対策が精力的に進められている。

3.1.2　延伸開孔法

　延伸開孔法による多孔化とは，押し出しフィルムを低温で延伸することによって，内部に存在する亀裂誘因物質の界面にミクロクラックを発生させて多孔化する方法で，亀裂誘因物質として，結晶を使用する方法や，無機微粉末あるいは異種ポリマー微粒子を混合して使用する方法がある。そのうちLIB用セパレータとしては，ラメラ開孔したポリオレフィン微多孔フィルムが使用されている。この製法は，高配向条件で樹脂をシート状に押し出し，アニーリングして結晶化度を高くした後，低温で延伸して結晶界面に亀裂を形成し，続いて高温で再度延伸して微多孔を形成さ

(a) 延伸開孔法 　　　　　　　　(b) 相分離開孔法（二成分）

(c) 相分離開孔法（三成分） 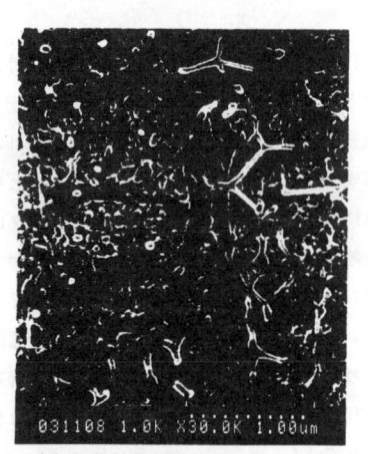　　　(d) 溶媒膨潤開孔法

図2　異なる製法でつくられたポリオレフィン微多孔膜の表面電顕写真

せるものである。本製法は，洗浄溶媒等を使用する必要なく省資源の製法であるが，製品フィルムの強度が低いこと，異方性があること，MD方向に裂けやすいなど，LIBセパレータとしての問題点も有する。本製法によるセパレータは，セルガード，宇部興産等が製造販売している。

3.1.3　溶媒膨潤開孔法

　溶媒膨潤開孔法も比較的古くから検討された方法[6]ではあるが，近年三井化学が本製造法で多

第16章　セパレータ材料

孔化した超高分子ポリエチレン微多孔フィルムをLIBセパレータ用に製造販売した。溶媒膨潤開孔法とは，まず無孔のフィルムを作成した後，溶媒によりポリマーを膨潤させ延伸して多孔化し，次いで溶媒を除去するものであり，非晶部および条件によっては結晶部の一部を溶媒膨潤し，再結晶化させて微多孔を形成させる方法である。微多孔形成の工程制御範囲が狭いなどの難点を有する。

3.2　フィルム化技術
3.2.1　フラット延伸

Tダイから押し出されたシート状物を，平面状にフィルム延伸する方法がフラット延伸であり，MD（Machine Direction，機械）方向にのみ延伸する一軸延伸フィルムと，MDおよびTD（Transverse Direction，直角）方向に延伸する二軸延伸フィルムがある。また二軸延伸にはMD，TDと順次延伸する逐次二軸延伸法と，同時に延伸する同時二軸延伸法がある。一軸延伸フィルムに比べて二軸延伸フィルムは高強度で且つ物性が等方性のためセパレータとして好ましい特性を有する。本法によるフィルムは，旭化成，東燃化学，宇部興産等から製造販売されている。

3.2.2　チューブラー延伸

サーキュラーダイで押し出され，パリソンを形成してチューブラー延伸が行われる。チューブラー法は溶融延伸が可能で製造設備も比較的安価といった特徴を有するが，フラット法に比して厚み精度が悪く，極薄セパレータの製造に限界がある。セルガード，三井化学から製造販売されている。

3.2.3　積層微多孔フィルム

リチウムイオン二次電池セパレータには，単層フィルムだけでなく，同種積層，異種積層など積層フィルム[7,8]も提案されている。これらの製法として，Tダイまたはサーキュラーダイで共押出しして延伸微多孔化する方法，単層で別々に押し出した後重ね合わせて延伸微多孔化する方法，あるいは複数の微多孔フィルムを積層接着する製法等各種が提案されており，ポリエチレンとポリプロピレンの積層微多孔フィルムがセルガード，宇部興産から製造販売されている。

4　セパレータ特性

微多孔フィルムの機械特性（引っ張り強度，圧縮強度等），透過特性（イオン透過性，空気透過性），熱特性（シャットダウン，ショート，熱収縮率等）は，ポリマーの一次構造，高次構造，および微多孔構造と相関しており，原料，プロセス，製造条件で変化する。電池の要求特性とセ

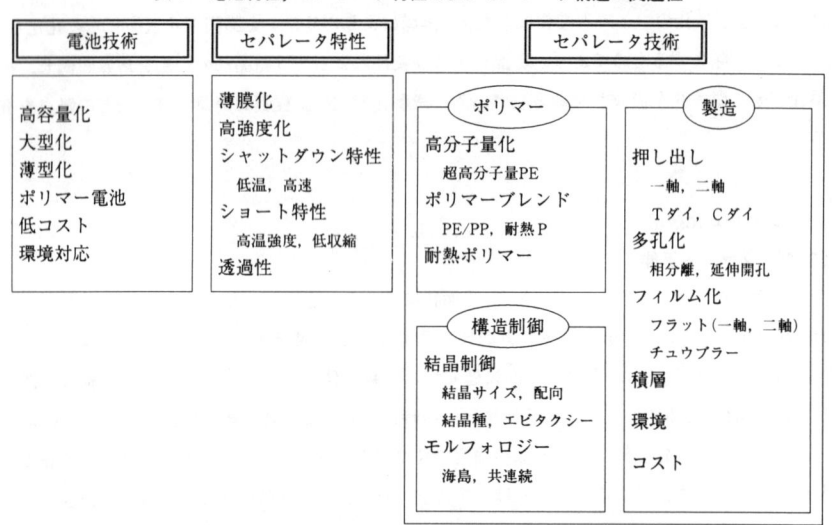

表1 電池特性，セパレータ特性およびセパレータ構造の関連性

電池技術	セパレータ特性	セパレータ技術	
		ポリマー	製造
高容量化 大型化 薄型化 ポリマー電池 低コスト 環境対応	薄膜化 高強度化 シャットダウン特性 　低温，高速 ショート特性 　高温強度，低収縮 透過性	高分子量化 　超高分子量PE ポリマーブレンド 　PE/PP，耐熱P 耐熱ポリマー	押し出し 　一軸，二軸 　Tダイ，Cダイ 多孔化 　相分離，延伸開孔 フィルム化 　フラット（一軸，二軸） 　チュウブラー 積層 環境 コスト
		構造制御	
		結晶制御 　結晶サイズ，配向 　結晶種，エピタクシー モルフォロジー 　海島，共連続	

パレータ設計因子の概略の関係を表1に示す。

4.1 機械特性

電池の内部抵抗を小さくするためにはセパレータは薄いほど好ましく，また電池の高容量化に伴い可能な限り薄くしたいとのニーズが強くなっているが，信頼性の観点から限界があり，薄くなるほどピンホール等が発生しやすくなる。信頼性を維持しつついかに薄くできるかが，LIBセパレータにとって最大の技術課題のひとつである。従来民生用小型のLIBには25μm厚みのセパレータが使用されていたが，最近では20μm厚みが一般的となり，更に薄いセパレータも開発されている。セパレータの引っ張り強度や引っ張り弾性率，ピン突き刺し強度は，電極捲廻工程での信頼性，電池内での電極間絶縁信頼性に重要である。また圧縮強度や表面摩擦係数なども，工程性や電池特性など実用上密接に関係している。これらの機械特性を向上させるため，原料ポリマーの超高分子量化や結晶構造制御など新規な技術が検討されている。

4.2 透過性

電池の初期放電特性，低温放電特性，サイクル特性などはセパレータの透過性によって影響を受ける。一般的には厚みが薄いほど，空孔率が高いほど，孔径が大きいほど，孔の曲路率が小さいほど透過性が高くなる。透気度（JIS P8117）は空気の透過性を示す指標であり，これは厚み，気孔率，孔径，曲路率の関数であることから透過性パラメータとして常用される。LIBセパレー

第16章 セパレータ材料

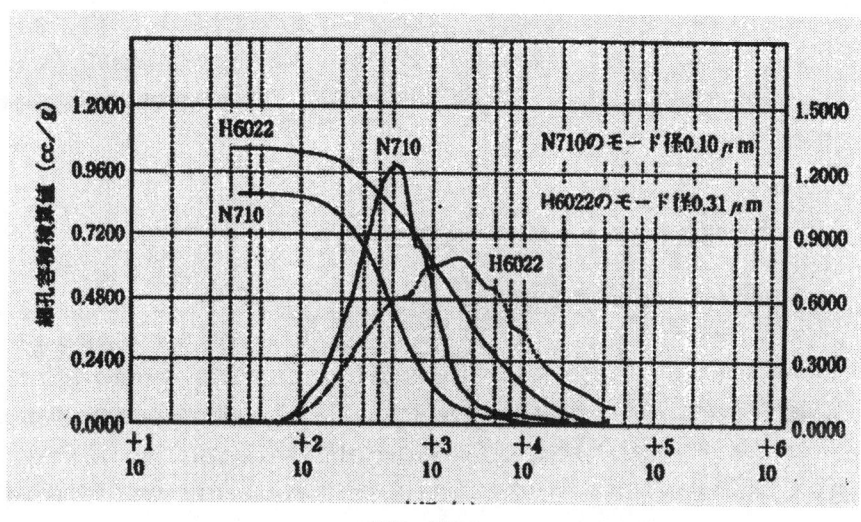

図3 「ハイポア®6022」と「ハイポア®N710」の孔径分布

タには，透気度が50秒/100ccから750秒/100cc程度の微多孔フィルムが使用されている。微多孔フィルムの平均孔径，孔径分布を求める方法として，水銀ポロシメータによる方法や，電子顕微鏡写真から直接孔径を読みとる方法などがある。図3に旭化成が製造販売している25μm厚みのセパレータ二種類「ハイポア®6022」，「ハイポア®N710」の水銀ポロシメータによる孔径分布図を示す。「ハイポア®6022」は三成分相分離法，「ハイポア®N710」は二成分相分離法でそれぞれ製造された。

4.3 熱特性

セパレータに要求される熱特性には，低シャットダウン温度，高ショート温度，高温高突き刺し強度，低熱収縮率等がある。シャットダウンについては，温度が低いこと及び速度が迅速であることが重要である。速度が緩慢であったり不完全な場合，たとえシャットダウンしても発熱を誘発する原因となる。一方セパレータがシャットダウンしても暫く電池内部温度が上昇するため，シャットダウン以降の高温で収縮や破膜せず，電極間の接触を防止し続ける機能，即ちショート温度が高いことも重要で，とくに大型高容量電池では重要である。シャットダウン温度とショート温度の差が大きいほどより安全性の高いセパレータであるが，セパレータ設計的には両特性はトレードオフの関係にある。したがってこれを実現するために技術的に様々な試みがなされてい

る。具体的にはポリエチレンを電子線等で三次元架橋させる方法，ポリエチレンとポリプロピレンをブレンドする方法，あるいは積層する方法などがある。またポリエチレンに低融点結晶と高融点結晶の両方を生成し，低温シャットダウンを低融点結晶，高温での強度や低収縮を高温結晶で発現させる方法も検討されている。

5 特許出願からみたセパレータの開発の流れ

5.1 LIB用セパレータへの最近の要求

1990年にLIBセパレータとしてポリエチレンおよびポリプロピレンを主成分とする微多孔フィルムが用いられるようになってからおよそ10年が経過する。上述した通り，特性値のスペックは年々厳しくなっているが，主な要求特性は変わっていないと言える。電池全体の構成の違いによってセパレータへの要求はさまざまであるが，特徴的な技術を挙げるならば，低シャットダウン，高ショート，低熱収のセパレータに関する出願が目立つ（特開H8-34873，特開H11-322989，特開2000-204188，特開2000-348706，特開2001-192487など）。さらに，ポリオレフィン以外の素材を併用する高耐熱セパレータの出願，例えば200℃を超えても破膜しない高ショート特性の要求（特開H5-62662，特開H8-236093など）が挙げられる。

5.2 セパレータ関連出願件数の推移

3節，4節に記した各種セパレータ製法に関する技術，及びセパレータへの要求特性をクレームした出願が主である。セパレータメーカーとLIBメーカーから出願された出願件数の推移を図4に示す。LIB市場の進展と共にセパレータ技術開発は進み，1990年頃から2000年にかけて出願件数も急速に増加している。2000年頃からセパレータメーカーの出願件数は横ばいとなり従来技術によるセパレータは成熟しつつある気配がうかがえる。一方電池メーカーやセパレータメーカー以外からの出願は増加している。LIB特性を左右する1つの要素として，セパレータへの要求が高まってきており，従来とは全く異なるカテゴリーの提案もなされていることなどが挙げられる。

5.3 セパレータメーカーからの出願

古い歴史を持つ延伸開孔技術（特開昭62-10857など）は，シンプルなプロセスからくる低コストと幅方向の熱収縮が小さいなどの特徴を有するが，プロセス由来の縦裂け強度が低いことや積層膜層間接着強度が低いことから，層間に角度をつけて積層を行うなど，欠点改良の出願（特開H7-307146，特開H10-330520など）がなされている。

第16章 セパレータ材料

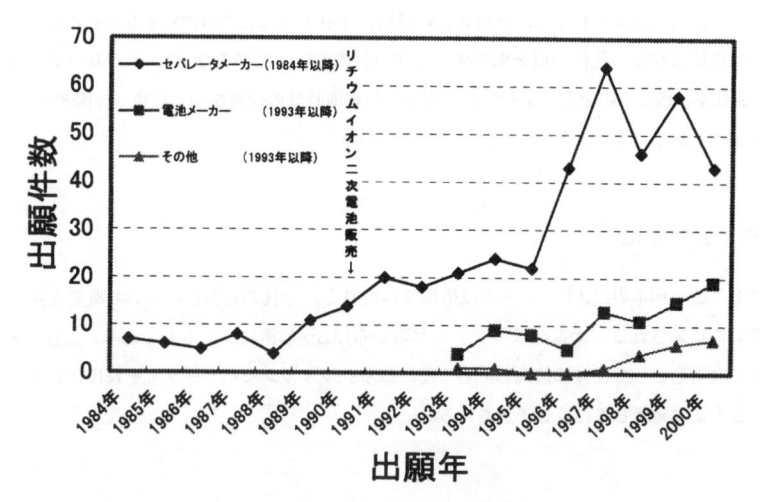

図4 LIB用セパレータに関する特許出願件数の推移
（セパレータメーカーとLIBメーカーによる出願のみ）

相分離法に関しては1985年頃から複数のメーカーから定常的に出願があり，ポリエチレンと他のポリオレフィンポリマーとのブレンド技術（特開平4-126352，特開H5-234578など）に関する出願や，耐熱特性を向上する手段として化学架橋や物理架橋に関する出願（特開2001-59036，特開H3-245457等）が多い。

1990年代には，超高分子量ポリエチレンの不透気性フィルムを架橋させた後，あるいは超高分子ポリエチレンの不透気フィルムを押し出し成形した後，熱媒と接触させることでフィルムの融点近傍の熱特性が良好であることを特徴とする多孔フィルムが出願された（特開H6-329823，特開H10-306168，特開H11-302436など）。

5.4 電池メーカーからの出願

電池メーカーからのセパレータに関する出願は増加の傾向にあり，各社高容量化・高安全性・高サイクル特性を追求する上で，セパレータが以前にも増して重要な位置付けにあることを意味するものと考える。LIBメーカーからの出願の傾向は，膜特性のパラメータを限定するものの他，ポリエチレンとポリプロピレンあるいはその他のポリオレフィンとのブレンド，およびその分率を特定し，かつ積層するもの（特開H9-259857，特開2002-246000など），またポリオレフィン以外の高耐熱組成物と低融点のポリエチレンを併用する構成（特開H8-236096，特開H8-321287など），イオン導電性組成物を塗布する構成などの出願が多い（特開H11-45725など）。

また膜の構成の出願としては，不織布との積層，厚み方向に孔径の傾斜をもたせるもの，正極あるいは負極に特定の孔径の面を配置する方法（特開2001-223028など），セパレータの表面の孔径，開孔率，粗度を限定し，保液性の改善など他電池特性の改善を図る技術（特開2001-223029，特開2002-280071等）などに関し，出願されている。

6 おわりに

以上，この10年のLIBセパレータ技術開発の流れと，今後の方向性について概要を述べた。携帯電話に搭載される二次電池はニッケル水素からLIBへ急激にシフトしており，LIBはますます主要二次電池として世界に拡大していくが，微多孔フィルムセパレータもそれに伴い量，技術ともにますます発展していくと予想される。

文　　献

1) 永峰政幸，電子材料，**32**（11），1993
2) 河口，飯島，川瀬，新電池技術，工業調査会　p.66-84(1993)．
3) 辻岡則夫，*WEB Journal*，**NO.15**，18-19(1997)．
4) David G. Morrison, *Nikkei Electronics*, **182**, June 3 (2002).
5) A. j. Castro, USP4247498, Jan. 27(1981)．
6) 米国特許第3839516号
7) 日本特許第1828177号
8) W. C. Yu, R. W. Callahan, C. F. Dwiggins, H. M. Fisher, M. W. Geiger, W. J. Schell, North America Membrane Society Conference, Breckenridge, Co. (1994).

新しい蓄電素子とその材料編

第17章　プロトン電池とその材料

西山利彦[*1]，金子志奈子[*2]

1　はじめに

　PDAなどの携帯端末は，小型化や内蔵メモリーの高容量化が進み，そのデータ保存のため高出力・高容量のバックアップ電源や，メイン電源の駆動時間の延長のための高出力な補助電源の開発がなされている。たとえば，バックアップ電源としては数分間という時間に大電流を放出しなければならず，高出力特性が要求されるが，現在市販されている電池の代表格であるリチウムイオン電池では出力不足であり，電気二重層コンデンサーでは容量不足といったことのため，対応が難しい状況である。

　プロトンポリマー電池は，
① 高出力（急速充放電）
② 長期寿命（交換不要）
③ 金属・有害物質フリー
④ －20℃の低温環境で動作可能

といった新規コンセプトに基づき開発され，今後のネットワーク社会における電子機器用途として，その将来性は有望である。

2　電気二重層コンデンサーと電池

　現在の電池市場における電池の容量と出力の関係は，図1に示すように，リチウムイオン電池に代表される大容量電池領域と，高出力の電気二重層コンデンサー領域に二分される。
　電気二重層コンデンサーは，リチウムイオン電池のような過充電を防止するための充電制御回路が不要であり，活性炭表面のイオンの吸脱着という物理的メカニズムを利用しているため，
① 電極の劣化が起こりにくい
② 応答速度が速い

＊1　Toshihiko Nishiyama　NECトーキン㈱　技術開発本部　マネージャー
＊2　Shinako Kaneko　NECトーキン㈱　技術開発本部

という利点がある。つまり，数万回という長期サイクル寿命を実現し，通常のリチウムイオン電池のような交換作業が不要であり，瞬時の大電流が取り出せるという利点があるが，その反面，容量が非常に小さい。たとえば，1V/1Fの電気二重層コンデンサーの容量を電池の容量単位に換算すると，次式となる。

$$(1 V \times 1 F)/3.6 = 0.27 mAh \tag{1}$$

電気二重層コンデンサーの優れた特性である高出力，長期サイクル性を有し，さらに大容量化を図った電池としてさまざまな研究・開発が行われている。

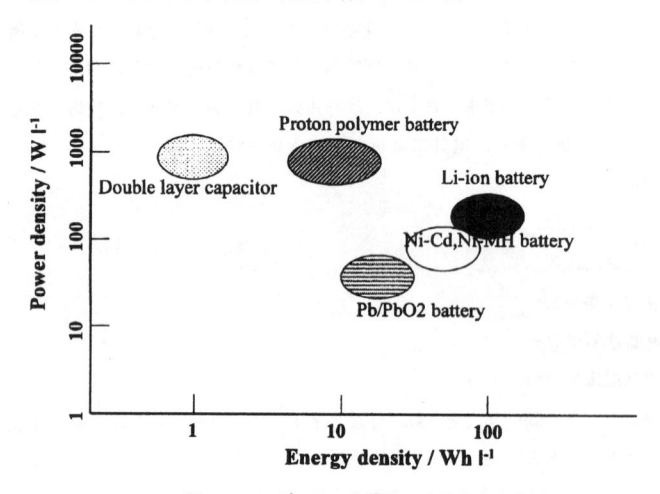

図1 コンデンサーと電池の容量と出力特性

2.1 電気二重層

電気二重層コンデンサーは，電極と電解液界面に形成される電気二重層に静電的に蓄積された電荷を利用したもの（非ファラデー過程）であり，硫酸水溶液などの水溶液系の電解液を使用したものと，ホウフッ化イオンなどを含む非水溶液系の電解液を使用したものがある。

前述の(1)式に示したように，コンデンサーの電圧が大きいほど大容量となるため，非水溶液系を使用したほうが有利であるが，低温時には溶解度やイオンの移動度の低下による出力の大幅な低下が起こるという欠点がある。これを「イオン性液体」を用いることにより低温における容量低下を防ぐことを可能としたコンデンサーの開発もなされている[1]。

電極材料としては，単位重量当たりの面積（比表面積）1000～3000m^2/gを有する活性炭粉末

第17章 プロトン電池とその材料

や活性炭素繊維などの炭素材料が用いられている。電気二重層容量は，電極と電解液界面に形成される電荷量に比例するため，比表面積の大きな活性炭ほど大きな容量が得られる。また，効率的に電荷を吸着できるサイズの細孔を有することや，かさ密度も大容量化に重要な要素となる。カーボンナノチューブ（CNT）は，文字どおりナノサイズの円筒構造からなる炭素材料であり，化学的な安定性や低抵抗，電極形成したときの充填効率の良さなどから，電気二重層コンデンサーの電極材料としての可能性もあるとしている[2]。

2.2 金属酸化物

GrahameやConwayらにより見いだされた金属酸化物の擬似容量と呼ばれる容量を利用した「スーパーキャパシタ」がある。RuO_2，IrO_2，Co_3O_4などの金属酸化物，$RuO_2 \cdot nH_2O$や$V_2O_5 \cdot nH_2O$などの水和金属酸化物[3]などがあり，これらの金属酸化物の擬似容量は，酸化物被膜または電極表面上での酸化還元反応により生成する電荷（ファラデー過程）を利用したものであると考えられている。

たとえば，$RuO_2 \cdot nH_2O$の容量は焼成温度に依存しており，150℃で最大720F/gの容量が得られたと報告されている。金属酸化物が電極活物質として用いられる条件として，①電子伝導性を有する，②連続的な酸化状態が共存できる，③溶解などをしない，などが必要となる。しかし，たとえば①の電子伝導性が不十分である場合，カーボンブラックなどの導電補助剤を添加したり，②の連続した酸化状態をもたない場合，異なる酸化還元電位をもつ金属酸化物と複合化するなどの検討がなされている。

2.3 導電性高分子

導電性高分子は，白川博士らがポリアセチレンにヨウ素をドーピングすることにより導電性を有する高分子を発見したことで2000年にノーベル化学賞を受賞し，一躍注目を浴びた。導電性高分子はその機能の多様性から，エネルギー関連，磁性材料，表示素子など多くの分野で研究され，また実用化されている。

1990年ころから米国のLos Alamos研究所のRudgeらにより導電性高分子を用いた電池「電気化学キャパシタ」の研究・開発が進められている[4,5]。電気化学キャパシタに用いられる導電性高分子は，イオンのドープ・脱ドープ（アニオンドーピングのn型，カチオンドーピングのp型がある）を伴う酸化還元反応を有しており，その反応電位や容量は，それぞれの導電性高分子に固有のものである。したがって，さまざまな反応電位をもつ導電性高分子を組み合わせることで，電圧（起電力）を0.5〜3.5Vの間で設定することができる。Rudgeらが開発したn型・p型の両方のドーピングが可能なポリチオフェン誘導体（PFPT（ポリ3−（4−フルオロフェニル）

ーチオフェン）など）を電極活物質とした電気化学キャパシタは，約3Vとリチウムイオン電池並みの電圧を確保している。

そのほか，導電性高分子の代表としてポリアニリンの研究が古くから現在まで多数なされており[6～8]，これまでにブリヂストンとセイコー電子部品から，ポリアニリンを用いたリチウム二次電池[9]が市販された経緯がある。

3 プロトン交換型導電性高分子

図2に示したポリアニリンの酸性水溶液中における反応は，プロトンの授受を伴う反応であり，安定性が非常に高いことが知られている[10]。プロトンはすべてのイオンの中で最もイオン半径が小さいために，充放電時に電極に与える機械的ストレスが小さく長期サイクル性が得られ，またプロトンの移動度が大きいため電荷移動抵抗が小さく高出力が得られると考えられている。

われわれの実験では，ポリアニリンの酸性水溶液中での容量は，単極当たり約100mAh/gが得られている。これは，電気二重層コンデンサーに使用している活性炭の14mAh/g程度と比較すると非常に大きく，電池活物質として非常に魅力的な材料である。

電池の構成上重要となる要素の一つとして，電圧（起電力）があげられる。酸性水溶液中でのポリアニリンの反応（図2）は図3のサイクリックボルタモグラム（CV）に示すように，100～400mV vs.Ag/AgCl付近に存在する。プロトンポリマー電池は水溶液系の電池であるため，水の分解電圧を考慮して1.2V以下の設計でなければならず，電極活物質として使用する材料は，おおよそ-0.2～1V vs.Ag/AgClに反応電位をもつプロトン交換型導電性高分子でなければならない。したがって，ポリアニリンを正極または負極活物質として用いた場合，最大でも起電力は

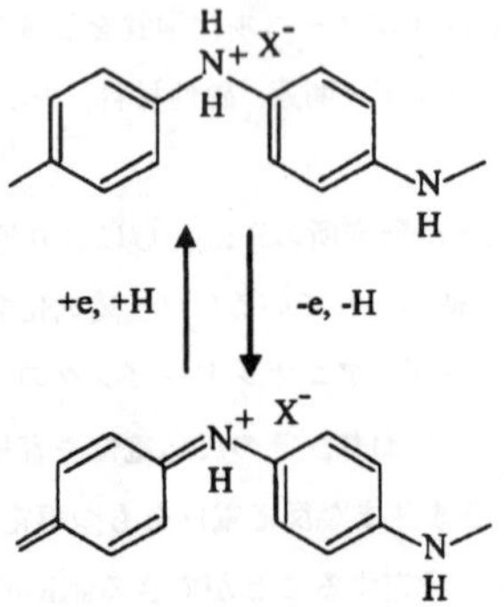

図2　酸性水溶液中のポリアニリンの反応

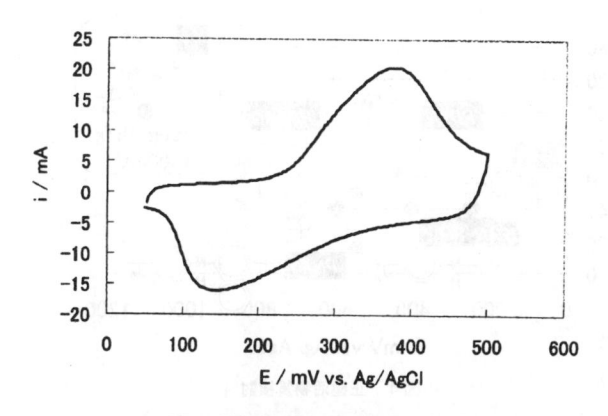

第17章　プロトン電池とその材料

図3　酸性水溶液中のポリアニリンのCV

0.6V程度であると推測される。電池の電圧は高いほうが有利であるため，ポリアニリンを正極または負極活物質として用いた水溶液系の電池では起電力が十分でないことがわかった。

4　電池材料の探索

電圧（起電力）の問題を解決するために，次の条件に見合う正・負極の新規材料を探索した。
① 容量が100mAh/g以上である。
② 正負極の反応電位差（起電力）が1.0V以上ある。
③ 水溶液中で，プロトン交換型の酸化還元反応を起こす。
これまでの電極材料の探索経緯について紹介する。
まず，正極活物質として酸性水溶液で高い安定性を有するポリアニリンに着目し，ポリアニリン類似構造体であれば酸性水溶液中における安定性がある程度確保できると考え，ポリアニリンの類似構造を有する材料の調査を行った。図4は，調査を行った導電性高分子の中の代表的なポリマーの構造と反応電位と容量（図中の●印）である[1]。アミノ基を有するさまざまな化合物の高分子化を行い，酸性水溶液中で反応性と安定性の確認を行った結果，反応性（容量）が低い，反応電位が十分でない，酸性水溶液中における安定性（サイクル性や耐酸性，溶解性）が低いなどの課題が残った。
さらに調査を続けた結果，図4中に示したインドール誘導体が有望であることがわかった。インドール誘導体は，5位，6位，7位に置換基を導入することができ，置換される位置や置換基の種類により，酸性水溶液中での反応性や反応電位が異なることがわかってきている。

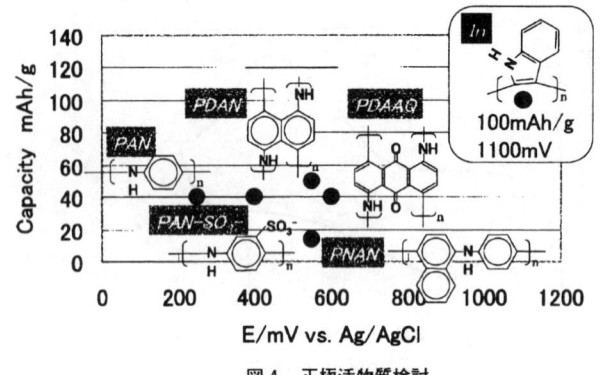

図4　正極活物質検討

　負極活物質についても，0 V vs.Ag/AgCl以下で反応するプロトン交換型有機材料であることが条件となり，キノン系物質や含窒素系ポリマーの検討を行った。キノン系物質については数多く研究がなされているが，酸性水溶液中での溶解性や反応性に問題があり，負極活物質としての採用はできなかった。さらに調査を行った結果，キノキサリン系ポリマーの酸性水溶液中での安定性が確認された（後述）。

　したがって，プロトンポリマー電池の正極活物質としてはインドール系3量体，負極活物質としてはキノキサリン系ポリマーをそれぞれ採用した。図5にそれぞれのCVと構造式を示す。単極の容量はインドール系3量体が90mAh/g，キノキサリン系ポリマーが110mAh/gであり，起電力は約1.2Vを確保した。

　インドール系3量体は酸性水溶液中で図6に示す反応を起こすと考えられ，プロトンの関与する反応は（Ⅱ）の領域（図5の1.0～1.2V vs.Ag/AgClのピークに相当する反応）である[12]。また，キノキサリン系ポリマーは，図5に示した0 V vs.Ag/AgCl付近に酸化還元ピークをもち，酸性水溶液中において図7に示した反応を行うと考えられる[13]。

5　電極活物質の安定性

　電極活物質の酸性水溶液中での安定性の確認を行った。

　図8は，高温での酸性水溶液浸漬実験の結果である。酸性水溶液中において酸化劣化や溶解，分解などの劣化現象が起こる場合，浸漬時間と温度に対して容量の減少が観察されると考えられるが，インドール系3量体とキノキサリン系ポリマーの容量は1000時間浸漬後においてもほとんど減少しておらず，温度，酸に対して安定であることがわかった。

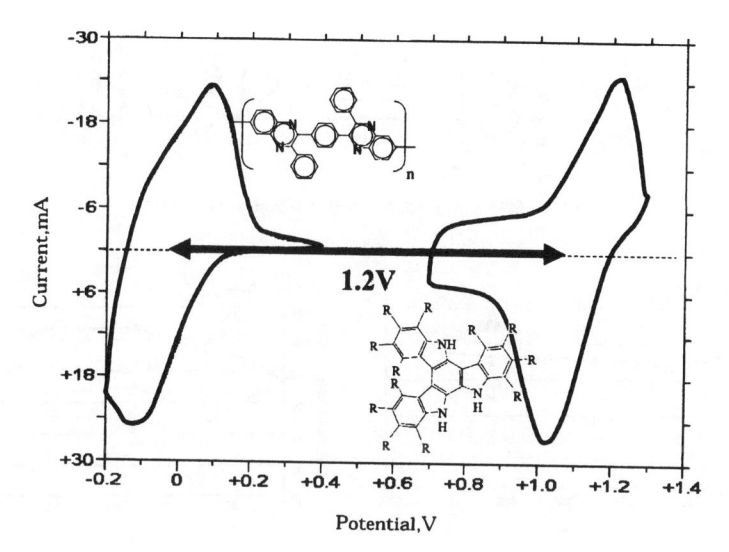

第17章　プロトン電池とその材料

図5　プロトンポリマー電池の電極活物質とCV

図6　酸性水溶液中のインドール系3量体の反応

　図9は，酸性水溶液中でのCVのサイクル結果である。これは各活物質の酸化還元反応，言い換えれば充放電に対応する安定性を示している。インドール系3量体は，0.2～1.2V vs.Ag/AgClでは初期の1000サイクルで15%の容量減少が起こるが，電位を制御し0.2～1.1V vs.Ag/AgClで掃引すると10倍の10000サイクル後に15%減少し，初期の85%の容量を維持することがわかった。したがって，インドール系3量体は，電位の制御を行うことで高いサイクル安定性が得られることがわかった。キノキサリン系ポリマーは，容量が安定的に得られている5000サイクル以降，容量は一定であり，10000サイクル後でも容量の減少は確認されなかった。したがって，キノキサリン系ポリマーは高いサイクル安定性を有していることがわかった。

213

図7 酸性水溶液中のキノキサリン系ポリマーの反応

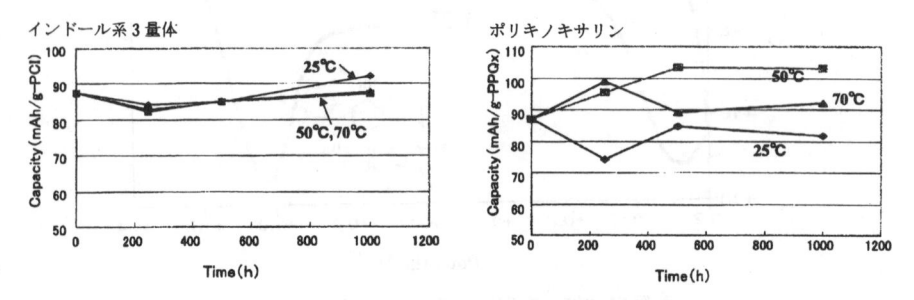

図8 プロトンポリマー電池の電極活物質の耐酸性試験

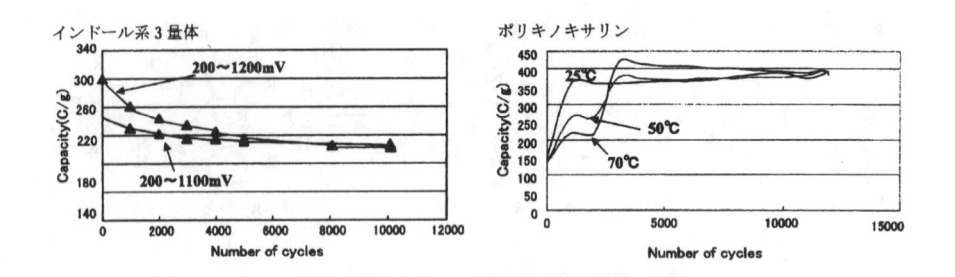

図9 プロトンポリマー電池の電極活物質のサイクル安定性試験

6 インドール系3量体と電子伝導性

インドール系材料についてさまざまな検討を行ってきた結果，ポリマー構造と3量体構造を有するものが見いだされた[14~17]。容量，サイクル性，出力特性について検討を行った結果，3量体において特にサイクル性と出力特性に優れていることがわかった。その理由については，構造の違いから生じる電子伝導性と，分子量分布の違いから生じる化学的安定性の違いであると考えら

第17章 プロトン電池とその材料

れる。

　3量体とポリマー体の電極の違いについて，図10に示したように3量体は分子の平面性が高く，層状にスタッキングして結晶性の高い集合体を形成すると考えられる。それに対し，ポリマー体はある程度の分子量をもつポリマー鎖がランダムに配列しており，その集合体はアモルファス状態である。

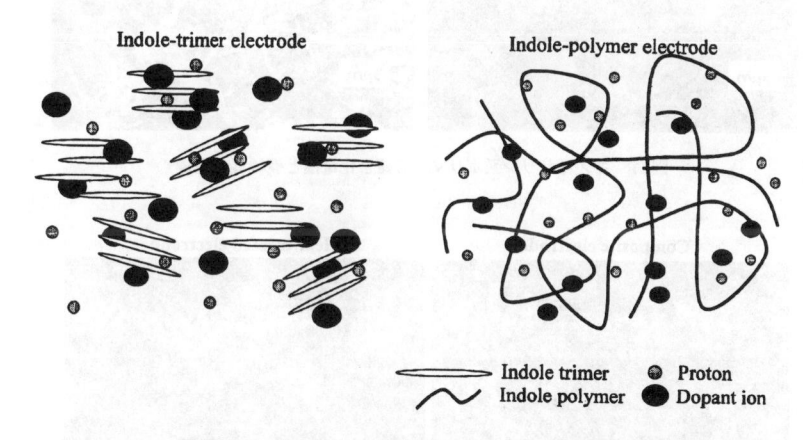

図10　インドール系3量体とポリインドールの電極模式図

　インドール系ポリマー体は，ランダムに配列しているポリマー鎖によって充放電時のプロトンの移動経路は迂回を余儀なくされ，プロトンの移動度の低下が起こるが，結晶性の高い3量体の場合はプロトンの移動経路は直線的であり，プロトンの移動度の低下は少ない。また3量体は，その主骨格はすべて6員環と5員環で構成され，層状にスタッキングした場合に3量体内および3量体どうしのπ電子共役により，単位ユニットをアルキル結合で結んだポリマーよりも電子伝導性と化学的安定性の向上が図れたと考えられる。したがって，3量体のほうが高出力を得られると考えられる。また，分子量分布を有するポリマーに対し，3量体は分子量が一定である。そのため，3量体は溶媒への溶解度が一定であり，製造工程での精製（不純物の除去）も容易であり，品質の向上が期待できる。

7　キノキサリン系ポリマーと電子伝導性

　キノキサリン系ポリマーは，反応電位，容量ともにプロトンポリマー電池の負極活物質として適した材料であるが，フェニル環がアルキル結合により結ばれているため電子伝導性が低いとい

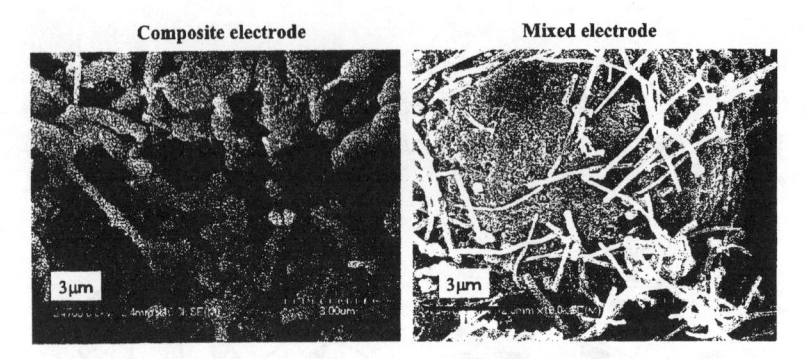

Composite electrode　　　　**Mixed electrode**

図11　キノキサリン系ポリマーの複合化電極と機械混合電極

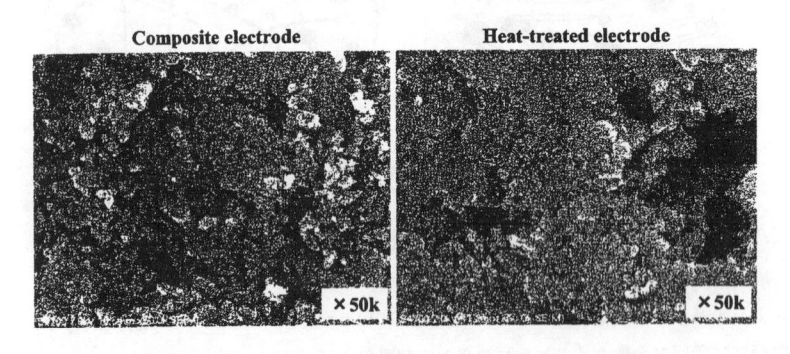

Composite electrode　　　　**Heat-treated electrode**

図12　キノキサリン系ポリマーの複合化電極と熱処理電極

う欠点がある。電池の活物質は，活物質内で反応した電子が活物質自体を通過して集電体に伝達されることが必要であり，電子伝導性の低い材料を活物質に利用するとこの活物質内の電荷移動が律速となり，出力が低下する原因となる。

そこで，この欠点を解決するために，
① 電極の厚みを薄くする
② 電極中の導電補助材の割合を増加させる
③ キノキサリン系ポリマー層の厚みを小さくする，またはポリマー粒径を小さくする

という3つの方法を考えたが，単純に電極厚みを小さくすると電池を構成する他の材料が電池中に占める割合が増大し，電池の容量が低下する。また，導電補助材の割合を増大させることも，同様の理由で電池の容量が低下する原因となる。

そこで，電極厚みを維持したままキノキサリン系ポリマー層の厚みを薄くすることを試みた。

第17章 プロトン電池とその材料

本電池では，図11に示すように，大きな表面積を有する導電補助剤上にキノキサリン系ポリマーを直接重合して，導電補助剤とキノキサリン系ポリマーを結着させた複合電極を作製した。機械的にキノキサリン系ポリマーと導電補助剤を混合するだけの混合電極と比較して，複合電極の容量と出力の大幅な向上が期待できる。

しかしながら，複合電極は，導電補助剤上に重合した電子伝導性の低いキノキサリン系ポリマーどうしの接触が点であるため，電極としての電子伝導性がまだ十分ではなかった。そこで，耐熱性を有するポリマーであることを利用して，電極に対してポリマーの軟化点温度付近での焼成工程を加えた。そのSEM写真を図12に示す。熱を加えていない電極は点接触であるが，加熱工程を入れた電極は，キノキサリン系ポリマーが熱で溶解して面接触になっている。このような加熱工程を入れることにより，製造工程で混入する不純物の除去も可能となる。

8 電池特性パワー

正極はインドール系ポリマーを3量体化することで活物質自身の電子伝導性の向上，また負極はキノキサリン系ポリマーと導電補助剤の接触面積の増加により電極の電子伝導性を向上させることで，電池の大幅な容量および出力特性の向上に成功した。たとえば，200mAhクラスのプロトンポリマー電池であれば，数Aの電流取り出しが可能となった。

図13に水溶液系電気二重層コンデンサーとの出力特性比較を示した。100W/ℓ以下では，水溶液系電気二重層コンデンサーのパワー特性に劣らない特性が得られることが判明した。

9 電池特性低温

温度依存性も，電池に重要な特性の一つである。リチウムイオン電池など二次電池は，化学反応を利用したものであるため，高温ではイオンの移動度や電極活物質の反応性が向上し，容量や出力特性は向上する傾向にある。しかし，低温では電解液の粘性が増加してイオンの移動度も著しく低下するため，これらの特性は大幅に低下し，零下ではほとんど作動しなくなることもある。実際に，冬期などは携帯電話の駆動時間が短くなることや，山の頂上などで寒さのためカメラが作動しなくなってしまうという例がある。

図14に，リチウムイオン電池との容量と出力の作動温度依存性を示した。25℃では容量はリチウムイオン電池にはまったく及ばないが，-10℃においては，リチウムイオン電池はほとんど作動しなくなるのに対して，プロトンポリマー電池は25℃に対して約70%の容量を確保している。これは，電解液として-20℃以下の極低温下においても凍結しない酸性水溶液を使用しており，

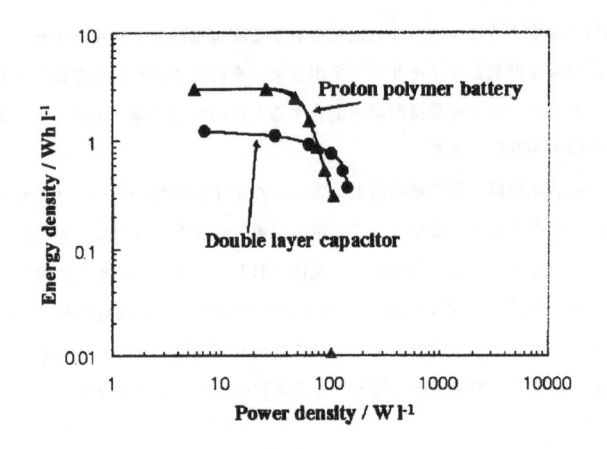

図13 プロトンポリマー電池と電気二重層コンデンサーの容量と出力特性

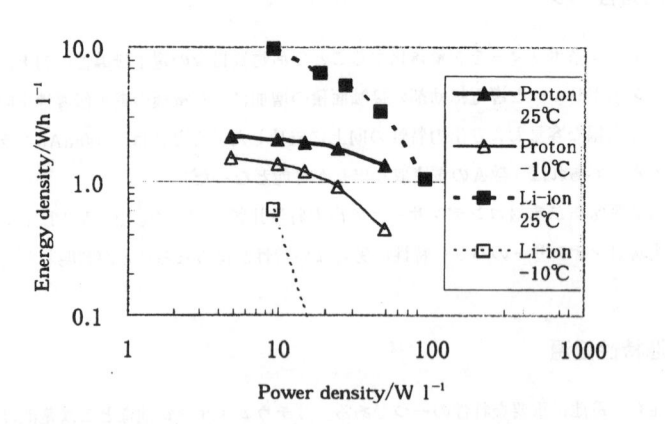

図14 プロトンポリマー電池とリチウムイオン電池の容量と出力特性

電荷キャリアが移動度の大きいプロトンであるためである。

10 電池特性・サイクル

プロトンポリマー電池の電極材料単独のサイクル性能は10000サイクル以上を確認しているが，その電池としてのサイクル性は，数千サイクル（1.2Vのフル充電，カットオフ0.8V）程度を確認している。このサイクル性能は，電気二重層コンデンサーの数万サイクルには及ばないが，一般的な二次電池が500〜1000サイクル程度のサイクル性能であることと比較すると十分優れてい

第17章 プロトン電池とその材料

る。

電極材料のサイクル性能としては10000サイクル以上を有しているため，今後の技術改善により，さらにサイクル性を向上できると考えられる。

11 用 途

現在，以下のような用途への展開を考えて開発を行っている。プロトンポリマー電池は導電性高分子を用いているため，電極の形や大きさの変更が容易であり，それぞれの用途に適した形状にフレキシブルに対応できる。

(1) 携帯機器のレスキューバック用電池

　分単位の急速充電が可能なため，緊急電源用途。

(2) 太陽電池との組み合わせ

　出力電圧，電流が大きく変動する発電源と組み合わせて効率的に充電可能。

(3) バックアップ用またはアシスト用電源

　メイン電源の停止時のメモリー保存や，大電流必要時の電流供給用として。

(4) エネルギー回生

　自動車などの減速時に発生するエネルギーを効率的に回生・貯蔵。通常の二次電池に比べて，広い電圧・電流レンジでのエネルギーの回生・貯蔵が可能。

(5) 低温時の二次電池，燃料電池サポート

　$-10°C$において室温時の70%の容量を維持できるため，低温時に性能が落ちる電池や燃料電池のサポート。

(6) 各種鉛電池代替

　長時間未使用でも劣化せず，定期的な交換も不必要。

12 おわりに

以上紹介したように，プロトンポリマー電池は電気二重層コンデンサーに匹敵する出力特性と数倍の容量を有し，サイクル特性は実用範囲において数千サイクルを確保した。

今後は，出力特性に関しては$100W/l$以上の高出力特性，$-10°C$の低温下における容量出現率などの課題に取り組むとともに，さらにサイクル性などの信頼性を十分に確保し，電池として完成させていくことが必要である。プロトンポリマー電池のユニークな特性により，環境に優しい安全な電池として，新しい市場を築いていくことが期待される。

二次電池材料この10年と今後

文　　献

1) "日清紡が次世代蓄電器", 日経産業新聞, 2002.6.11
2) 田中一義, カーボンナノチューブの基礎と工業化の最前線, エヌ・ティー・エス (2002)
3) B. E. Conway, "Electrochemical Supercapacitors", Klewer-Plenum Pub. Co., New York (1999) ; 直井勝彦, 西野敦, 森本剛 監訳代表, 電気化学キャパシタ-基礎・材料・応用-, エヌ・ティー・エス(2001).
4) A. Rudge, J. Raistrick, S. Gottesfeld, J. P. Ferraris, *Electrochimica Acta*, **39**, 273(1994).
5) A. Rudge, J. Davey, J. Raistrick, S. Gottesfeld, J. P. Ferraris, *J.Power Sources*, **47**, 89 (1994).
6) D. MacInnnes Jr., M. A. Druy, P. J. Nigrey, D. F. Nairns, A. G. MacDiarmid, A. J. Heeger, *J. Chem. Soc., Chem. Commun.*, **1981**, 317
7) K. Kaneto, M. Maxfield, D. P. Nairns, A. G. MacDiarmid, A. J.Heeger, *J.Electrochem. Soc.*, **128**, 1072(1986).
8) Kitani, M. Kaya, K. Sasaki, *J. Electrochem. Soc.*, **133**, 1069(1986).
9) 山本隆一, 松永玅, ポリマーバッテリー, 共立出版 (1990).
10) D. Belanger, X. Ren, J .Davey, F. Uribe, S. Gottesfeld, *J. Electrochem. Soc.*, **1147**, 2923 (2000).
11) 直井勝彦, 特開平11-185759電池用電極材料および電池(1997.12.17出願).
12) V. Bocchi, A. Colombo, W. Porzio, *Synthetic Metals*, **80**, 309(1996).
13) E. H. Song, W. K. Paik, *J. Electrochem. Soc.*, **145**, 1193(1998).
14) J. G. Mackintosh, C. R. Redphan, A. C. Jones, P. R. R. Langridge-Smith, D. Reed, R. Mount, *J. Electroanal. Chem.*, **375**, 163(1994).
15) P. C. Pandey, R. Prakash, *J. Electrochem. Soc.*, **145**, 999(1998).
16) H. Talbi, D. Billaud, *Synthetic Metals*, **97**, 239(1998).
17) 黒崎雅人, 特開2002-093419　インドール系化合物を用いた二次電池及びキャパシタ (2000.9.18出願).

第18章　ラジカル電池とその材料

佐藤正春[*]

1　はじめに

　いつでもどこでも大量の情報を自在に取り扱うことのできるブロードバンド＆モバイルの時代が始まった。大容量のデータ通信機能と各種の入出力装置を備えた高機能，高性能の携帯情報端末が爆発的な普及を伴いながら進化を続け，さまざまな情報関連機器から構成された情報システムは今や市民生活や経済活動に欠かせない社会インフラとなって家庭や企業など社会の隅々に浸透している。

　このようなブロードバンド＆モバイルの世界は，当然のことながらネットワークシステムから電子デバイス，それを構成する機能材料に至る様々な階層の情報技術によって支えられている。このうち，二次電池は情報機器のすべての機能を支えるデバイスとして特に重要であり，高容量，高出力を目指した研究開発が活発に行われている。この分野では1990年代以降，ニッケル水素電池やリチウムイオン電池等の高性能二次電池が開発され，市場の要求に合わせて小型軽量化や大容量化が進んできた。その結果，リチウムイオン電池では現在，エネルギー密度が170〜180 Wh/kgとほぼ理論的な限界にまで近づいている。しかしながら，次世代の高機能，高性能機器を実現するにはさらなる小型軽量化や大容量化，高出力化を達成しなければならない。そのため，リチウムイオン電池の限界を打ち破る新しい電池システムが研究されている。

　有機ラジカル電池は2001年11月に発表[1]された新しい電池であり，安定ラジカル化合物の酸化還元反応を利用している。ラジカルの持つ円滑な反応を反映して高出力で繰り返し寿命の長い電池であることが確認され，さらに有機化合物の多様性を活かすことで高エネルギー密度の電池が開発できるという期待も高まっている。ここでは次の新しい時代に向けて開発が始まったばかりの有機ラジカル電池について，その材料と試作状況，今後の方向性についてまとめる。

2　ラジカル材料と有機ラジカル電池

　ラジカル化合物は1個またはそれ以上の不対電子を有する化合物であり，反応性に富んだもの

---

[*] Masaharu Satoh　日本電気㈱　機能材料研究所　主任研究員

が多い。ただし，その反応性は通常の化学反応と同様に共鳴効果，立体効果，誘起効果に支配され，これらの効果を組み合わせると長時間安定に存在する安定ラジカルを形成することもできる。

一般に，ラジカルの変性や劣化は不対電子どうしの相互作用で起こるのではなく，隣接する炭素や共鳴構造を取れる炭素にラジカルが移動し，水素等の置換基が脱離して荷電ラジカルが生成して開始する[2]。そのため，これらの炭素を保護した安定ラジカルの寿命や安定性はラジカル濃度には依存せず，高濃度にラジカルを含んだ化合物でも合成することができる。安定ラジカルはスピンの向きを揃えると強磁性を示すことが期待できるため，有機磁性体の材料として長い研究の歴史を持っており，さまざまな材料が開発されている[3, 4]。

これまでの研究で，テトラメチルピペリジノキシル（TEMPO）[5]やガルビノキシルなどの代表的な安定ラジカル化合物やチオアミニルラジカル[6]が電気化学的に活性で，電解液中で可逆的に酸化還元することはすでに知られていた。有機ラジカル電池はこの酸化還元反応を利用したものであり，ラジカル化合物を電解液に不溶，かつ膨潤できるような形で電極表面に配置し，セパレーターや対電極を用いて構成した電池である[7, 8]。

このような安定ラジカルを利用した有機ラジカル電池は，従来の電池に使われているような重金属酸化物ではなく炭素や窒素等の軽量の元素から成る有機化合物を正極活物質としているため，電荷1個を蓄える活物質の質量を小さくすることが容易である。このため，高容量密度化の可能性も高いという特徴を有している。

有機化合物を用いた二次電池としては，これまでに導電性高分子[9]やジスルフィド化合物[10]を利用したものが研究されている。このうち，導電性高分子を用いた電池は電子吸引性，もしくは電子供与性の分子をドーパントとし，その導電性高分子へのドーピング，および脱ドーピングに伴う電子の授受を利用するものであるが，電荷は導電性高分子の共役系に拡がって安定化するためにその数を一定以上に大きくすることができず，高容量は望めなかった。また，ジスルフィド化合物を利用した電池は電気化学的な酸化還元で－S－S－結合を形成したり切断したりする際の反応を利用するため，電池反応の過程で分子の骨格が大きく変化し，効率や寿命に問題があり，製品化にまでは至っていない。

3 有機ラジカル電池の試作とその性質

3.1 有機ラジカル化合物PTMAの合成

ここでは有機ラジカル電池の動作を実証する目的で行った結果[11]をまとめる。

ラジカル化合物を電池の活物質として使用するためには，安定ラジカルであって，少なくとも電池の電解液に不溶なものを合成する必要がある。そのため，動作原理を確認するためのモデル

第18章　ラジカル電池とその材料

物質として、代表的な安定ラジカルであるTEMPOを高分子の側鎖に持つポリ（2,2,6,6-テトラメチルピペリジノキシメタクリレート）（PTMA）が合成されている。

図1に示すように、PTMAは2,2,6,6-テトラメチルピペリジンメタクリレートをモノマーとして重合し、過酸を用いてラジカル化する方法で合成する。重合は開始剤2,2'-アゾビスイソブチロニトリル（AIBN）を用いたラジカル重合で行い、生成物を洗浄、乾燥するとポリ（2,2,6,6-テトラメチルピペリジンメタクリレート）が得られる。ラジカル化は塩素系溶媒中でm-クロロ過安息香酸（m-CPBA）を用いた酸化反応で行う。

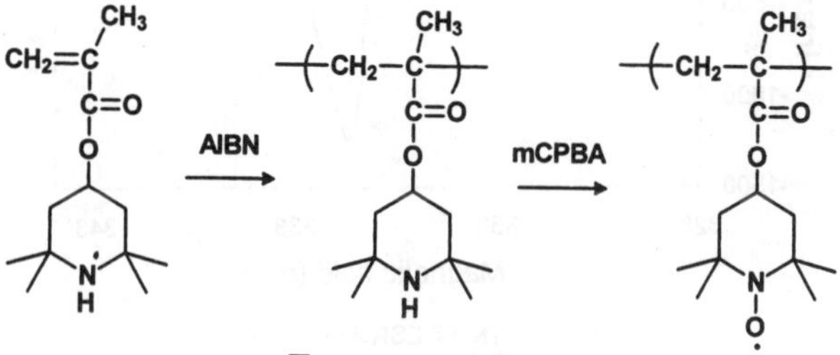

図1　PTMAの合成ルート

ラジカルは通常のNMRスペクトルの測定はできないため、分子構造はIRスペクトル、およびラジカル化を行う前の中間体のNMRスペクトルから推定する。実際に合成されたPTMAでは中間体のNMRスペクトルが図1に示した環状イミン構造から予想されるものと一致する。また、中間体を酸化して得られるPTMAは図2に示すように電子スピン共鳴（ESR）スペクトルで大きな吸収ピークを持ち、そのg値2.0076はTEMPO（2.0059）とほぼ一致する。このESRスペクトルから求めたスピン濃度は2.51×10^{21}spins/gと見積もられ、化学構造から計算される値2.505×10^{21}spins/gと一致したが、超伝導量子干渉素子（SQUID）を用いてより詳細な測定を行うとラジカル化率は70％程度と見積もられる。

高分子の場合、その分子量や分子量分布が溶解度をはじめとする性質に影響を及ぼす。試作したPTMAではゲルパーミエーションクロマトグラフィ測定で、質量平均分子量（Mw）89,000、分散度（Mw/Mn）3.30が得られている。この材料は電解液であるエチレンカーボネートEC（30 wt ％）／ジエチルカーボネートDEC（70wt ％）混合溶液には難溶性であるが、長時間接触させるとわずかに膨潤する。また、重合条件を制御して分子量を変えたものでは、分子量が小さくなるにつれて膨潤や溶解が増える傾向が見られる。

PTMAは空気中、室温で1ヶ月放置しても安定でESRスペクトルも全く変化しない。図3には窒素気流下で測定したPTMAの熱重量減少曲線を示す。図から明らかなようにPTMAの熱分解温度は241.2℃であり、有機の高分子材料としては耐熱性に優れた材料であることがわかる。示

図2　PTMAのESRスペクトル

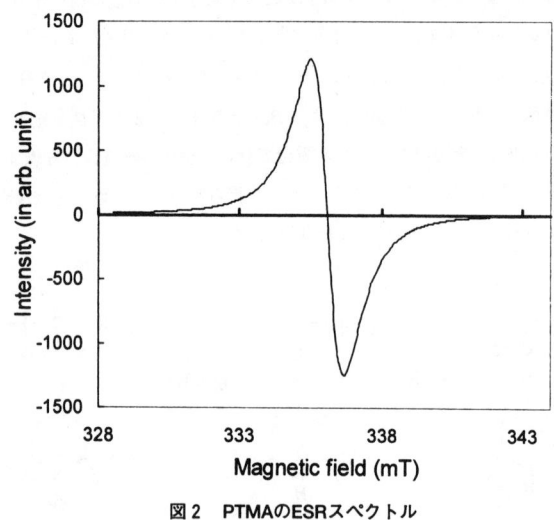

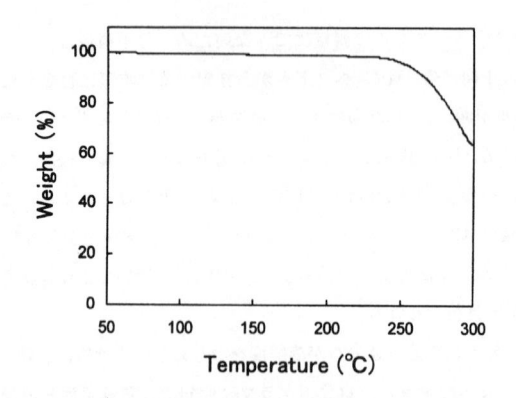

図3　PTMAの熱重量減少曲線（窒素気流下，昇温速度10℃/分）

差熱分析では軟化点に由来すると思われる屈曲点が153℃に認められる。また，PTMAは熱分解温度に近い200℃で熱処理しても，ESRスペクトルの形状に変化は認められない。これらの結果より，PTMAは電池材料としての充分な安定性と耐熱性を有していると結論できる。

3.2　有機ラジカル電池の作製

PTMAを正極活物質として試作されたコイン型有機ラジカル電池についてまとめる。

第18章　ラジカル電池とその材料

まず，合成した薄茶色のPTMAに導電付与剤としてグラファイト粉末を添加し，熱可塑性高分子からなるバインダーと溶剤を加えて混合し，黒色のスラリーとする。次に，このスラリーをアルミニウム箔上に展開し，70℃で乾燥させる。この際，電極組成は質量比でPTMA/グラファイト/バインダー=10/80/10，および70/20/10の2種類とする。

次に，PTMAを含む電極層を設けたアルミニウム箔をコインタイプセルの形状に合わせて切り出し，セパレーターフィルムを介して負極となるリチウム箔と対向させて外装缶中にセットする。次いで，上述の1 M のLiPF$_6$を含むEC（30wt %）/DEC（70wt %）混合溶媒を電解液として滴下し，封止して密閉型のコインセルを完成させる。この電解液は通常のリチウムイオン電池に用いられるものと同一のものである。

3.3　PTMAの電気化学的性質

図4にPTMAのサイクリックボルタモグラム（CV）を示す。このCV曲線はPTMAの構成要素であるTEMPOのそれとほぼ一致しており，Liに対してそれぞれ3.68 V，および3.52 V付近に酸化ピーク，および還元ピークを示す。この結果から，PTMAの酸化還元電位は3.58 V vs.Li/Li$^+$であると見積もられるが，この値は電池の活物質として検討されているジスルフィド化合物（2.3 V vs.Li/Li$^+$）に比べて高く，リチウムイオン電池の放電電圧3.6 Vに近い。また，PTMAの酸化還元反応は良好な可逆性を示し，サイクルを繰り返してもCV曲線は変化しない。

図5は電極に4 Vを印加して酸化した状態と3 Vに戻して還元した状態でPTMAを含む活物質層を取り出し，測定したESRスペクトルである。図から明らかなように，還元状態ではラジカルに相当する大きなピークが検出されたのに対し，酸化状態ではピークが小さくなることがわかる。このピークはもう一度還元すると再び大きくなる。このことから，PTMAでは還元状態で

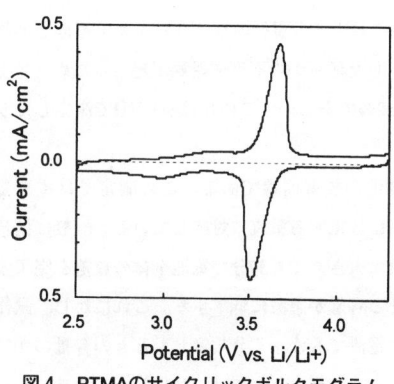

図4　PTMAのサイクリックボルタモグラム

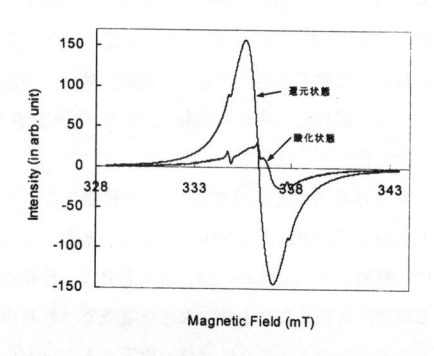

図5　PTMAを含む電極を酸化状態，および還元状態で取り出し，測定したESRスペクトル

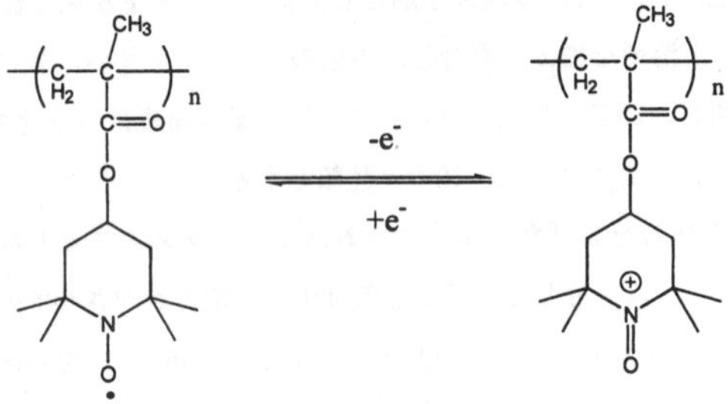

図6　PTMAの電気化学的酸化還元過程

ラジカルが生成し，酸化状態で消失することがわかる。

　以上の結果から，電気化学的酸化還元過程におけるPTMAの反応は図6に示したような，ニトロキシドラジカルが酸化されてオキソアンモニウムイオンとなり，それがまたラジカルに戻るという機構であると考えられる。このとき，充電（酸化）した状態のオキソアンモニウムイオンは電解質のアニオンと相互作用して塩を形成する。反応機構からPTMAの容量密度を計算すると111Ah/kgとなる。

3.4　PTMAを正極活物質とする有機ラジカル電池の性質

　図7にPTMAを正極活物質として試作したコイン型有機ラジカル電池の外観写真を示す。また，図8にはその充放電曲線（電極組成：PTMA／グラファイト／バインダー＝10/80/10）を単位活物質当たりの容量に対して示す。図から明らかなように，3.5～3.6V付近に電圧の平坦部が認められ，二次電池として動作していることがわかる。この電池は，組み立て後の最初の充放電過程ではクーロン効率が90％であるが，2回目以降は図に示したようにほぼ100％となる。初回に効率が100％とならない理由は，有機ラジカル電池においても現行のリチウムイオン電池と同様に最初の充放電過程では溶媒と電極（負極）の関与した何らかの不可逆過程が起こるためと考えられる。試作した電池の容量76Ah/kgは理論値の68％であるが，この値はSQUIDで測定したラジカル化率と一致している。

　図9は電流量を変えて測定した有機ラジカル電池の放電曲線である。この測定では電流量0.091mA/cm^{2}が，電池全体を1時間で充電，もしくは放電する電流に対応している。一般に携帯情報機器に用いられる小型二次電池では，放電電流は大きくても30分で電池全体の放電を完了する程度であり，これよりも大きな電流では取り出せる容量が急激に低下する。これに対し，試作した有機ラジカル電池は3分で放電できるほどの大電流でもゆっくり放電したときの容量の70％以上を維持しており，優れた出力特性を示している。この理由としては，試作した有機ラジカル

第18章 ラジカル電池とその材料

図7 コイン型有機ラジカル電池の外観写真

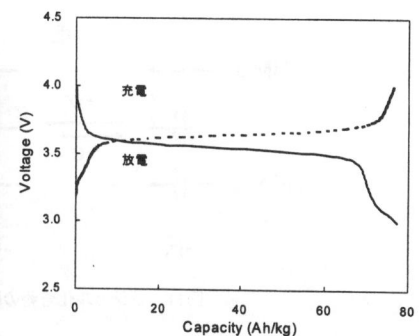

図8 有機ラジカル電池の充放電曲線
（電流：0.091mA/cm², 2ndサイクル）

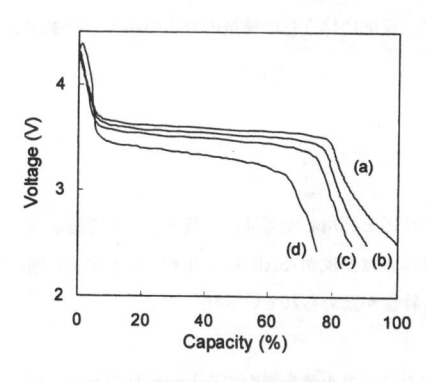

図9 放電電流を変えて測定した
有機ラジカル電池の放電曲線
電流： (a)0.091mA/cm², (b)0.46mA/cm², (c)0.91mA/cm², (d)1.82mA/cm²

図10 有機ラジカル電池の繰り返し充放電容量
（充放電電流：0.91mA/cm²）

電池に含まれるPTMAが10wt %と小さいこともあるが，有機ラジカルの酸化還元反応がスムーズで反応速度が大きいことが寄与していると考えられる。また，PTMAの含有量を10wt %から70wt %に増大させて試作した有機ラジカル電池でもリチウムイオン電池を上回る高出力特性が確認されている[11]。

一方，有機ラジカル電池の温度特性はリチウムイオン電池とほとんど同じであり，−20℃のような低温では容量が低下する。これは今回使用した電解液がリチウムイオン電池のものと同じであるため，低温では電解質イオンの移動が律速過程となっている可能性がある。

図10には有機ラジカル電池を繰り返し充放電して測定したサイクル特性を示す。現在，製品化

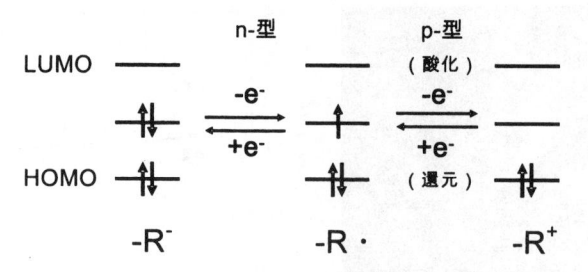

```
                    n-型              p-型
                                    （酸化）
    LUMO  ───        ───              ───
            ⇅   -e⁻                -e⁻
                ⇌         ⇌
                +e⁻               +e⁻
    HOMO   ⇅         ⇅     （還元）   ⇅

           -R⁻        -R・            -R⁺
```

図11 ラジカル化合物の酸化還元反応と電子構造

されているリチウムイオン電池では500サイクル後の容量が初期の80%程度であることを考えると，試作した有機ラジカル電池は優れた充放電サイクル寿命を有しているといえる。これも，ラジカルの酸化還元反応がスムーズに進行し，特に，反応に伴う化学構造の変化が小さく効率が高いことに起因していると考えられる。

4 まとめと今後の課題

　以上述べたように，ラジカル化合物の酸化還元反応を利用した電池，有機ラジカル電池が試作され，その動作が確認されている。試作した電池は容量密度が75Ah/kgと現行のLiイオン電池の半分程度であるが，高出力，長寿命という良好な特性が認められている。
　有機ラジカル電池の特徴を以下にまとめる。
① 電池反応はラジカルが担うため，高分子中のラジカル数を増やすことが容易であり，従来の電池に比べて容量密度の高い正極材料の開発が期待される。
② 不必要な反応を生じないため充放電効率が高く，充電した電流をむだなく利用することができる。
③ 充放電反応の速度が大きいため，大電流での充放電が可能である。6分間で全容量の90%まで充放電できる電池も試作されている。
④ 電池反応で骨格となる化学構造が変化しないため，充放電を繰り返しても容量低下が少なく，長寿命の電池が可能となる。試作した電池では1000回繰り返しても容量は初期の80%以上を維持した。

　有機ラジカル電池の今後の課題としては，ラジカル濃度をさらに大きくした化合物を開発することが挙げられる。具体的な目標としては従来のリチウムイオン二次電池の二倍近い高エネルギー密度（300mA/kg）電池が掲げられている。

第18章　ラジカル電池とその材料

ところで，ラジカル化合物の酸化還元反応には，図11に模式的に示したように，安定ラジカルが酸化してカチオン化する反応（p-型充放電反応）と，アニオン状態の有機化合物が酸化して安定ラジカルとなる反応（n-型充放電反応）とが考えられる。この場合，キャリヤーイオンはp-型では電解質のアニオン（PF_6^-），n-型ではカチオン（Li^+）となり，容量や出力を考えるとn-型が優れている。PTMAを用いた電池ではすでに述べたように充電状態でカチオン，放電状態でラジカルを形成するp-型となる。このため，n-型の充放電反応を起こす材料の開発が今後の課題である。

一方，高容量への挑戦と平行して，有機ラジカル電池の優れた高出力特性を生かした用途への展開も注目される。例えば，デスクトップPCを数分間だけ駆動できるような手のひらサイズの電池を開発すれば，停電した場合にデータをバックアップするPC内蔵型電池として用いることができる。また，有機ラジカル電池は短時間での充電が可能であることから，高容量材料が開発できれば電気自動車用の電池として大いに魅力的である。

文　　献

1)　中原謙太郎ほか，第42回電池討論会要旨集，**No. 1 A21**，124 (2001)
2)　A. R. Forrester *et al., J. Chem. Soc. Perkin I*, 2208(1974).
3)　M. Tamura *et al, Chem. Phys. Lett.*, **186**, 401(1991).
4)　H. Nishide *et al, J. Am. Chem. Soc.*, **118**, 9695(1996).
5)　T. Osa *et al, Chem. Lett.*, 1423(1988).
6)　Y. Miura *et al., Electrochim. Acta*, **37**, 2095(1992).
7)　K. Nakahara *et al., Chem. Phys. Lett.*, **359**, 351(2002).
8)　K. Nakahara *et al.*, Abstracts of the 201st meeting of the Electrochem. Soc., 89(2002).
9)　K. Kaneto *et al., J. Chem. Soc., Faraday Trans. 1*, **78**, 3417(1982).
10)　M. Liu *et al., J. Electrochem. Soc.*,**138**, 1891(1991).
11)　佐藤正春ほか，信学技報，OME2002-28(2002).
12)　J. Iriyama *et al., IEICE Trans. Electron.*, **E-85C**, 1256(2002).

第19章　光二次電池とその材料

昆野昭則[*1], 藤波達雄[*2]

1　はじめに

　太陽電池（光電池）は，単結晶もしくは多結晶シリコン系太陽電池，GaAs系，アモルファスシリコン系，有機半導体などが挙げられ，着実にその変換効率は進化している。しかし，太陽電池という名称でありながらその機能は発電機に近く，光が当たっているときしか発電しないため，電気を蓄えることが出来ない。したがって，光の当たらない夜や太陽が隠れてしまう曇りや雨の日は蓄電池（二次電池）を組み合わせるなどの工夫が必要となる。しかし，太陽電池と二次電池を別々に両方設置することは，スペース，コストの面から望ましいことではない。また，据置型の太陽電池であればインバータを介して売電も可能であるが，モバイル機器の電源として見た場合，小型化・軽量化の要求は，今後ますます厳しくなるであろう。そこで，光電変換と蓄電が同時に出来るシステムすなわち光二次電池（光蓄電池）があれば理想的である。残念ながら，実用レベルの性能を有する光二次電池はいまのところ実現できていないが，太陽電池，二次電池各々の研究が実用化とともにかなり成熟してきており，光二次電池への展開も徐々にではあるが進んでいる。本稿では，これまで報告されている様々なタイプの光二次電池について，我々が主に取り組んできた有機薄膜型光二次電池を中心に概説し，実用化に向けて性能を向上させるための課題についても述べる。

2　光二次電池の構造と反応機構

　光二次電池の基本構造は，図1に示すとおり，通常の光電池と全く同じである。このままでは，蓄電機能を有しないので，光電極あるいは対極に電解液中の化学種を蓄積できるようにすることによって，初めて光二次電池となる。もう少し具体的に言うと，電極にミクロの層状構造を持つものを用い（例えば，グラファイトや層状金属酸化物），酸化（あるいは還元）により発生した，化学種（分子，原子，イオン等）を，電極内に取りこませる（インターカレーション）。これに

[*1] Akinori Konno　静岡大学　工学部　物質工学科　助教授
[*2] Tatsuo Fujinami　静岡大学　工学部　物質工学科　教授

第19章　光二次電池とその材料

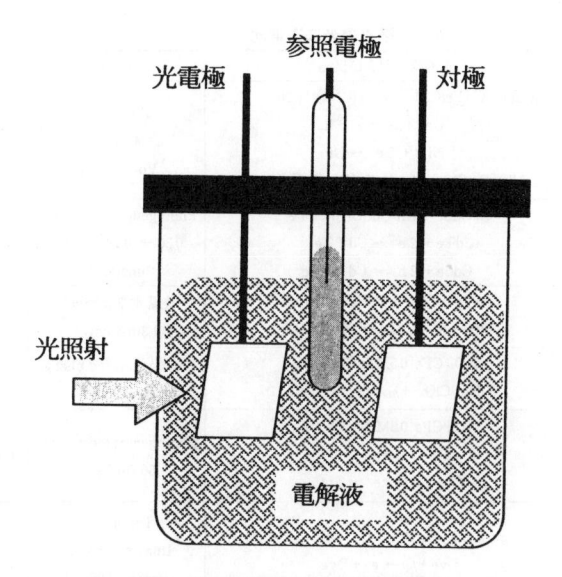

図1　光二次電池の構造（電解液を用いるタイプ）

より，酸化（還元）活性種が反対側の電極で逆反応して失活することはなくなる。これが，結果的に電極-溶液界面での電荷分離状態を安定化することになり，光エネルギーを電気化学エネルギーとして蓄積できることになる。このようなメカニズムによる光二次電池は，1980年代はじめにTributschにより提案された[1]。その後，上述のインターカレーション以外にも導電性高分子のドーピング-脱ドーピングや水素の吸脱着を利用する光二次電池も検討され，報告されている。それらのうち，いくつかを表1にまとめた。ここに示したとおり，様々な光二次電池の研究がなされているが，実用レベルの要求（電流密度，容量，安定性）を満たすものは，未だ開発されていない。その原因のひとつに光電極自身の反応性（光溶解性等）が挙げられる。これは，層状電極と電解液を用いる限り，解決が難しい課題である。そこで筆者らは，これまでの光二次電池とは構造が異なり，層状電極も液体電解質も用いない有機薄膜型光二次電池を開発した。次節では，この新しいタイプの光二次電池について詳述する。

3　有機薄膜型光二次電池

　光合成は，光二次電池と同様の（というよりは光二次電池が模倣している）システムを持っている。光合成は，自然界に存在する生物が効率的に太陽光エネルギーを変換する機構であり，そ

二次電池材料この10年と今後

表1　種々の光二次電池

光電極	電池構成および反応	諸性能	文献
n-GaP	n-GaP|K$_3$[Fe(CN)$_6$]-K$_4$[Fe(CN)$_6$]||Ni^{2+}|Pt n-GaP + $h\nu$ → e$^-$ + h$^+$ Ni^{2+} + 2e$^-$ → Ni K$_4$[Fe(CN)$_6$] + h$^+$ → K$_3$[Fe(CN)$_6$] + K$^+$	Discharge Isc = 4.3mA cm^{-2} Voc = 0.75 V	2)
n-CdSe, p-CdTe	n-CdSe|0.1M CdSO$_4$|p-CdTe CdTe + 2e$^-$ → Cd + Te^{2-} CdSe + 2h$^+$ → Cd^{2+} + Se	Photogenerated charge 0.36 → 0.18 C cm^{-2} unstable	3)
PPy + CFs^a	PPy + CFs|1 M HClO$_4$|CFs PPy + h$^+$ + ClO$_4^-$ → PPy$^+$ClO$_4^-$	光蓄電電流密度$^{b)}$ 1.3mA cm^{-2}	4)
TiO$_2$/CFs^c	TiO$_2$/CFs|0.5M LiClO$_4$|CFs TiO$_2$ + ClO$_4^-$ + $h\nu$ → e$^-$ + h$^+$·ClO$_4^-$	Photogenerated charge 10mC cm^{-2}	5)
TiO$_2$/CFs^d	TiO$_2$/CFs|0.5M LiClO$_4$|CFs TiO$_2$ + $h\nu$ → e$^-$ + h$^+$ C$_6$ + xLi$^+$ + xe$^-$ → Li$_x$C$_6$	Photogenerated charge 66.7mC g^{-1}	6)
PPy or PPP/Dye^e	Nesa-glass|PPy or PPP/Dye|LiBF$_4$/CH$_3$CN|Al Dye + $h\nu$ → e$^-$ + Dye$^+$ PPy or PPP：electron storage layer	Discharge Imax = 0.054mA Vmax = 509mV Efficiency = 0.023%	7)
PPy or PPP/TiO$_2$	Nesa-glass|PPy or PPP/TiO$_2$|LiAsF$_6$：CuCl$_2$|Al TiO$_2$ + $h\nu$ → e$^-$ + h$^+$ PPy or PPP：electron storage layer	蓄電電圧：25 - 30mV	8)

a) PPy：polypyrrole, CFs：carbon fibers, b) 光蓄電電流＝光照射後の放電電流－未照射の放電電流
c) TiO$_2$ was deposited by laser deposition, d) TiO$_2$ was deposited by sol-gel method from TiCl$_4$
e) Dye：オキソノール色素，メロシアニン等

のモデル研究も多くなされている。そこでは，生体内光反応中心の金属錯体が有効に光によって電荷分離を起こすこと，その時に副反応が起こらないこと，電荷分離した状態からの酸化素子，還元素子がすみやかに異なる位相へ輸送されることが実現している。そのモデル反応として，二分子膜に修飾したビオロゲンのヘマトポルフィリン水溶液中での電子伝達など，様々な金属錯体を用いた反応が検討されている。

筆者らは，電子供与体であるフェロセンと，電子受容体のビオロゲンを高分子薄膜中に分散させ二層膜とした極めて単純な構造の素子が，光二次電池となることを初めて見出し報告した[10]。この有機薄膜型光二次電池の構造を図2に示す。この電池の特徴は，筆者らが以前に室温で高いアニオン伝導性を示すことを見出していた[11]，有機スズハライドR$_3$SnX－4級アンモニウム塩R$_4$NX複合アニオン伝導体を用いていることである。図3にハロゲンXを変えて作成した電池の，光照射時間に対する光起電力変化を示す。ジブチルフェロセン/オクチルビオロゲン二層膜への

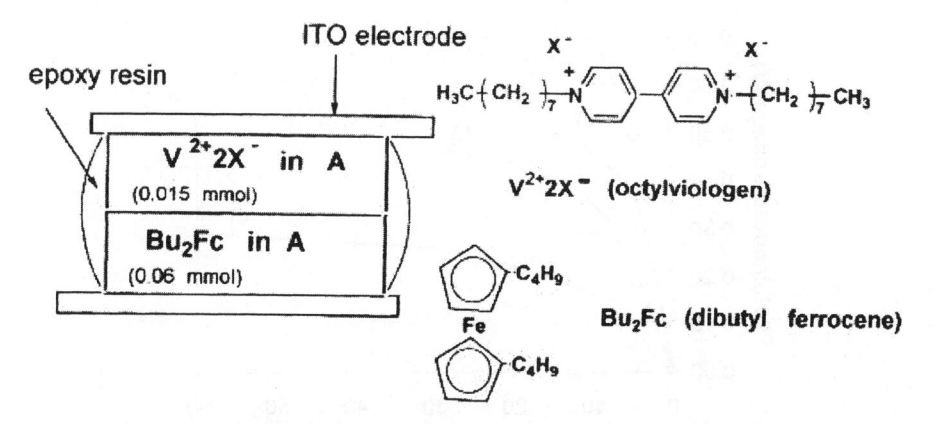

第19章　光二次電池とその材料

図2　有機二層膜型光二次電池の構造

　紫外光照射により，光起電力は480mVまで達した。光照射後暗所下で保存した場合の電荷保持特性は，X＝Brが最も良好で，24時間後でも開放電圧は約40％保持されていた。また，光照射から1分後に短絡させたときの電流は39μA/cm^{2}が観測されており，24時間後でも24μA/cm^{2}であった（図4）。この光二次電池の動作機構の概略を図5に示す。この系から有機スズハライドを除いても光電池にはなり得るが，蓄電特性が失われてしまう。このことより，有機スズハライドは単にアニオン伝導体としてのみならず，蓄電状態（電荷分離状態）の保持に決定的な役割を果たしていることは明白であるが，詳細については未だ明らかとなっていない。

　以上の系ではUV光しか吸収できず，変換効率は低いものであった。太陽光エネルギーを有効に利用するには，可視光での光電変換および蓄電をしなければならない。そこで，可視光応答性の光増感剤として広く用いられているルテニウム錯体［Ru(bpy)$_3$］Br$_2$を組み込んだ有機二層膜型光二次電池を作成し，その評価を行った[12]。結果を表2にまとめた。表からも明らかなように，ルテニウム錯体を導入することにより，可視光（450nm）照射に対する光起電力が大幅に向上した。しかし一方で，Bu$_2$Fc,Ru│Vio,Ruで24時間後の電圧がわずか20mVと大きく低下してしまった。これはルテニウム錯体の導入により，逆電子移動も促進され，自己放電が起こりやすくなったためであると考えられる。自己放電を抑制する目的で，従来の二層膜の間にルテニウム錯体のみの層を挿入した三層型Bu$_2$Fc,Ru│Ru│Vio, Ruについても検討したが，光電変換効率の低下に

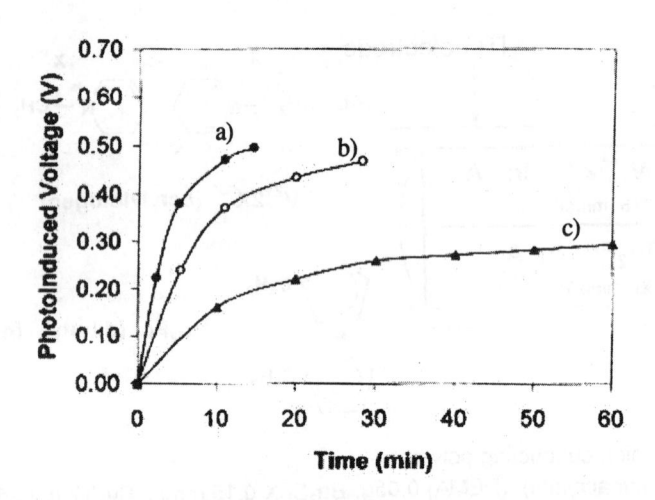

図3 有機二層膜型二次電池の光照射時間に対する光起電力変化
a) X = Cl, b) X = Br, c) X = I

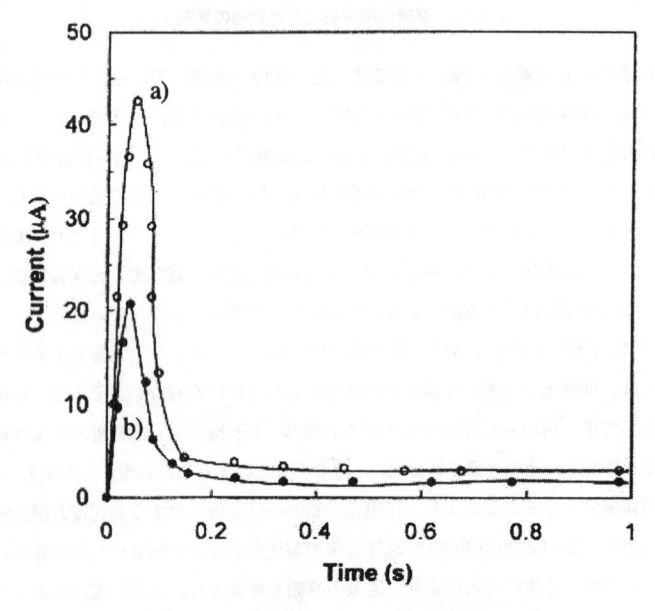

図4 有機二層膜型光二次電池の放電電流特性
a) 光照射1分後, b) 24時間後

第19章 光二次電池とその材料

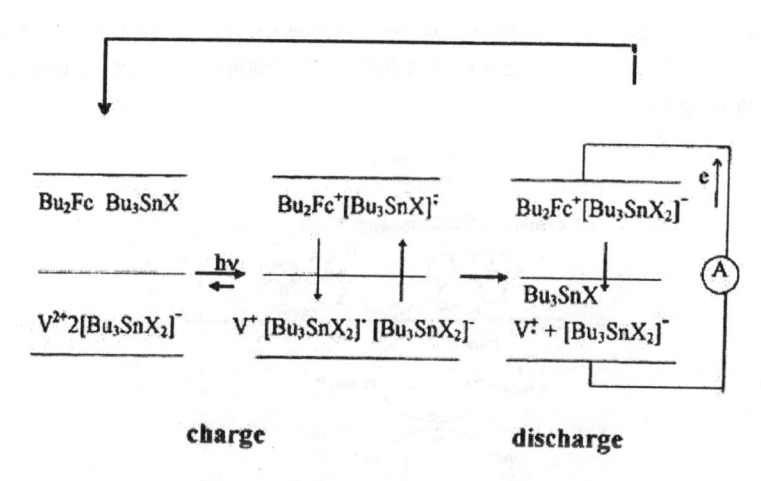

図5 有機二層膜型光二次電池の充放電機構の概略

表2 種々の有機二層膜型光二次電池の特性[a]

Cell	Bu_2Fc|Vio		Bu_2Fc, Ru|Vio, Ru		Bu_2Fc, Ru|Ru|Vio, Ru		Ru|Vio	PPy, Fc|Vio, Ru	
Irradiation wavelength/nm	450	325	450	325	450	325	450	450	325
Max voltage/mV	55	210	198	285	90	70	200	670	460
%Residual voltage after 24h/mV	0	50	10	0	40	0	0	35	43
Max current/μA	<1	11.0	4.0	0	2.5	0	0	1.4	2.5
Stored charge[b]/10^{-7} C	—	—	3.3	—	1.8	—	—	2.6	4.7

a PPy:poly (N-methylpyrrole), Fc:ferrocene, Bu_2Fc:dibutylferrocene, Vio:octylviologen, and Ru:*tris* (2,2'-bipyridine) ruthenium bromide.
b Upon discharge for 0.5 s.

伴って，光起電力が90mVと大幅に低下してしまった．さらに種々検討した結果，電子供与体層として，フェロセンを含むポリピロール薄膜を電解重合により作成してVio, Ruと組み合わせると，光起電力670mVとこれまでで最高の値が得られた．この光二次電池の動作機構の概略を図6に示す．ここでは，ポリピロールが電子移動のメディエーターとしてはたらき，電荷分離効率を向上させていると考えられる．電荷保持能力に関しては二層膜型PPy, Fc|Vio, Ruで，従来のPEMAを用いた三層型Bu_2Fc, Ru|Ru|Vio, Ruと同等の性能を示しているが，ルテニウム錯体を加えないものよりは，若干低下している．

最後に，可視光応答性の向上と，電池容量の向上を目的にハロゲン化銀を用いた結果を示す．

実際には，ハロゲン化銀の中で感光性が最も高く写真の感光材料としても用いられている臭化銀を用いた。ここで，これまでにとりあげた有機薄膜型光二次電池の一例として，その作成法について簡単に記す。

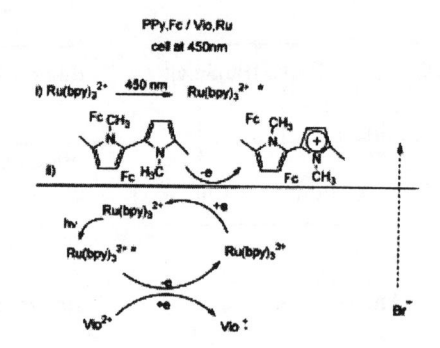

図6　ポリピロールを用いる有機薄膜型光二次電池の動作機構の概略

ブロモトリブチルスタナンの調製

ヘキサブチルジスタノキサン40.24g（67.5mmol）と臭化水素酸40gを，40℃で一晩撹拌した。有機相を分液し，水相をヘキサンで抽出したものとあわせて硫酸マグネシウムで一晩乾燥した。硫酸マグネシウムをろ過した後減圧蒸留し，ブロモトリブチルスタナン（以下Bu_3SnBrと略す）を得た。収率80.4%，b.p125～128℃/0.2mmHg。

ポリ（N-メチルピロール）膜の調製

反応溶液には0.1M過塩素酸ナトリウム／アセトニトリル溶液15mlを用いた。15分間アルゴンでバブリングした後ピロール3.2μl（約0.06mmol）を加え，0.4V～1.3V（vsSCE）の範囲で1サイクル掃引した。その後1.1V定電位で通電量が約50mCに達するまで通電させて重合した。

測定用セルの作製

PEMA（0.03g），Bu_3SnBr（0.15mmol），Bu_4NBr（0.025mmol）をTHF 1 ml（オクチルビオローゲンを溶かす場合は混合溶媒THF：MeOH= 3：1 v/v）に溶かしたものを基剤とし，これに臭化銀を0.06g入れたものを窒素雰囲気下でテフロン板上にガラスリング（φ=20mm）を用いてキャスト法によりフィルムを調製した。膜厚は70μmであった。臭化銀・ビオローゲン膜については臭化銀を0.06g，オクチルビオローゲンを0.015mol入れ，同様にテフロン板上でのキャスト法により

第19章 光二次電池とその材料

調製した。中間層については基剤そのものをキャスト法によりフィルム化した（膜厚30μm）。作成したフィルムを窒素雰囲気下で1cm²に切り取った。ドナー層のポリ（N-メチルピロール）を直接ITOガラス電極上に電解重合により調製しているのでその上に2枚の膜を重ね，ITOガラス電極の間に挟み圧着しエポキシ樹脂で密封したものをセルとした。使用物質の表記は，ポリ（N-メチルピロール）（PPy），オクチルビオロゲン（Vio）と略し，基剤そのものを乾燥させた中間層については，polymer electrolyteをPEと略した。これらを組み合わせた三層セルは（AgBr, Vio/PE/ppy）と略した。セル構造の概略を図7に示す。

（AgBr/PE/ppy）三層セルに，全波長（300～2000nm），紫外光（300～400nm），可視光（400～700nm）の光を照射したときの発生電位の経時変化を図8に示す。（AgBr/PE/ppy）セルでは，全波長の照射により最大で292mVの発生電位が確認された。紫外光，可視光においてはその光自体のエネルギー量が全波長よりも少ないためそれぞれ85mV，67mVであった。しかし，（AgBr/PE/ppy）セルの電荷保持能力に関しては，どの波長でも減衰率が一時間あたりおおよそ30～40％であることが確認され，24時間後には電荷はゼロになってしまった。このことから，今回用いた中間層は，電荷を長時間一定のレベルで保持できないことが分かった。

光照射により電位の発生したセルを短絡したときに流れる電流を図9に示す。（AgBr/PE/ppy）セルでは，全波長で最大22.4μA，紫外光では0.89μA，可視光では最大で8.89μAの短絡電流が確認された。グラフからも明らかではあるが，ピークを過ぎた後電流は急激に低下している。しかし，0.5秒経過した時点で，どの波長でも0.2～0.3μAの電流が観察された。

結果として，臭化銀を用いることで電池容量の向上は観察できた。従来よりも長い時間での短絡電流が観察でき，またピークの値も大きくなっている。また中間層の電荷保持機能については，膜そのものにわずかながら電子移動があると思われる。その結果，電荷の保持性能は低く，（AgBr/PE/ppy）セルの場合，おおよそ減衰率35～40％ほどであった。これが（AgBr,Vio/PE/ppy）セルの場合ビオロゲンによりAccepter層の抵抗が減少するため，最初の1時間における電荷の減少が大きくなってしまった。

4 おわりに

これまで報告されている，種々の光二次電池について概説した。ご覧いただければ分かるように，一般の光電池および二次電池にくらべるとその性能は，まだまだ実用レベルからは程遠いものといわざるをえない。しかし，有機薄膜型をはじめ新しいタイプの光二次電池が，少しずつではあるが，報告されるようになってきている。その中でも注目されるのが，気相反応を利用するもので，光電極の工夫により電荷分離状態を保持し，電気エネルギーとして貯蔵できることも報

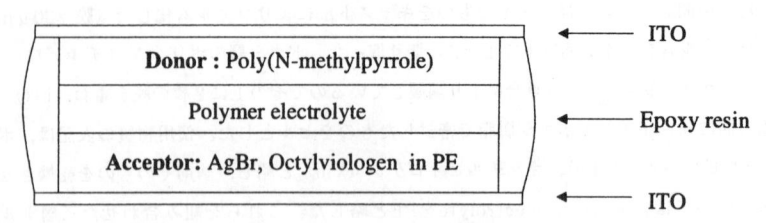

Donor : Poly(N-methylpyrrole)	← ITO
Polymer electrolyte	← Epoxy resin
Acceptor: AgBr, Octylviologen in PE	← ITO

Donor: N-methylpyrrole 3.2 μl(0.06mmol)
Acceptor: AgBr 0.06g
　　　　 Octylviologen 0.0065g(0.015mmol)

Polymer electrolyte : PEMA 0.03g
　　　　　Bu$_3$SnBr 0.055g(0.15mmol)
　　　　　Bu$_4$NBr 0.008g(0.025mmol)

図7　臭化銀を用いた有機薄膜三層型光二次電池構造の概略

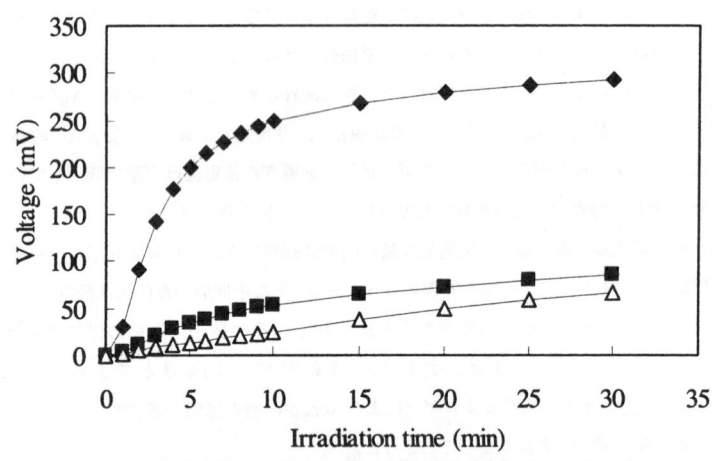

Fig.8 Time dependence of light-induced voltage

　◆　AgBr/PE/ppy (UV+Vis) irradiation
　■　AgBr/PE/ppy UV irradiation
　△　AgBr/PE/ppy Vis irradiation

図8　臭化銀を用いた有機薄膜光二次電池の光照射時間に対する光起電力変化

告されている。今後は，反応系そのものの開発もさることながら，導電性高分子をはじめとする電極および有機薄膜型においては，自己放電を抑制できる中間層の開発も重要な課題である[13,14]。

第19章 光二次電池とその材料

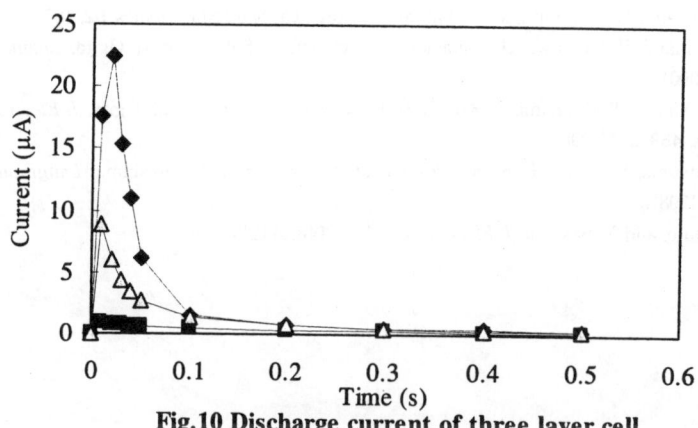

Fig.10 Discharge current of three layer cell

──◆── AgBr/PE/ppy (UV+Vis) irradiation
──■── AgBr/PE/ppy UV irradiation
──△── AgBr/PE/ppy Vis irradiation

図9 臭化銀を用いた有機薄膜光二次電池の放電特性

文　　献

1) H. Tributsch, *Appl.Phys.*, **23**, 61(1980) ; *J. Electrochem. Soc.*, **128**, 1261(1981) ; *Solid State Ionics*, **9-10**, 41(1983).
2) Y. Yonezawa, M. Okai, M.Ishino, and H.Hada, *Bull. Chem. Soc. Jpn.*, **56**, 2873(1983).
3) H. J. Gerritsen, W. Ruppel, and P.Wurfel, *J. Electrochem. Soc.*, **131**, 2037(1984).
4) 野見山輝明, 宮崎智行ほか, 鹿児島大学工学部研究報告, **38**, 21(1996).
5) X. Zou, N. Maesato, T. Nomiyama, Y. Horie, and T. Miyazaki, *Sol. Ener. Mater. Sol. Cells*, **62**, 133(2000).
6) T. Nomiyama, K. Yonemura, X. Zou, Y. Horie, and T. Miyazaki, *Trans. Mater. Res. Soc. Jpn.*, **26**, 1251(2001).
7) S. Uegusa, et. al., *J. Adv. Sci.*, **11**, 99(1999) ; **11**, 101(1999) ; **12**, 20(2000) ; **12**, 117 (2000) ; **13**, 74(2001) ; **13**, 76(2001).
8) S. Uegusa, et. al. *J. Adv. Sci.*, **11**, 103(1999) ; **12**,113(2000).
9) W. E. Ford, J. W. Otvos, and M. Calvin, *Nature*, **274**, 507(1987).

10) T. Fujinami, M. A. Mehta, M. Shibatani, H. Kitagawa, *Solid State Ionics*, **92**, 165 (1996).
11) T. Fujinami, H. Ishikawa, H. Takaoka, S. Fukazawa, S. Sakai, and M. Ogita, *Chem. Lett.*, 127 (1990).
12) M. A. Mehta, T. Fujinami, A. Konno, H. Kobayashi, T. Mabuchi, M. Ogita, *J. Electroanal. Chem.*, **458**, 257 (1998).
13) T. Tatsuma, S. Saitoh, P. Nagotrekanwiwat, Y. Ohno, and A. Fujishima, *Langmuir*, **18**, 7777 (1998).
14) K. Akuto, and Y. Sakurai, *J. Electrochem. Soc.*, **148**, A121 (1998).

第20章　イオン性液体

大野弘幸*

1　はじめに

溶融塩はイオンからなる液体のことで，溶媒を全く加えずに塩を溶融させた状態である。特に，塩の融点を100℃以下まで低下させたものをionic liquidと呼ぶ。食塩でも800℃以上に加熱すれば溶融塩となるが，ionic liquidは溶融塩の中でも特に融点が低いものであり，常温溶融塩と同じ物質群の呼称である。統一された和訳は確定されていないが，ここでは暫定的にイオン性液体という呼称を用いる。イオン性液体の驚異的な特性は，これを多方面へ展開させるための動機付けには充分であった。既に充分な基礎研究の成果を待たずに応用展開を意識した研究が急速に盛んになっている。ここでは電池などのイオニクスデバイス用の電解質（膜）を目指した展開を中心にまとめる。

2　イオン性液体とは

イオン性液体は同数のカチオンとアニオンから構成される塩であり，一般の分子性液体とは全く異なる特性を示す。比重が1.3～1.5と重く，幅広い温度域で液状を示し，強い静電的な相互作用のため蒸気圧がほとんど無い。高温でも蒸発しないため，不燃性である。無機系の溶融塩と異なり，有機塩から成るイオン性液体では，最も弱い部分の共有結合が分解温度を決定することになるので，系によって耐熱特性は大きく異なることに留意する必要がある。しかし，それでも液体としては非常に幅広い使用温度域を誇る。色素を用いた分光学的な評価の結果，イオン性液体はアルコール程度の極性を有する[1]ことが確認されており，各種反応溶媒としての展開[2]も急速に増大している。常温で液体の塩も100種類以上が発見されているが，イオン性液体を反応溶媒等に利用するために検討されているのはほんの限られた種類だけである。

　無機の溶融塩は幅広い温度域で安定であるものの，イオンの組み合わせが有限であり，融点を降下させるのにも限界があった。そのため，比較的高温での利用に展開が集中していった。それに対し，有機のイオン性液体は分解温度を考慮する必要があるが，イオン種については極めて多

---

*　Hiroyuki Ohno　東京農工大学　工学部　教授

種にわたる誘導体が考えられるので，無限の組み合わせが可能であり，多方面への展開が期待されている。特にイオン構造のデザインから物性のブレイクスルーが可能なのは有機系のイオン性液体のみである。

3 合成法

3.1 オニウム塩

イオン性液体の合成法はこの10年間で確実に進歩した。従来はアミンをアルキルハライドで4級化し，生成する対アニオンとしてのハロゲンイオンを適切なアニオンに交換する方法（式1）が主に用いられていた。銀塩を用いて生成するハロゲン化銀を分離する方法など，塩の溶解度の違いに基づく分離が大勢を占めていたが，完全な分離は望めず，純度の改善が望まれていた。目的のアニオンに交換する前に陰イオン交換カラムを通し，ハロゲンアニオンをOH^-に変え，しかる後に目的アニオンを有するプロトン酸で中和すれば副生成物は水のみである。水溶液中で合成しても水は数百ppm程度までなら容易に除くことができる。

$$\text{イミダゾール} + R'X \longrightarrow \text{イミダゾリウム}^+ X^- \xrightarrow{+MY} \text{イミダゾリウム}^+ Y^- + MX \quad (1)$$

一方，イミダゾリウム塩の脱ハロゲンとして新しい方法が紹介された。イミダゾリウム塩をブチルリチウムなどで処理すると2位のプロトンが取れてカルベンとなる。この処理により無電荷状態を取らせることができるため，減圧下で加熱するとハロゲンを完全に除くことができる。しかる後，これに適切な酸を加えることにより目的の塩が得られる（式2）。本法はアルキル置換型のオニウム塩に存在する対アニオンの除去法として有力で，多種類のアニオンへの交換法として興味深く，また高純度品を与えてくれるものと期待される。

$$\text{イミダゾリウム}^+ X^- \xrightarrow{\text{BuLi/THF}} \text{カルベン} \xrightarrow{+HY} \text{イミダゾリウム}^+ Y^- \quad (2)$$

副生成物を生じない4級オニウム塩の合成法として最も有名なものはエステル法である（式3）。3級アミンにトリフルオロメタンスルホン酸エステルを反応させると，アルキル化による4級化（カチオン生成）と，対アニオン生成が副生成物なしに達成できる。これはトリフルオロメタンスルホン酸塩を得るには大変望ましいものである。他の有機酸エステルを用いた例も知られているが，全ての酸に通用できるわけではない。

第20章　イオン性液体

$$\text{R-N} \diagup \text{N} + \text{R'OY} \longrightarrow \text{R-N}^{+}\diagup \text{N-R'} \quad \text{OY}^{-} \qquad Y = -SO_2CF_3, -COCF_3, \ldots \quad (3)$$

3.2 モデル系の簡便な合成

　イオン性液体の合成法が進歩してきたものの，まだまだ多種の有機塩を簡便に得るには隔たりがある。我々は簡便にイオン性液体（のモデル）を得るために，3級アミンを適切なプロトン酸で中和する方法（式4）を用い，多数の塩を合成してきた[3]。用いる酸もCF_3SO_3H，CF_3COOH，HBF_4，HPF_6などからHTFSIまで，入手可能な多種類の酸に対応できる。詳細は略すが，3級ア

$$\text{R-N}\diagup\text{N} + \text{HY} \longrightarrow \text{R-N}^{+}\diagup\text{NH} \quad Y^{-} \qquad (4)$$

ミンとプロトン酸の水溶液を等モル混合し，かくはん後，加熱減圧乾燥で水を除けば塩ができる。アルキル基導入の代わりにプロトン付加でカチオン電荷を生じさせるので，生成する塩の特性は若干異なる。中和反応は酸や塩基の強さに大きく依存するので，全ての組み合わせに適応できるわけではない。しかし，アルキル基置換させた塩のよいモデルとなるので，コンビナトリアルケミストリーを駆使して，優れたイオン性液体を探索する上で極めて有力である。アミンと酸の多くの組み合わせによりモデル系を構築し，良好な特性を持つものを選択する。この知見をもとに相当するカチオンを作成し，純粋なイオン性液体とするのが順当なストラテジーになるであろう。

4　電解質溶液としての展開

4.1　電解質溶液の代替物

　イオン性液体の高いイオン伝導性と高温での安定性に着目すれば，これを電解質として利用する試みは当然のことである。イオン性液体はイオンだけからなる液体であるため，塩を溶解させた電解質溶液と比較するとイオン密度がはるかに大きい。溶液粘度は有機溶媒に劣るが，それでも充分高いイオン伝導度を示す。しかも蒸発しないという熱安定性に注目すれば，幅広い温度域での使用を目的とした電解質溶液としての展開が期待できる[4]。たとえば，キャパシタ[5]やアクチュエータ[6]など，イオン種の制限が緩い系については，イオン性液体は有用な電解質溶液として見なすことができるので，価格や安全性など，他の因子が応用に関係してくる。

　また，二次電池の設計においてイオン性液体構成イオンそのもののインターカレートを用いた（大容量キャパシタのような）提案もある。Truloveらはリチウムイオンの代わりにイミダゾリ

ウムカチオンをキャリアイオンとする二次電池を提案している[7]。

4.2 Zwitterionic liquid

電池などはリチウムカチオンなどのキャリアイオンの長距離移動が必要である。非常に高いイオン伝導度を示すイオン性液体であっても，液中ではイミダゾリウムカチオンや対アニオンが移動しており，リチウムイオンを輸送してはいないことに注意するべきである。この様なイオン性液体にリチウム塩を添加しても，優先的にリチウムイオンを輸送するということはない。イオン性液体が溶媒としては優れているものの，自身の高いイオン移動度が特定のイオン輸送を阻害することを考慮すると，電池などの特定イオンの移動を要するイオニクスデバイスにイオン性液体を応用することは不適切である。そこで，特定イオンの輸送に適したイオン性液体の設計が必要となる。電位勾配下で目的のイオンだけを移動させるためには，溶媒であるイオン性液体の泳動を抑止する必要がある。しかし，イオンである以上，電位勾配下での泳動は防ぐことができない。この矛盾を解決するために，我々はイミダゾリウムカチオンとアニオンをスペーサーで結んだ塩を合成した。カチオンとアニオンを同一分子中に含むので，Zwitterionic塩と呼んでいる[8]。Zwitterionic塩（図1）は1999年から合成されるようになったが，スペーサーのメチレン数（n）を変えることにより，物性をコントロールできるようになってきた。N-エチルイミダゾールにブチルスルトンを反応させて得られた塩が最も融点が低かったが，その融点は109℃と室温では固体であった[9]。しかし，これにLiTFSIを等モル添加すると液体となった。それらの混合物を用いることにより，幅広い温度域で溶媒等の蒸発を考慮する必要のない電解質溶液として用いることができる[9]。しかも，リチウムイオン輸率は0.5を越え，一般の有機溶媒に塩を添加した系の値よりも相当改善されている。従って，Zwitterionic塩をTFSI塩と混合して，耐熱性の電解質溶液として用いることができるようになってきた。室温から390℃まで安定で，蒸発せず引火性もない優れた耐熱性を示す。これは従来のシステムの性能を画期的に改善できるものと期待されている[10]。

最近，我々は室温で液体になるZwitterionic liquidの合成にも成功した[11]。一例の構造を図2に示す。オリゴエーテルを有するカチオン構造が特徴で，低いガラス転移温度（T_g）を実現して

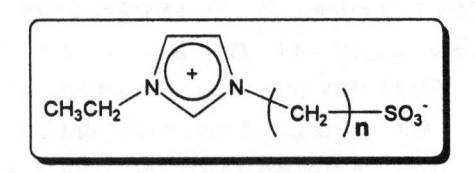

図1　一般的なzwitterionic塩の構造

第20章　イオン性液体

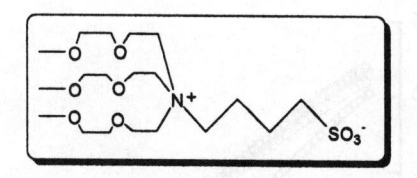

図2　室温で液体となるzwitterionic liquidの構造

いる。しかし構造から予測されるように，分子間相互作用の影響が大きいため，粘性が高いのが欠点である。さらなる物性の改善を目指して研究を進めている。

4.3　アルカリ金属イオン性液体

これまで，多くのイオン性液体が報告されているが，それらのほとんどは一価のイオンの組み合わせからなり，多価イオンを成分としたイオン性液体についてはほとんど研究されていない。これは多価イオンを用いて塩を構成した場合，その強い相互作用力が融点や粘度の上昇を引き起こし，室温では液体にはなり得ないためである。しかし，多価アニオンを用いても，イオン性液体がデザインできる可能性がある。二価のアニオンである硫酸アニオンに対して，イミダゾリウムカチオンと，キャリアイオンとなるアルカリ金属イオンをそれぞれ有する塩構造のなかに，常

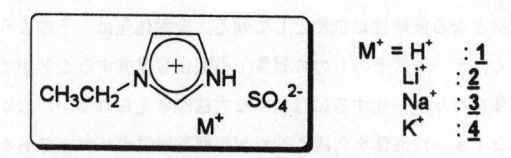

図3　アルカリ金属イオン性液体の構造

温で液体になるものが見いだされた（図3）。これらの塩は，一般的なイオン性液体に比べて粘性が高いものの，室温で液体となったアルカリ金属塩の最初の報告である[12]。これらのイオン伝導度を図4に示す。リチウムイオン伝導系が若干低いイオン伝導度を示すものの，いずれのカチオン系も室温で10^{-4} S cm^{-1}を超える良好なイオン伝導度を示した。アルカリ金属イオンの代わりにプロトンを有する系でも液状塩が得られており，高いイオン伝導度が観測された。どの程度プロトンが移動しているのかは今後の検討課題である。これらは各種電池用の電解質として期待されるが，詳細は略すので，成書などを参照されたい[13]。

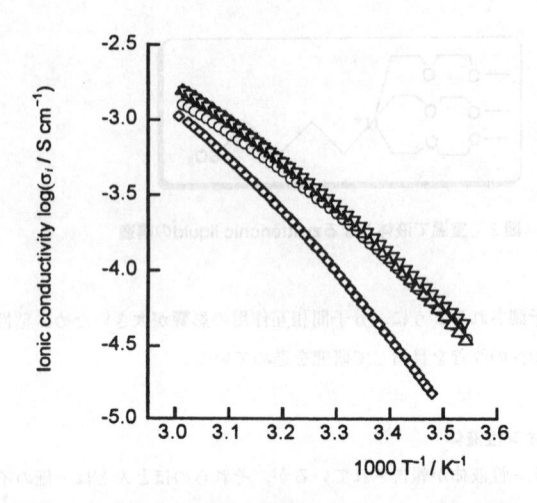

図4 各種アルカリ金属イオン性液体（図3）のイオン伝導度の温度依存性
1：(○)，2：(◇)，3：(△)，4：(▽)

5 高分子ゲル型電解質

デバイス設計においては，電解質溶液を用いる限り，容器や封止法などいくつかの項目を検討することが必要になる。イオン性液体を使えば蒸発を考慮する必要が無くなるとはいえ，液体であることが短所となる危険性は依然として残る。全固体化は，そのような欠点を改善することになるだけでなく，デバイスそのものの軽量・小型化も達成することができる[14]。

イオン性液体をポリマー化するには様々な方法が考えられるが，なかでも簡便なのが，ホスト高分子に単純なイオン性液体を含浸させたゲル型電解質ポリマーである。ゲル型電解質の開発は，設計及び合成の容易さなどから広く研究されており，それらホストポリマーの種類も多岐にわたる。これまでに報告されているホストポリマーの代表例としては，ポリフッ化ビニリデン，ポリ（ヒドロキシエチルメタクリレート），ナフィオンなどの一般的なものから，天然ゴム，合成ゴム，不織布，セルロースからDNAまでもが用いられる。このような系はフィルム形成能を持つばかりでなく，イオン性液体を含浸させると室温において10^{-3} S cm^{-1}を超える非常に高いイオン伝導度を示すようになる。これらの系の高いイオン伝導度はイオン性液体自身に基づく値であり，イオン性液体の特徴を損なわずに高分子中に連続した液体ドメインを形成させることが重要である。しかし，電解質材料として応用する場合には，目的イオンの輸率の改善など，本来のイオン性液体が持つ問題点が残る。

既に述べたように，我々は電場下で移動しないイオン性液体として合成したZwitterionic塩に

第20章　イオン性液体

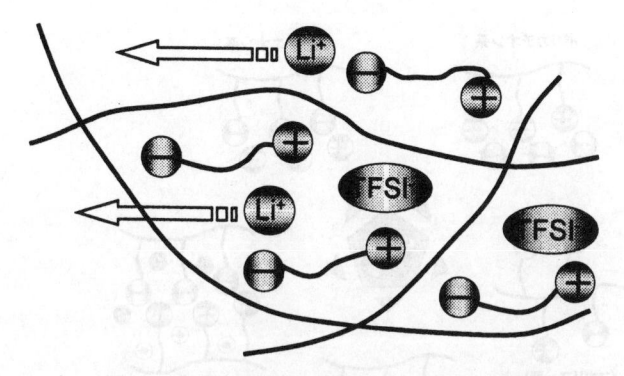

図5　zwitterionic liquidを含むゲル型ポリマー電解質（模式）

リチウムTFSI塩を混合した系が液体になることを認めた[9]。これをマトリックスポリマーと混和し，高温側でも安定なリチウムイオン伝導性ゲル型電解質（図5）を作成した。使用温度域の広い電解質膜を簡便に得るには，本法は良い方法である。残された課題はポリマーマトリックスの選択と，目的イオンのみの伝導機構の確立である。高温側でも安定なマトリックスを用いれば，使用温度域が従来系とは比較にならないほど優れた膜を得ることができる。グラスファイバーやポリカーボネートなどの利用が考えられるが，イオン性液体との親和性を高める工夫が必要である。

6　イオン性液体の高分子化

　ゲル型電解質の問題解決に向けた解のひとつがZwitterionic liquidであったが，もう一つの解はイオン性液体を構成するイオンの直接高分子化である[15]。そのためにはイオン性液体を重合性の誘導体にする必要がある。幸いなことに代表的な重合性基であるビニル基の導入前後でイオン性液体の特性はあまり大きく変化しない。すなわちイオン性液体を形成するイオンであるならば，ビニル基の導入後もイオン性液体を形成する可能性は高い。これは，導入したビニル基がπ共役系を広げるような作用をするため，イオン性液体形成にとって不利な置換ではないことを示している。ピリジンやイミダゾールであれば，1－ビニル，あるいは4(5)－ビニル誘導体は試薬として入手できる。これを前述のいずれかの方法により，ビニル基をつぶさずにイオン性液体化させればよい。アニオン性モノマーも容易に入手できる。ビニルスルホン酸，スチレンスルホン酸，アクリル酸，メタクリル酸，等々，酸の強さ（pKa）の異なるものが市販されている。適切なものが入手できなくても，イオンにビニル基などの重合性基を導入することは容易である。これら

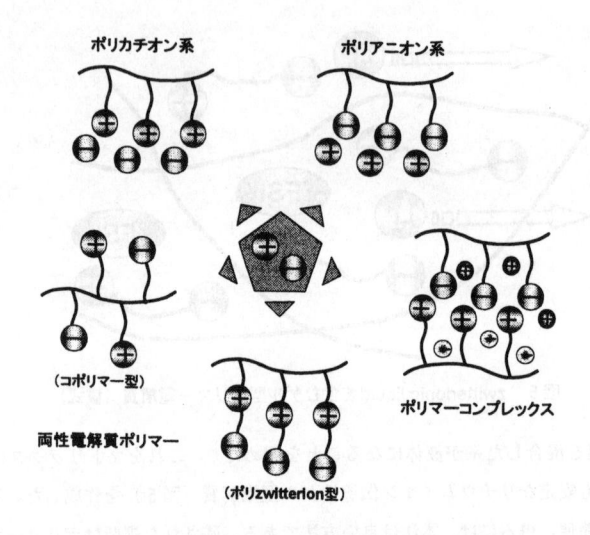

図6　さまざまなイオン性液体ポリマーの設計

を用いて塩を形成させると，カチオンとアニオンの組み合わせにもよるが，イオン性液体となる。ビニルイミダゾールなど重合させにくい系もあるが，一般的にはビニル基を有するイオンを成分とするイオン性液体は，通常の方法で重合することができる。ただし，溶媒に溶解させて重合させる際には静電反発などによるエントロピー項の影響があるため，重合度が大きくならないこともあるので，できるだけバルクで重合する方が良い結果が得られる。重合後はビニル基のついたイオンの種類により，ポリカチオン系，ポリアニオン系，両性電解質高分子系，高分子間コンプレックスなどに分類できる（図6）[16]。

6.1　ポリカチオン型

多くのビニルイミダゾリウム塩も室温で液体となり，10^{-4}〜10^{-2} S cm^{-1}程度の高いイオン伝導度を示す。しかし，これをラジカル重合してポリマーにするとイオン伝導度は室温で10^{-6} S cm^{-1}以下と，モノマーの値よりも4桁も低下してしまう。これは，カチオンがポリマー鎖に固定されたためにキャリアイオン数が半減したこと，さらにイオン性液体自身の運動性が激減したこと（系の粘性の増大）に基づく。そこで，重合後もイオン性液体部の高い運動性を保ち，イオン伝導度の低下を最小限に抑えるために，いくつかの試みがなされている。たとえば，ポリマー主鎖とイオン性液体の間にスペーサーを導入したイオン性液体型ポリマーブラシが設計された[17]。対アニオン，スペーサーの構造と長さがそれぞれ異なる系を合成し，物性に及ぼす効果を比較・検討した。TFSIアニオンを有するイオン性液体型ポリマーブラシのイオン伝導度は，室温にお

いて10^{-4} S cm^{-1}を超え,モノマーに匹敵する値を示した。この系は重合はできるものの,高分子量体にはならないようである。それでも固体として得られる材料としては高いイオン性液体を誇っている。さらに,スペーサーの繰り返し単位数が10以下の範囲内では,アルキル鎖の方が同一鎖長のポリエーテル鎖よりも高いイオン伝導度を示すこと,及び,いずれの場合でもスペーサーの伸長に伴いイオン伝導度(σ_i)が向上することが明らかとなった。スペーサーとしてポリエーテルを用いた場合に,アルキルスペーサー系よりも低いイオン伝導度を示したのは,イオンとエーテル酸素との相互作用が粘性増大と溶媒和構造の安定化に働き,イオン移動の妨げとなったためであろう。さらに長いスペーサーを用いると,側鎖間の凝集力が強くなりTgが再び上昇し,イオン密度も低くなるので不利である。

ビニル基以外の重合性基を有するモノマーの利用,あるいは高分子反応で正電荷を導入することによっても有用なポリカチオン構造を得ることができる。

6.2 ポリアニオン型

イオン性液体ポリマーに高いイオン伝導度を付与させるためには,イミダゾリウムカチオンに高い自由度を与える必要がある。それにはイミダゾリウムカチオンをフリーにし,アニオンをポリマー鎖に固定したイオン性液体ポリマーを作るのがよい[18]。アクリル酸,スチレンスルホン酸,ビニルスルホン酸,またはビニルリン酸とエチルイミダゾールの中和反応により,4種類のイオン性液体モノマーを合成し,アニオン性モノマー種の効果を検討した。いずれのモノマーも室温で液体であり,10^{-4} S cm^{-1}を超える高いイオン伝導度を示した。中でもビニルスルホン酸系が,-95℃という低いTgを反映して最も高いイオン伝導度を示した。重合後のイオン伝導度も,ビニルスルホン酸を用いたときに最も高いイオン伝導度を得た。モノマー同様,ポリ(ビニルスルホン酸イミダゾリウム塩)も最も低いTgを有し,高い運動性を保持しているため高いイオン伝導度を示した。ポリカチオン系と同様に,ポリアニオン主鎖の作成にもいくつかの方法があり,DNAなどの天然高分子電解質も利用できることを付しておく。

6.3 コポリマー型

構成する両種のイオンをポリマー鎖に固定した両性電解質型ポリマーも合成されている。この系は,イオン性液体を構成するイオンが全て高分子鎖に固定され,移動は完全に禁止されているため自身のイオン伝導性はなく,添加した目的イオンのための伝導パスを供給するのみである。従って,この系は塩を添加することによりイオン伝導性を示すようになる高分子溶媒として取り扱うことができる。両種イオンにビニル基を有するイオン性液体モノマーを中和法により合成し,精製後重合すると目的のコポリマーが得られる(図7上)[19]。この場合も成分イオンの自由度が

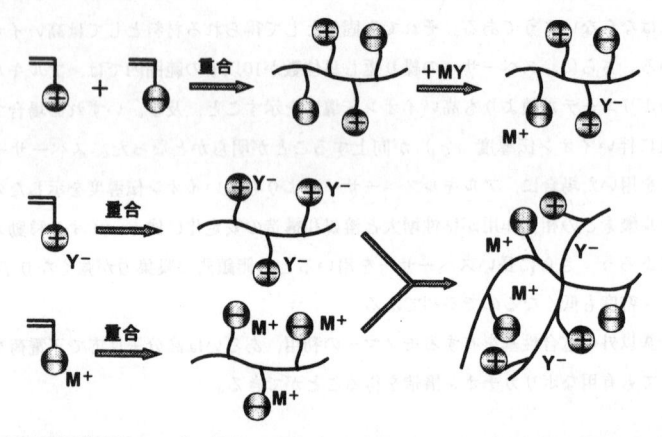

図7 両性電解質ポリマー（コポリマー型）と，ポリイオンコンプレックスの作成法の比較

重要であるため，ビニル基と電荷席の間にスペーサーを導入することが有効である。モノマー塩のイオン伝導度は，室温で10^{-4}〜10^{-3} S cm^{-1}程度であった。重合後はスペーサーを有する系が-31℃にTgを示し，モノマーの高い自由度を保持していることがわかる。しかし，コポリマーのイオン伝導度は非常に低く，それら自身が長距離移動できるキャリアイオンを含んでいないことを示している。イミダゾリウムカチオンユニットに対して等モル量のLiTFSIをこれらに添加し，イオン伝導挙動を評価すると，スペーサーを有するコポリマーの方が，スペーサーを含まないタイプのものよりも，測定温度範囲全域において約10倍も高いイオン伝導度を示した。この結果からも，電荷席の自由度が重要であることが確認された。イオン性液体を構成する両種イオンをポリマー鎖に固定した系は，それ自身キャリアイオンを含んでいないものの，塩添加後速やかにイオン伝導パスを供給し，室温で10^{-5} S cm^{-1}程度のイオン伝導度を示す。

ポリカチオンとポリアニオンを混合して得られるポリマーコンプレックスもコポリマー型と同様に有力な材料と考えられる。しかし，コンプレックス形成前のポリマー（いわゆる高分子電解質）は対ミクロイオンを多く含有していることを忘れてはならない。これらを混合しポリマーコンプレックスとすると，総荷電数の50％に相当する対ミクロイオンが放出されることになり，精製せずに用いると，高いイオン伝導度を示す。それは放出された対ミクロイオンによるもので，キャリアイオンとならない（ことの多い）イオンが混入することに注意が必要である。逆に，目的イオンを対イオンとして有する高分子電解質を合成して適切なパートナーと混合すれば，後から塩を添加しなくとも機能する電解質膜となることが期待される（図7下）が，系のTgを低く保てるミクロイオン種は限られている。

第20章　イオン性液体

これらのように，イオン性液体をポリマー化することで，今までのポリエーテルのセグメント運動に依存しない機構でイオンを輸送する高イオン伝導性ポリマーを得ることができる。構造設計すれば，それに応じた機能発現も可能である。架橋によるフィルム物性の改善[20]は極めて重要な設計指針であるが，紙面の都合上省略する。完全固体中での高速イオン移動は物理化学的には不可能であるが，ドメイン形成などの工夫をすることにより，道が拓かれると信ずる。

7　将来展望

イオン性液体は電解質としての大きな可能性を有しており，今後の展開が期待される。現段階では不十分な点も多く，直ちに応用につながるものではない。ポイントはイオン性液体の特徴を保ちつつ高次機能を付与させることのできるイオン設計を行うことである。たとえば加藤らはイオン性液体に自己集合能を賦与し，2次元方向のみにイオン輸送をできるナノシートを作っている[21]。これらは新しい電解質膜としての可能性を示すものである。室温で高いイオン伝導度を示すことのできるフィルムが得られれば，イオニクスデバイス設計が容易になる。ますます需要が増大している電池の軽量小型化も達成できるであろう。燃料電池や太陽電池のグレードアップにも貢献するであろう。さらに，今後発展するであろう各種チップなど，電子伝導性材料ばかりでは達成できない機能を特徴とするシステムに，印刷できるイオン伝導性高分子は計り知れない可能性[22]を与えるものである。

文　献

1) R. D. Rogers 他, *J. Chem. Soc., Chem. Commun.*, 1765 (1998).
2) T. Welton, *Chem. Rev.*, **99**, 2071 (1999).
3) M. Hirao, K. Ito, and H. Ohno, *Electrochim.Acta*, **45**, 1291 (2000).
4) 大野弘幸，工業材料，**48**, 39 (2000)
5) V. R. Koch他, *J. Electrochem.Soc.*, **143**, 798 (1994).
6) W. Lu他, *Science*, **297**, 983 (2002).
7) P. C, Trulove., *et al.*, EUCHEM 2002, *Molten Salts Conference Abstracts*, K10 (2002)
8) 平尾満智子，吉沢正博，秋田香織，大野弘幸，第49回高分子学会年次大会要旨集，IPh151 (2000).
9) M. Yoshizawa, M. Hirao, K. I-Akita, and H.Ohno, *J. Mater.Chem.*, **11**, 1057 (2001).
10) 大野弘幸，マテリアルステージ　2, **No.7**, 7 (2002).

11) 成田麻子,吉澤正博,大野弘幸,電気化学会第69大会要旨集,1L10(2002).
12) W. Ogihara, M. Yoshizawa, and H.Ohno, *Chem. Lett.*, 880(2002).
13) 大野弘幸,未来材料,**2**,9月号,6(2002).
14) 大野弘幸,コンバーテック,8月号,48(2002).
15) H. Ohno and K.Ito, *Chem.Lett.*, 751(1998).
16) H. Ohno, *Electrochimica Acta*, **46**, 1407(2001).
17) M. Yoshizawa and H. Ohno, *Chem. Lett.*, 889(1999).
18) 吉澤正博,荻原 航,大野弘幸,第49回高分子討論会要旨集,IIIPd068(2000).
19) M. Yoshizawa, W. Ogihara, and H. Ohno, *Polym. Adv. Technol.*, **13**, 589(2002).
20) 和城智子,吉澤正博,大野弘幸,日本化学会第81春季年会予稿集,1E3-42(2002).
21) M. Yoshio, T. Mukai, K. Kanie, M. Yoshizawa, H. Ohno, and T. Kato, *Advanced Materials*, **14**, 351(2002).
22) 「イオン性液体-開発の最前線と未来-」大野弘幸編,第8章,シーエムシー出版(2003).

海外の状況編

海外のメディア論

第21章 海外でのLi系二次電池材料の動向

竹下秀夫[*]

　本稿では，この10年間で急速な成長を遂げたLiイオン二次電池の主要材料について，主に市場・サプライヤの動向を記述する。正極活物質，負極活物質，セパレータ，電解液の4つについて取り上げる。周知の通り，Liイオン二次電池は10年以上前に日本で生産が始まり，現在もなお日本メーカが高いシェアを誇っている。日本の電池メーカが先行し，高いシェアを維持している理由はいくつか挙げられるが，その一つは強力な材料メーカのサポートの存在である。

　材料単体，セル自体の開発初期から材料メーカと電池メーカが相互に協力して開発がすすめられるケースも多くみられ，それが海外メーカとの技術・製品上の大きな差異を生んでいる。いまや過去と異なり，韓国・中国の電池メーカが出荷量を伸ばしてきているが，彼らにむけても材料供給の大半は日本から行われている。このようにLiイオン二次電池の材料については，基礎研究・製品開発において，日本が中心であり，将来においても大枠その状況は変わらないとみられるが，こと「供給」については様相が変わってくる可能性もある。そのトレンドをマクロに掴んでおくため，本稿では電池供給，材料供給という観点から，これまでの市場実績を整理し，現在の動きについてまとめる。

1 Liイオン二次電池の世界市場の概要

　Liイオン二次電池の生産は1991年にソニーによって始められた。本格的な生産は1992年からであり，ソニーのビデオムービが最初のLiイオン二次電池搭載アプリケーションである。次いで当時，東芝・東芝電池・旭化成の3社合弁であったエイ・ティー・バッテリーが参入，94年にはニッカド・ニッケル水素電池の世界的サプライヤでもある三洋電機，松下電池工業，ジーエスメルコテック（当初，日本電池と三菱電機の合弁，2003年2月より三洋電機，日本電池の資本による三洋ジーエスソフトエナジー）が相次いで参入した。その後，日立マクセル，NECモリエナジー（当初，NEC，カナダ・モリエナジー，三井物産の合弁でスタート，現在はNECトーキンが事業継続）が市場参入を果たし，現在でも日本7社がLiイオン二次電池を供給している。

---

　[*] Hideo Takeshita　インフォメーションテクノロジー総合研究所　副社長

二次電池材料この10年と今後

ほぼすべての主要な電機メーカが参入したのは電池の世界では初めてのことである。Liイオン二次電池市場が最初に大きく飛躍したのは1996年であり、これはノートパソコンが消費電力の大きなペンティアムプロセッサの搭載を開始したのと関係している。ペンティアム搭載ノートパソコンは大容量の円筒型Liイオン二次電池を必要としたのである。現在最も大きなLiイオン二次電池のアプリケーションとなっているのは携帯電話端末であるが、同じく1996年頃、日本で電池込み重量100gを切る端末を実現するため、角型のLiイオン二次電池が搭載された。Liイオン二次電池の第二次高成長は、1999年から2000年にかけてのことで、これは携帯電話端末の急速な市場成長によってもたらされた。日本の電池メーカ7社以外の海外メーカの参入はこの頃である。韓国ではLG化学、三星SDIが、中国ではBYDが生産・出荷を開始している。韓国の2社は、日本メーカと同様、全自動の製造設備を導入しての生産だが、中国BYDは自動機を用いず、手作業も含んだマニュアルオペレーションで大量生産を実現したところに特徴がある。その後、2001年に携帯電話端末市場の停滞により、Liイオン二次電池市場の成長にもブレーキがかかったが、2002年後半から同携帯電話端末の全面的なLiイオンシフト、中国市場の拡大とそこでの一台当たりのパック消費量の飛躍的な伸びにより、Liイオン二次電池は第三次高成長期に入っている。図1に、1993年から2003年までのLiイオン二次電池の総生産量の推移をサプライヤ別に示す。2002年までが実績値であり、2002年の総生産量は8億6200万個であった。2003年は予測値であるが、12億4900万個の生産・出荷が見込まれる。成長率は2001年は5％にとどまったが、2002年、2003年とそれぞれ51％、45％と高い水準を維持している。図2は2002年の総出荷量のアプリケーション別

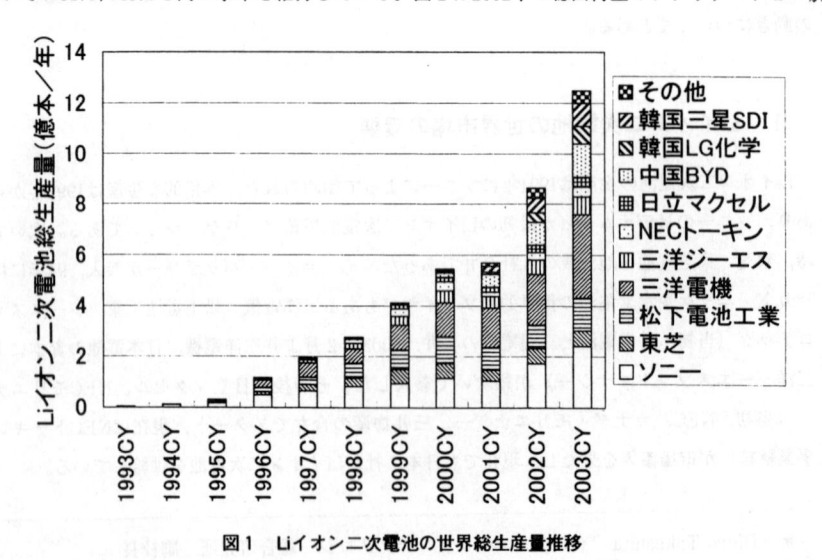

図1 Liイオン二次電池の世界総生産量推移

第21章　海外でのLi系二次電池材料の動向

構成，図3は同電池種類別構成である。Liイオン二次電池には携帯電話端末，ノートパソコンという二大アプリケーションがあり，それぞれ角型電池，円筒型電池の大量な需要を生んでいる。最近需要の伸びてきたアプリケーションはデジタルカメラや携帯ゲーム機である。ラミネートパッケージを外装に使い，ゲルポリマーを電解質として使ったポリマー型電池も携帯電話端末やPDA向け需要の一部を獲得しつつある。

これら先端携帯機器では，Liイオン二次電池の採用比率が非常に高く，もはやニッカド・ニッケル水素電池の需要は，電動工具やコードレス電話，一部の携帯オーディオ，非常用照明，コンシューマ用のバラ売り電池などに限られつつある。比較的中～大型のサイズの電池を用いる用途として電動アシスト自転車，電動バイク，さらにハイブリッド自動車があるが，ここでも現在主流のニッケル水素電池を，将来的にはLiイオン二次電池が置き換えていく可能性が出始めている。

二次電池のアプリケーション動向と電池・材料の技術開発動向にはもちろん強い関連があり，これまでの10年では，Liイオン二次電池は先端携帯機器の需要を獲得するための開発が主体に行われてきた。すなわち，ノートパソコンでは主に円筒型電池で高容量を目指し，携帯電話端末では主に角型電池・ポリマー型電池で小型・薄型化を目指してきたのである。もちろん低価格化が求められてきたことはいうまでもない。さらに各アプリケーションの要求するレート特性・温度特性やサイクル・保存特性，安全性の確保が必要であった。これらすべてに主要構成材料の開発と供給は多大な貢献をしてきた。向こう10年で期待される大きなアプリケーションはハイブリッド自動車である。これは製品特性からLiイオン二次電池に対して，高エネルギー密度かつ高入出力レート特性を期待している。現時点での課題は，低温での入出力特性の改善，高温でのサイクル・保存特性の改善，安全性の向上，大幅なコスト低減である。本書の他稿で述べられている材料開発動向には，すべからくこれらの要求が反映されているはずである。

図4には主にノートパソコンで使われている18650円筒型Liイオン二次電池のエネルギー密度と容量単価の推移を示す。容量単価とは電池の価格を容量Whで割ったもので，電池ユーザにとっては他の電池系と比較したり，価格トレンドを把握するためによく使用する指標である。Liイオン二次電池のエネルギー密度はこの10年で約2倍に向上，一方でコストパフォーマンスを示す容量単価はなんと10分の1にまで低減されている。

材料の供給ということに関して大きく関係するのが，電池の生産拠点である。図1に示したようにLiイオン二次電池市場には主要メーカとして日本7社，韓国2社，中国1社の合計10社がひしめきあっている。図5は，Liイオン二次電池の生産を，日本メーカの日本国内生産，日本メーカの海外生産，海外メーカの生産分に区分し，比率の推移をみたものである。BYD，LG化学，三星SDIの3社を中心とする海外メーカ生産は2000年以降急増し，2002年までは毎年シェアを10ポイント近く高めてきた。これらの海外メーカは日本からも大量に材料を輸入しているが，一部

257

二次電池材料この10年と今後

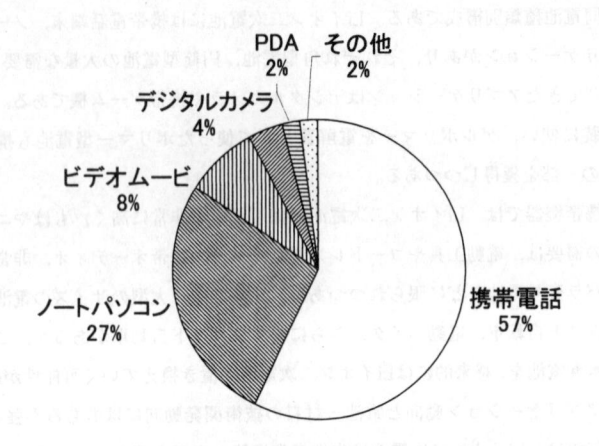

図2 Liイオン二次電池のアプリケーション別出荷構成（2002年）

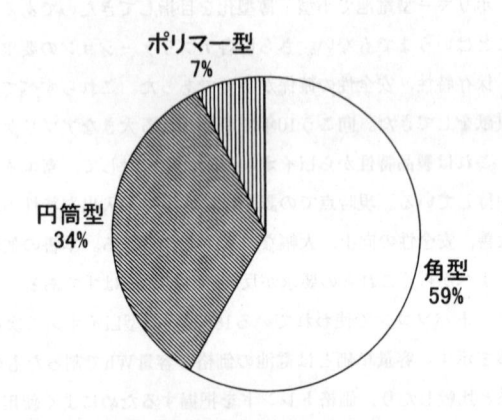

- 携帯電話 57%
- ノートパソコン 27%
- ビデオムービ 8%
- デジタルカメラ 4%
- PDA 2%
- その他 2%

図3 Liイオン二次電池の種類別出荷構成（2002年）

- 角型 59%
- 円筒型 34%
- ポリマー型 7%

は現地調達を開始している。上記3社ともに将来は，理想的にはすべての材料を現地調達，できれば日本の電池メーカへの対抗上，現地メーカ（非・日本メーカ）から調達したい意向があるが，実際には日本の優れた材料技術にも魅力があるため，現地調達・現地メーカはローコスト材料ソースとの位置づけとなる。一方，2002年からは日本メーカの海外生産も本格的に始まった。東芝・松下を除く5社が主に中国に設備移管，もしくはライン新設を行い，生産を始めている。

2003年時点では，すべてが日本から塗工済み電極板とその他材料・部材を輸入，捲回以降の後

第21章　海外でのLi系二次電池材料の動向

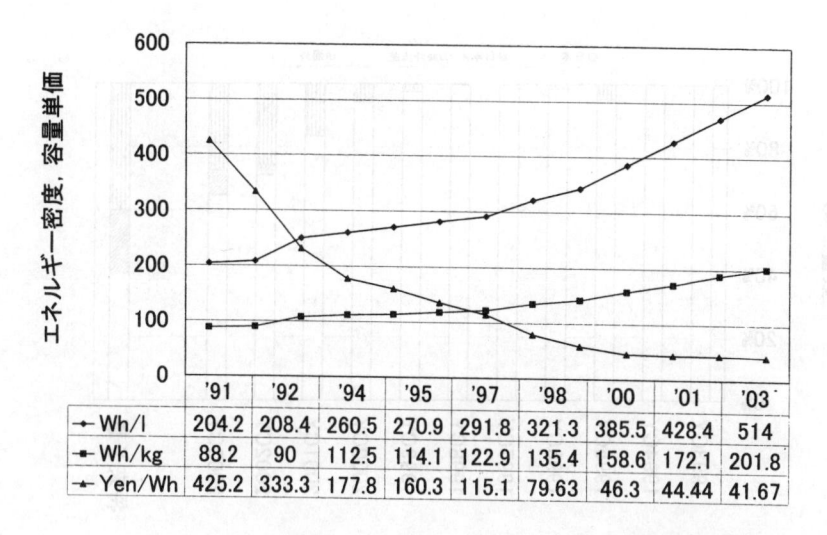

	'91	'92	'94	'95	'97	'98	'00	'01	'03
Wh/l	204.2	208.4	260.5	270.9	291.8	321.3	385.5	428.4	514
Wh/kg	88.2	90	112.5	114.1	122.9	135.4	158.6	172.1	201.8
Yen/Wh	425.2	333.3	177.8	160.3	115.1	79.63	46.3	44.44	41.67

図4　18650円筒型Liイオン二次電池のエネルギー密度と容量単価の推移

工程のみを海外生産しているものである。後工程以降で必要とされる主要材料・部材にはセパレータ，電解液，外装缶・パッケージ・封口体などがあるが，その材料ソースは日本で使用しているものとまったく同じである。将来的には増産分については，日本の材料メーカに対して海外生産を所望する動きが出始めている。もちろん安定供給が狙いである。今のところは現地メーカを使っていこうとする動きはない。一部の電池メーカは電極板製造についても中国移管・ライン設置を検討しているが，その場合も当初は活物質・バインダの類は日本から輸入，そして将来的には現地調達（日本の材料メーカの海外生産）と段階的に進められていくことになる。ただ，大方の電池メーカは基礎的・基本的R&Dと密接に関わる電極板製造については，ボリュームメリットもあることから，日本での集中生産を続ける可能性が高い。このように，材料メーカにとってLiイオン二次電池の日本メーカ・海外メーカのシェア比率，生産拠点は，ビジネス上大きな意味を持つので，大きな関心事となっている。図5には筆者が総合的に判断した2010年頃を想定した将来予想シェアも加えたが，日本生産は4割，日本メーカの海外生産が2割，海外メーカが4割を分け合う予想である。

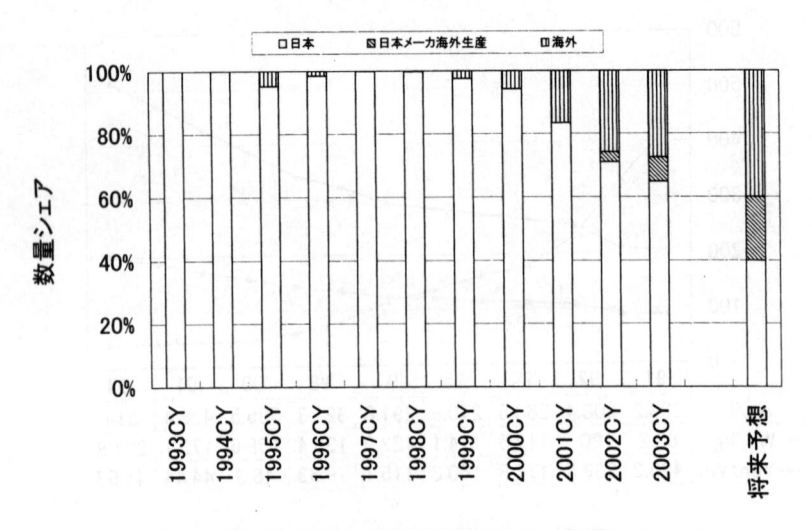

図5 Liイオン二次電池の生産拠点別シェア推移

2 Liイオン二次電池主要構成材料の世界市場

2.1 正極活物質

　Liイオン二次電池の正極活物質には大きくコバルト系，ニッケル系，マンガン系，オリビン系の4種類があるが，現在市場ではコバルト系が97％，ニッケル系とマンガン系が3％を占めており，依然コバルト系の供給が大多数を占める。2002年の総正極活物質需要は約7300トンである。電池容量によって材料使用量が異なるのはもちろんだが，電池製造上の材料収率や良品率など歩留まりを加味したLiイオン二次電池の正極活物質原単位は約8.5gと計算できる。90年代前半に遡ると，ソニー，東芝，松下の3社がいずれも$LiCoO_2$の内製からスタートしたため，市場の中心は日本電池メーカの内製品であった。以降日本の専業メーカの供給が増え，現在では日本の専業メーカ6社の供給がメインとなっている。$LiCoO_2$の製造法は既に確立されたもので，原料のコバルト源と炭酸リチウムの供給方法や混合法にノウハウがあったり，原料の純度レベルや粒径・粒度分布，形状に改良の余地はあるものの，大きな差別化の要素は少ない。大口ユーザ向けの価格は2002年末時点でキロ当たり23〜25ドル程度と言われるが，原料価格はほぼ市況で決まるため，サプライヤ間の価格差も小さい。海外メーカの供給は，ユニオン・ミニエールが製造拠点として設立したユミコア韓国が三星SDIとLG化学の一部に，本荘ケミカルと以前合弁事業を行っていたエフエムシー・リチウムがBYD，Lishenなど中国メーカの一部に，ユニオン・ミニエールがカ

第21章　海外でのLi系二次電池材料の動向

ナダ・ウェステイムを買収して設立したユーメックスが最近カナダE-Oneに供給をはじめた程度に限られる。図6に示すように，2002年末の時点では，日本の電池メーカ内製品が13％，海外メーカが12％，残りは日本の専業メーカが実に75％のシェアを持っている。すなわち日本が内製・専業あわせて88％を供給しているのである。今後は中国ではBYDが第二の生産拠点となる上海工場で$LiCoO_2$の内製をはじめる予定があり，さらにいくつかの専業メーカの供給予定もある。韓国2社もユミコア韓国からの調達を増やしていく意向がある。ただ，電池メーカとしての海外メーカのシェアを将来的に4割と見積もると，そこが海外材料メーカの取り分であり，日本の専業メーカのシェアも残る。結果，日本の供給はやはり70％程度は確保されそうである。

Liイオン二次電池の正極活物質は，今後高容量化用途でニッケル系，安全性の高さを活かして保護回路を簡略化し，パックとしての低コスト化も見込めるマンガン系が従来以上のシェアを持つものとみられる。ニッケル系ではセイミケミカル，住友金属鉱山など日本メーカが先行している。

マンガン系は，ハイブリッド自動車など自動車用途も念頭におかれているため，ケメタル，エラケムなどEMD・CMDの海外メーカも積極的であるが，日本の三井金属，日本重化学工業（2003年7月に日本電工に事業移管予定）の方が実績を持っている。ただ，ハイブリッド自動車用では当初日産自動車向けに少量供給を行っていた新神戸電機はマンガン系を採用していたものの，まもなく電池の内製をはじめるトヨタがニッケル系を採用，またグループ内の豊田中研では低コスト化の期待できるオリビン系での開発を積極化するなど，まだ材料選択に変動はありそうだ。オリビン系材料はもともと電力貯蔵やUPS用途に適するとされ，北米で研究が盛んであり，海外メーカの開発成果も期待されるところである。

2.2　負極活物質

Liイオン二次電池の負極活物質は今やほとんどがグラファイトである。ソニーは量産開始から数年はハードカーボンといわれるアモルファスカーボンを用いていたが，実質的な高容量化，放電カーブの平坦性への必要から，グラファイトへのシフトが進んだ。グラファイトの中でも，三洋電機が当初は天然黒鉛を用いていたが，高容量化とレート特性その他の特性の兼ね合いの中で，日立化成の人造黒鉛にシフトしていった。他の日本メーカは大阪ガスのMCMBなど球晶タイプ，ペトカのMCFなどファイバータイプの人造黒鉛を使ってきたが，低コスト化の流れの中，住友金属，日本カーボンをはじめとする他のピッチ系黒鉛化材料にシフトしている。いずれも日本メーカ製である。かたや三菱化学のMPGのように，天然黒鉛を球形化粉砕して基材に用い，ピッチコートを施した製品もあるが，これは黒鉛化処理コストがかからないため，価格的に有利な要素を持っている。

二次電池材料この10年と今後

凡例:
- 日本化学工業
- セイミケミカル
- 日亜化学
- 正同化学
- 本荘エナジー
- 日本重化学工業
- 三井金属
- 住友金属鉱山
- 松下部材事業部
- ソニー宮城
- 東芝大井川
- UM韓国
- FMC Lithium
- UMEX
- Chemetall

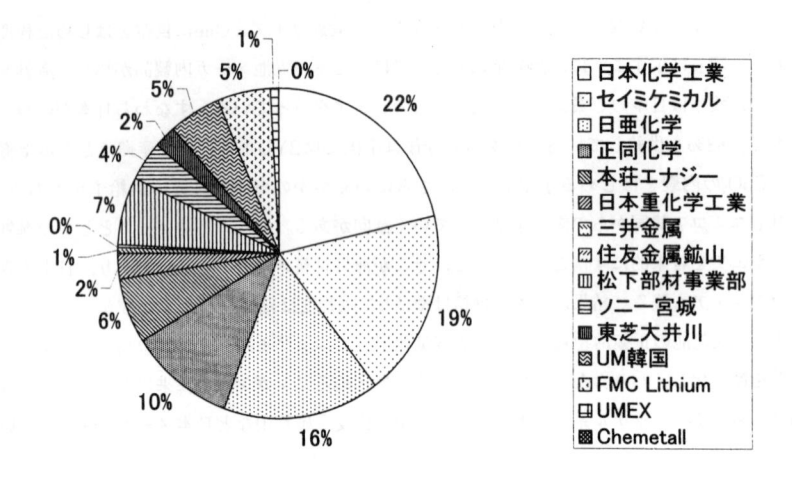

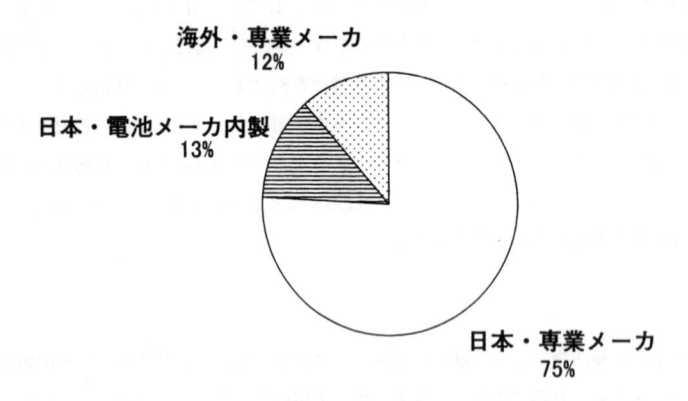

上の円グラフ:22%, 19%, 16%, 10%, 6%, 2%, 1%, 0%, 7%, 4%, 2%, 5%, 5%, 1%, 0%

下の円グラフ:
- 海外・専業メーカ 12%
- 日本・電池メーカ内製 13%
- 日本・専業メーカ 75%

図6 Liイオン二次電池用正極活物質のサプライヤシェア（2002年）

　グラファイトは電池メーカによって嗜好に違いがあるため特徴的な選択がなされるせいか，つい最近ペトカが撤退を発表するなどの脱落もみられるものの，まだ日本メーカだけで10社が供給を行っている。海外を見渡すと，韓国の三星SDI, LG化学いずれも日本カーボンの人造黒鉛を採用している。人造黒鉛ながら2002年末でもキロ18ドル程度と戦略的な価格が魅力であるが，一部のメーカは追随しつつある。中国BYDのみが，中国産の天然黒鉛を調達し，負極ペースト混連工程前に自社で電池グレードへの処理を行って使用している。天然黒鉛自体はキロ6ドル程度と

262

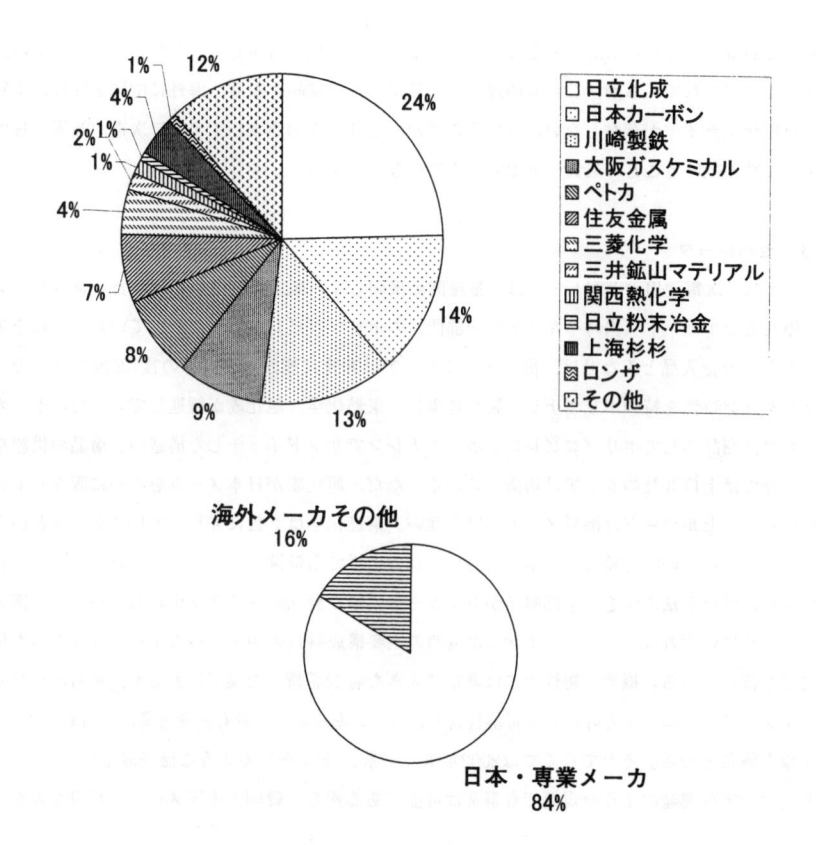

第21章 海外でのLi系二次電池材料の動向

図7 Liイオン二次電池用負極活物質のサプライヤシェア (2002年)

凡例：日立化成 24%、日本カーボン 14%、川崎製鉄 13%、大阪ガスケミカル 9%、ペトカ 8%、住友金属 7%、三菱化学 4%、三井鉱山マテリアル 1%、関西熱化学 2%、日立粉末冶金 1%、上海杉杉 4%、ロンザ 1%、その他 12%

海外メーカその他 16%／日本・専業メーカ 84%

安いが，後処理コストを加えると人造黒鉛の価格と2割も違わない。同じく中国の電池メーカであるLishen，CoslightはMCMBの模造品と呼ばれる上海杉杉という会社の球晶グラファイトを使用している。2002年の総負極活物質需要は約5500トンである。正極同様に原単位を計算するとLiイオン二次電池一個あたり6.4g程度である。図7に示すように，日本の専業メーカのシェアは84%である。日本・韓国の電池メーカ向けに日本からの供給が続くと考えると，将来的にもこの日本のシェアは80%以上が維持されるとみられる。

　Liイオン二次電池の負極活物質は，現行の量産品でもグラファイトの理論容量に近い350mAh/g以上，初期充放電効率90%以上が達成されている。Liイオン二次電池の高容量化のキーテクノロジーである負極側はほとんど限界であり，これ以上の容量アップには合金系の実用化

が必要であると考えられる。今のところ2～3年内の実用化を目指して、シリコン系もしくは酸化物が有力視されているが、これも間違いなく日本からの供給となる。海外に中国を除けば実質的な負極サプライヤが存在しない、ということが、とりもなおさずLiイオン二次電池業界が日本を中心に動き続けることの最大の理由であるのかもしれない。

2.3 セパレータ

　Liイオン二次電池用のセパレータは、量産開始後間もない頃は、突き刺し強度とハンドリング性に優れるセルガード（当時ヘキストの一部門）のポリプロピレン膜が使われていた。これをアメリカからの輸入品とみなせば、海外メーカシェアは非常に高かった。その後120度程度でのシャットダウン特性を持つポリエチレン膜が登場し、東燃化学、旭化成が躍進していった。セルガードも対抗商品としてポリプロピレンをポリエチレンでサンドイッチした構造の三層品の供給を行い、今では上位3社のシェアは均衡している。ただ、旭化成が日本メーカを中心に販売しているのに対し、セルガードは海外メーカ向けが強い。東燃化学は2社に先行して16ミクロンという薄型で優れた特性の膜を持ち、日本・海外いずれの市場でも健闘している。それ以外では三井化学が東燃に似た製法の膜を、宇部興産がセルガードに似た製法の膜を少量供給しているが、図8に示すようにいずれにしてもLiイオン二次電池の主要構成材料の中では最も少ない5社のみが供給実績を持っている。機能・物性的には非常に大きな特徴を持った膜ではあるが、原料はポリオレフィンとイニシエータと呼ばれる可溶性材料、溶剤であるから、最も装置産業的な材料であり、生産量が勝負となる。それでなくては2002年末で平米2.5ドルを切るような価格設定はできない。三井化学や宇部興産のような規模でも事業は可能であるから、韓国・中国メーカの新規参入も考

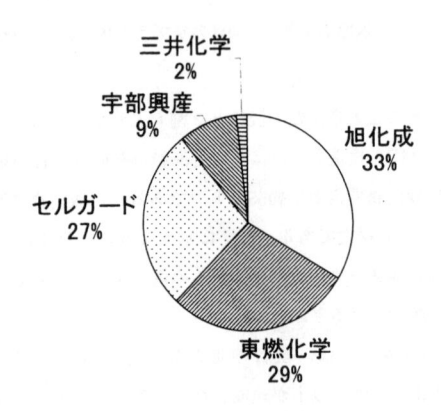

図8　Liイオン二次電池用セパレータのサプライヤシェア（2002年）

- 三井化学　2%
- 宇部興産　9%
- セルガード　27%
- 旭化成　33%
- 東燃化学　29%

第21章 海外でのLi系二次電池材料の動向

えられないことはないが，今のところ目立った開発発表や事業化の動きはない。なお，セパレータはもちろんのこと電池製造の後工程で用いられるため，昨今の日本の電池メーカの中国生産に対応して，旭化成は中国現地生産の構想を持っている。2002年の総セパレータ需要は約6000万平米である。ポリマー電池については，主要な電池サプライヤであるソニーや三洋電機はいずれもポリマーマトリクスだけでなくセパレータも用いており，ポリマーマトリクスだけでセパレータを完全代替できる可能性は少ない。

2.4 電解液

　Liイオン二次電池用の電解液はグラファイト負極が主流となっているため，環状エステルとしてEC，鎖状エステルとしてDEC，DMC，EMCなどが溶媒として使われ，溶質にLiPF$_6$が用いられるのが基本組成である。この基本組成が主流となっていた時代は，日本の三菱化学，三井化学，富山薬品工業の3社がメインサプライヤであった。この状況に対し，高純度溶媒と独自開発の添加剤による「機能性電解液」を武器に1997年頃から市場を席巻し始めたのが宇部興産である。添加剤はグラファイト表面に形成されるといわれるSEIを制御したり，過充電状態での正極構造の安定化や溶媒の分解防止に寄与したりすることを目的としたもので，サイクル特性，レート特性，過充電耐性の向上に効果があるといわれる。電池メーカが抱えていたセル特性の問題点の解決に寄与する，いわば一つの「ソリューションビジネス」を持ち込み成功した希有な事例である。2002年の総電解液需要は約3800トンであるが，図9に示すように宇部興産はこの4種の主要構成材料市場で最も高い37%のシェアを持っている。電解液も電池製造の後工程で使用されるものであり，宇部興産も日本の電池メーカの中国生産には現地生産対応の構えを見せている。

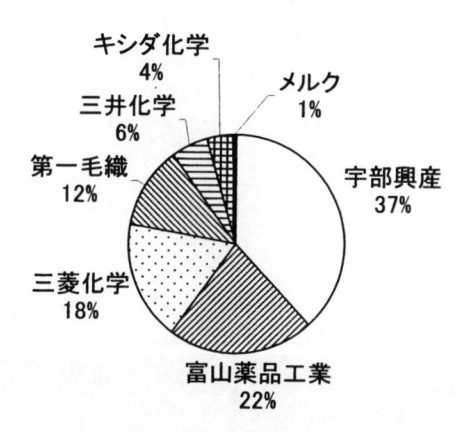

図9　Liイオン二次電池用電解液のサプライヤシェア（2002年）

二次電池材料この10年と今後

　かたや中国の電池メーカ向け販売で先行してきた三菱化学も同様の構想を持っている。一方，電解液の海外メーカであるが，韓国では三星SDIがグループ内の三星総合化学・第一毛織にて内製を行っているほか，中国メーカへの外販も始めている。ドイツのメルクも90年代後半から主に中国・台湾市場で販売活動を行ってきたが，これは撤退の方向である。アメリカではリスケムが電解液の開発・営業活動を行っているが，まだ実績は少ない。電解液は正極活物質や負極活物質と異なり，必ず候補となる活物質が存在してからそれに合わせて開発されるため，今後正極・負極に新材料が登場すれば従来の基本組成とは大幅に異なるものが開発される可能性がある。ただ，その新しい材料系を使ったLi系二次電池の開発ではやはり日本の電池メーカが先行しているため，電解液も関係の深い日本メーカが開発上有利である。

《CMCテクニカルライブラリー》発行にあたって

弊社は、1961年創立以来、多くの技術レポートを発行してまいりました。これらの多くは、その時代の最先端情報を企業や研究機関などの法人に提供することを目的としたもので、価格も一般の理工書に比べて遙かに高価なものでした。

一方、ある時代に最先端であった技術も、実用化され、応用展開されるにあたって普及期、成熟期を迎えていきます。ところが、最先端の時代に一流の研究者によって書かれたレポートの内容は、時代を経ても当該技術を学ぶ技術書、理工書としていささかも遜色のないことを、多くの方々が指摘されています。

弊社では過去に発行した技術レポートを個人向けの廉価な普及版《CMCテクニカルライブラリー》として発行することとしました。このシリーズが、21世紀の科学技術の発展にいささかでも貢献できれば幸いです。

2000年12月

株式会社 シーエムシー出版

二次電池材料の開発 (B0843)

2003年 5月30日　初　版　第1刷発行
2008年 3月20日　普及版　第1刷発行
2009年12月22日　普及版　第2刷発行

監　修　吉野　彰
発行者　辻　賢司
発行所　株式会社　シーエムシー出版
　　　　東京都千代田区内神田1-13-1　豊島屋ビル
　　　　電話 03 (3293) 2061
　　　　http://www.cmcbooks.co.jp

Printed in Japan

〔印刷〕倉敷印刷株式会社

© A. Yoshino, 2008

定価はカバーに表示してあります。
落丁・乱丁本はお取替えいたします。

ISBN978-4-88231-972-6 C3054 ¥3800E

本書の内容の一部あるいは全部を無断で複写（コピー）することは、法律で認められた場合を除き、著作者および出版社の権利の侵害になります。

CMCテクニカルライブラリーのご案内

高分子ゲルの動向
―つくる・つかう・みる―
監修／柴山充弘／梶原莞爾
ISBN978-4-7813-0129-7　　　　B892
A5判・342頁　本体4,800円＋税（〒380円）
初版2004年4月　普及版2009年10月

構成および内容：【第1編　つくる・つかう】環境応答（微粒子合成／キラルゲル 他）／力学・摩擦（ゲルダンピング材 他）／医用（生体分子応答性ゲル／DDS応用 他）／産業（高吸水性樹脂 他）／食品・日用品（化粧品 他）他【第2編　みる・つかう】小角X線散乱によるゲル構造解析／中性子散乱／液晶ゲル／熱測定・食品NMR 他
執筆者：青島貞人／金岡鍾局／杉原伸治 他31名

静電気除電の装置と技術
監修／村田雄司
ISBN978-4-7813-0128-0　　　　B891
A5判・210頁　本体3,000円＋税（〒380円）
初版2004年4月　普及版2009年10月

構成および内容：【基礎】自己放電式除電器／ブロワー式除電装置／光照射除電装置／大気圧グロー放電を用いた除電／除電効果の測定機器 他【応用】プラスチック・粉体の除電と問題点／軟X線除電装置の安全性と適用法／液晶パネル製造工程における除電技術／湿度環境改善による静電気障害の予防 他【付録】除電装置製品例一覧
執筆者：久本光／水谷豊／菅野功 他13名

フードプロテオミクス
―食品酵素の応用利用技術―
監修／井上國世
ISBN978-4-7813-0127-3　　　　B890
A5判・243頁　本体3,400円＋税（〒380円）
初版2004年3月　普及版2009年10月

構成および内容：食品酵素化学への期待／糖質関連酵素（麹菌グルコアミラーゼ／トレハロース生成酵素 他）／タンパク質・アミノ酸関連酵素（サーモライシン／システイン・ペプチダーゼ 他）／脂質関連酵素／酸化還元酵素（スーパーオキシドジスムターゼ／クルクミン還元酵素 他）／食品分析と食品加工（ポリフェノールバイオセンサー 他）
執筆者：新田康則／三宅英雄／秦洋二 他29名

美容食品の効用と展望
監修／猪居武
ISBN978-4-7813-0125-9　　　　B888
A5判・279頁　本体4,000円＋税（〒380円）
初版2004年3月　普及版2009年9月

構成および内容：総論（市場 他）／美容要因とそのメカニズム（美白／美肌／ダイエット／抗ストレス／皮膚の老化／男性型脱毛）／効用と作用物質（ビタミン／アミノ酸・ペプチド・タンパク質／脂質／カロテノイド色素／植物性成分／微生物成分（乳酸菌、ビフィズス菌）／キノコ成分／無機成分／特許から見た企業別技術開発の動向／展望
執筆者：星野拓／宮本達／佐藤友里恵 他24名

土壌・地下水汚染
―原位置浄化技術の開発と実用化―
監修／平田健正／前川統一郎
ISBN978-4-7813-0124-2　　　　B887
A5判・359頁　本体5,000円＋税（〒380円）
初版2004年4月　普及版2009年9月

構成および内容：【総論】原位置浄化技術について／原位置浄化の進め方【基礎編-原理，適用事例，注意点】原位置抽出法／原位置分解法【応用編】浄化技術（土壌ガス・汚染地下水の処理技術／重金属等の原位置浄化技術／バイオベンティング・バイオスラーピング工法 他）／実際事例（ダイオキシン類汚染土壌の現地無害化処理 他）
執筆者：村田正敏／手塚裕樹／奥村興平 他48名

傾斜機能材料の技術展開
編集／上村誠一／野田泰稔／篠原嘉一／渡辺義見
ISBN978-4-7813-0123-5　　　　B886
A5判・361頁　本体5,000円＋税（〒380円）
初版2003年10月　普及版2009年9月

構成および内容：傾斜機能材料の概観／エネルギー分野（ソーラーセル 他）／生体機能分野（傾斜機能型人工歯根 他）／高分子分野／オプトデバイス分野／電気・電子デバイス分野（半導体レーザ／誘電率傾斜基板 他）／接合・表面処理分野（傾斜機能構造CVDコーティング切削工具 他）／熱応力緩和機能分野（宇宙往還機の熱防護システム 他）
執筆者：鎬田正雄／野口博徳／武内浩一 他41名

ナノバイオテクノロジー
―新しいマテリアル，プロセスとデバイス―
監修／植田充美
ISBN978-4-7813-0111-2　　　　B885
A5判・429頁　本体6,200円＋税（〒380円）
初版2003年10月　普及版2009年8月

構成および内容：マテリアル（ナノ構造の構築／ナノ有機・高分子マテリアル／ナノ無機マテリアル 他）／インフォーマティクス／プロセスとデバイス（バイオチップ・センサー開発／抗体マイクロアレイ／マイクロ質量分析システム 他）／応用展開（ナノメディシン／遺伝子導入法／再生医療／蛍光分子イメージング 他）他
執筆者：渡邉英一／阿尻雅文／細川和生 他68名

コンポスト化技術による資源循環の実現
監修／木村俊範
ISBN978-4-7813-0110-5　　　　B884
A5判・272頁　本体3,800円＋税（〒380円）
初版2003年10月　普及版2009年8月

構成および内容：【基礎】コンポスト化の基礎と要件／脱臭／コンポストの評価 他【応用技術】農業・畜産廃棄物のコンポスト化／生ごみ・食品残さのコンポスト化／技術開発と応用事例（バイオ式家庭用生ごみ処理機／余剰汚泥のコンポスト化）他【総括】循環型社会にコンポスト化技術を根付かせるために（技術的課題／政策的課題）他
執筆者：藤本潔／西尾道徳／井上高一 他16名

※ 書籍をご購入の際は、最寄りの書店にご注文いただくか、㈱シーエムシー出版のホームページ（http://www.cmcbooks.co.jp/）にてお申し込み下さい。